21 世纪高等教育
计算机规划教材

Java

程序设计教程

慕课版

◆ 满志强 张仁伟 刘彦君 编著

人民邮电出版社

北 京

图书在版编目（CIP）数据

Java程序设计教程 ：慕课版 / 满志强，张仁伟，刘
彦君编著. -- 北京 ：人民邮电出版社，2017.1（2019.8重印）
21世纪高等教育计算机规划教材
ISBN 978-7-115-43010-6

Ⅰ．①J… Ⅱ．①满… ②张… ③刘… Ⅲ．①JAVA语
言－程序设计－高等学校－教材 Ⅳ．①TP312

中国版本图书馆CIP数据核字（2016）第174799号

内 容 提 要

Java 是一种被广泛使用的网络编程语言。它采用面向对象技术，不依赖于机器结构，具有可移植性、健壮性、安全性。除了语言的基本语法外，Java 还提供了丰富的类库，程序设计人员利用该类库可以很方便地开发自己的系统。

全书共 15 章，分为两篇。第一篇包括第 1～8 章，主要讲解语言的词法、语法，以及编程技能技巧；第二篇包括第 9～15 章，主要讲解 Java 常用类的用法。每一章的内容都由浅入深、由易到难。本书大部分的例题，都采用面向对象的方法设计程序，且进行了详细的分析和说明，以引导读者理解、掌握 Java 程序设计。

本书适合作为高等院校相关专业 Java 程序设计课程的教材，也可供软件开发人员和自学人员参考。

◆ 编　著　满志强　张仁伟　刘彦君
责任编辑　税梦玲
责任印制　沈 蓉　彭志环
◆ 人民邮电出版社出版发行　　北京市丰台区成寿寺路 11 号
邮编 100164　电子邮件 315@ptpress.com.cn
网址 http://www.ptpress.com.cn
固安县铭成印刷有限公司印刷
◆ 开本：787×1092　1/16
印张：21　　　　　　 2017 年 1 月第 1 版
字数：504 千字　　　 2019 年 8 月河北第 6 次印刷

定价：49.80 元
读者服务热线：(010)81055256　印装质量热线：(010)81055316
反盗版热线：(010)81055315

前言

Java 语言是目前使用最广泛的编程语言之一，它具有面向对象、分布式、健壮、安全、解释、结构中立、高性能、多线程等特点，深受程序设计人员的欢迎，尤其在网站开发中，Java 更是显示出了极大的优越性。

学习 Java 语言建议从以下 3 个方面学起。

（1）掌握基本词法和语法。就如同汉语的字、词和语法应牢记一样，只有掌握了语言的基本词法和语法，才有可能正确地运用语言。计算机语言的词法和语法相对人类语言要少得太多，所以稍微用些时间就有可能掌握。

（2）培养编程能力。编程能力对一个程序员来说非常重要。一个学习程序设计的人可能对语言的词法和语法非常熟悉，但是如果不能够灵活甚至不会运用这门语言，则这门语言就没什么用。就如同人类语言，每个人在学习语言的过程中都会注重表达能力和写作能力的培养。对一个程序员来说，编程能力比程序语言本身更重要，在学习语言的过程中应努力培养自己的编程能力。

（3）掌握 Java 基础类。用 Java 语言编写程序，如果仅仅掌握了语言的基本词法和语法，程序员也可进行程序设计，但是如果没有掌握 Java 基础类，程序员在编写 Java 程序时会感到吃力，甚至编写不出来，所以学习 Java 语言还要尽量多学习 Java 的基础类。

本书在讲解语言的基本词法和语法及基础类的同时，还注重对学生编程能力的培养，为了使初学程序设计的人能够很好地理解程序，书中绝大多数程序都加上了详细的注释，且挑选了 49 个典型例题录制了程序编写视频，读者扫描例题旁边的二维码即可在线观看作者的程序编写过程。另外，为了让读者能够快速且牢固地掌握 Java 程序设计，在人民邮电出版社的支持下，我们录制 122 个慕课视频，放在人民邮电出版社自主开发的在线教育慕课平台——人邮学院（www.rymooc.com），读者可登录该平台进行碎片化、移动化的学习，也可扫描本书相关知识点旁边的二维码进行学习。下面先对人邮学院的使用方法做简单介绍。

一、如何学习慕课版课程

（1）购买本书后，刮开粘贴在书封底上的刮刮卡，获取激活码（见图 1）。

（2）登录人邮学院网站（www.rymooc.com），或扫描封面上的二维码，使用手机号码完成网站注册（见图 2）。

图 1　激活码

图 2　注册人邮学院网站

（3）注册完成后，返回网站首页，单击页面右上角的"学习卡"选项（见图 3）进入"学习卡"页面（见图 4），输入激活码，即可获得课程的学习权限。

图 3　单击"学习卡"选项　　　　　　　　　图 4　在"学习卡"页面输入激活码

（4）获取权限后，可随时随地使用计算机、平板电脑和手机，根据自身情况，在课时列表（见图 5）中选择课时进行学习。

（5）当在学习中遇到困难时，可到讨论区（见图 6）提问，导师会及时答疑解惑，本课程的其他学习者也可帮忙解答，互相交流学习心得。

（6）本书配套的 PPT 等资源，可在"零基础学 Java"首页底部的资料区下载（见图 7），也可到人邮教育社区（http://www.ryjiaoyu.com）下载。

图 5　课时列表　　　　　　　图 6　讨论区　　　　　　　图 7　配套资源

人邮学院平台的使用问题，可咨询在线客服，或致电 010-81055236。

二、本书特点

对比同类图书，本书具有如下特点。

（1）第 1 章除了讲解 Java 程序环境的建立方法、Java 程序开发方法外，还讲解了集成开发工具 Eclipse 的使用方法，尤其对 Eclipse 调试功能做了详细介绍，以便提高读者的编程效率和程序的调试能力。

（2）数据处理流程是程序的核心，在第 3 章中，详细讲解了控制语句的语法及其执行过程，尤其对带标号的 break 语句和 continue 语句进行了更详尽的叙述，同时举了较多的例子说明控制语句的使用方法。

（3）Java 语言是面向对象的语言，类是面向对象的基础。第 5 章详细讲解了面向对象的基本概念、域与方法的分析与抽象、方法的定义与使用、构造方法的定义与使用、类的定义、对象的创建和使用、实例初始化器的定义和使用、静态初始化器的定义和使用，帮助读者深刻地领会与掌握类与对象。在第 6 章中，还对继承与多态做了详细的讲解。读者只有真正掌握了面向对象的类、继承、多态，才能编写出面向对象的程序。

（4）Java 语言有枚举型，也可以自定义枚举型，而且 Java 枚举型的功能很强。第 7 章详细讲解了枚举类型的定义与使用。

（5）异常处理是保证程序健壮性的一种有效方法。第 8 章详细讲解了异常的分类、异常产生的原因，并对异常处理的方法做了详尽说明。

（6）对于不同类型的数据但封装方法相同的对象可以定义泛型类，第 10 章详细讲解了泛型类的定义与使用。借助泛型方法，还可以定义具有可变参数的方法，在 10.1.4 小节声明泛型方法中，对具有可变参数的方法的定义与使用做了详细说明。另外，标注对程序有一定的辅助作用，这一章也详细地介绍了标注的概念与使用、系统标注的作用与使用、元标注的作用与使用，尤其对自定义标注进行了详细的描述。

（7）使用多线程可以有效地提高程序的运行效率，Java 提供的线程类可以很方便地编写出多线程程序。第 11 章对线程的概念、线程类、线程的使用与线程的同步机制做了详细的讲解，并通过例题进一步说明线程的相关概念和实现方法。

（8）Java 语言的一大特点就是适用于网络程序设计。第 14 章详细讲解了网络基本概念、网络协议，并给出例子详细说明网络程序的设计方法。

本书第 7、8、12、13 和 14 章由张仁伟编写，第 1、2、9、11 和 15 章由刘彦君编写，第 3、4、5、6 和 10 章由满志强编写，全书由满志强统稿。

作者于 2016 年 4 月

目 录

第一篇 Java 语言基础

第 1 章 Java 概述 2

1.1 Java 简介 2

   1.1.1 Java 的产生与发展 2

   1.1.2 Java 的特点 3

1.2 JDK 安装与配置 4

   1.2.1 认识 JDK 4

   1.2.2 下载与安装 Java 开发工具包 ... 5

   1.2.3 配置环境变量 5

1.3 Java 程序的两种结构 5

   1.3.1 开发 Java 应用程序的方法 ... 6

   1.3.2 开发 Java 小应用程序的方法 ... 7

1.4 程序注释 8

1.5 Eclipse 简介与使用 8

   1.5.1 Eclipse 简介 8

   1.5.2 Eclipse 基本操作 9

   1.5.3 Eclipse 调试程序的方法 9

1.6 小结 10

1.7 习题 10

第 2 章 基本数据类型、运算符与
表达式 12

2.1 标识符与关键字 12

   2.1.1 Unicode 字符集 12

   2.1.2 标识符 13

   2.1.3 关键字 13

2.2 基本类型数据 14

   2.2.1 变量与常量 14

   2.2.2 Java 基本数据类型 14

   2.2.3 基本类型数据的输入/输出 ... 16

2.3 运算符和表达式 18

   2.3.1 算术运算符 18

   2.3.2 关系运算符 18

   2.3.3 逻辑运算符 19

   2.3.4 位运算符 19

   2.3.5 赋值运算符 20

   2.3.6 条件运算符 20

   2.3.7 其他运算符 20

   2.3.8 表达式 21

2.4 小结 22

2.5 习题 22

第 3 章 控制语句 24

3.1 控制语句概述 24

3.2 顺序结构 24

3.3 选择结构 25

   3.3.1 if 语句 26

   3.3.2 switch 语句 32

3.4 循环结构 37

   3.4.1 while 循环 37

   3.4.2 do-while 循环 38

   3.4.3 for 循环 39

   3.4.4 循环的嵌套 42

3.5 选择结构与循环结构的嵌套 43

3.6 break 语句与 continue 语句 44

   3.6.1 break 语句 44

   3.6.2 continue 语句 46

3.7 小结 47

3.8 习题 48

第 4 章 数组 50

4.1 一维数组 50

   4.1.1 一维数组的声明 50

   4.1.2 为一维数组分配空间 51

4.1.3 数组的内存模型 51
4.1.4 访问一维数组元素 51
4.1.5 一维数组初始化 52
4.1.6 使用增强型循环访问数组元素 ... 54
4.2 多维数组 54
4.2.1 二维数组的声明 55
4.2.2 为二维数组分配空间 55
4.2.3 访问二维数组元素 55
4.2.4 二维数组初始化 55
4.3 命令行参数 57
4.3.1 命令行参数的概念 57
4.3.2 命令行参数的获取与使用 ... 57
4.4 小结 58
4.5 习题 58

第 5 章 类和对象 60

5.1 面向对象的基本概念 60
5.1.1 对象的概念 60
5.1.2 类的概念 61
5.1.3 继承 61
5.1.4 多态 62
5.2 类 63
5.2.1 类的定义 63
5.2.2 域的定义 63
5.2.3 方法的定义与使用 64
5.3 对象 69
5.3.1 Java 中对象的概念 69
5.3.2 对象的创建与表示 69
5.3.3 对象的内存模型 70
5.3.4 对象的使用 70
5.3.5 this 关键字 71
5.4 访问权限 73
5.4.1 访问权限的概念 73
5.4.2 私有域和私有方法 73
5.4.3 公有域和公有方法 73
5.4.4 保护的域和保护的方法 74
5.4.5 默认访问权限的域和方法 ... 74

5.4.6 public 类 76
5.5 构造方法 76
5.5.1 构造方法的作用 76
5.5.2 实例初始化器 76
5.5.3 构造方法的定义与使用 76
5.6 参数的传递 79
5.6.1 基本类型数据作方法的参数 ... 79
5.6.2 引用类型作方法的参数 80
5.7 对象组合 82
5.7.1 对象组合的概念 82
5.7.2 组合类的定义与使用 83
5.8 package 和 import 85
5.8.1 package 语句 85
5.8.2 import 语句 88
5.9 对象数组 89
5.9.1 对象数组的概念 89
5.9.2 对象数组的定义与使用 89
5.10 static 与 static 修饰成员 91
5.10.1 static 修饰域 92
5.10.2 static 修饰方法 93
5.10.3 静态初始化器 95
5.11 其他类型的类 96
5.11.1 内部类 97
5.11.2 匿名类 99
5.11.3 局部类 100
5.12 小结 100
5.13 习题 100

第 6 章 继承与多态 102

6.1 子类及其对象 102
6.1.1 子类定义 102
6.1.2 子类成员的可访问性 103
6.1.3 instanceof 运算符 105
6.2 域的隐藏和方法的重写 106
6.2.1 域的隐藏 106
6.2.2 方法的重写 107
6.2.3 super 关键字 109

6.3　对象的赋值兼容规则 113
6.4　final 关键字 113
6.4.1　final 修饰类 113
6.4.2　final 修饰方法 113
6.4.3　常量 114
6.5　多态 114
6.5.1　多态概念 114
6.5.2　多态的实现 114
6.6　abstract 关键字 117
6.6.1　abstract 修饰类 117
6.6.2　abstract 修饰方法 118
6.7　小结 120
6.8　习题 120

第 7 章　接口和枚举 121
7.1　接口 121
7.1.1　接口的概念与定义 121
7.1.2　接口与 abstract 类 122
7.2　实现接口 123
7.2.1　用类实现接口 123
7.2.2　定义接口中的方法 123
7.3　接口与多态 125
7.3.1　接口多态的概念 125

7.3.2　通过接口实现多态 125
7.4　接口的设计与使用 128
7.5　枚举 131
7.5.1　简单的枚举类 131
7.5.2　复杂的枚举类 132
7.6　小结 134
7.7　习题 134

第 8 章　异常处理 135
8.1　异常 135
8.1.1　异常的概念 135
8.1.2　异常的类型 135
8.1.3　程序中的常见异常 136
8.2　异常处理 137
8.2.1　Java 异常处理机制 137
8.2.2　try-catch-finally 处理异常 138
8.2.3　throw 抛出异常 140
8.2.4　自定义异常类 141
8.2.5　方法声明抛出异常 142
8.2.6　finally 和 return 144
8.3　用断言调试程序 144
8.4　小结 145
8.5　习题 145

第二篇　Java 常用基础类

第 9 章　常用实用类 148
9.1　字符串处理与字符串类 148
9.1.1　字符串处理问题 148
9.1.2　字符串类 150
9.1.3　Scanner 类与字符串 154
9.2　正则表达式与字符串处理 155
9.2.1　正则表达式 155
9.2.2　Pattern 类和 Matcher 类 157
9.3　数学计算与数学类 157
9.4　日期和日历类 160
9.4.1　日期类 Date 161
9.4.2　日历类 Calendar 161

9.5　包装类 162
9.6　小结 163
9.7　习题 164

第 10 章　泛型、集合、反射和
注解 165
10.1　泛型 165
10.1.1　泛型在集合中的主要应用 165
10.1.2　声明泛型类 165
10.1.3　声明泛型接口 169
10.1.4　声明泛型方法 171
10.1.5　泛型参数的限定 172
10.2　集合 173

10.2.1　List 接口 174

10.2.2　Stack 类 174

10.2.3　ArrayList 类 175

10.2.4　Vector 类 176

10.2.5　Queue 接口 177

10.2.6　LinkedList 类 178

10.2.7　HashSet 类 179

10.3　反射和注解 181

10.3.1　反射 181

10.3.2　注解 185

10.4　小结 190

10.5　习题 190

第 11 章　Java 多线程机制 192

11.1　线程基本概念 192

11.1.1　操作系统与进程 192

11.1.2　进程与线程 193

11.2　线程的创建 193

11.2.1　扩展 Thread 类 193

11.2.2　实现接口 Runnable 194

11.3　线程状态及转换 195

11.3.1　线程的状态 195

11.3.2　线程状态转换 195

11.4　线程调度 196

11.4.1　线程优先级 196

11.4.2　线程调度 196

11.5　线程常用方法 197

11.5.1　常用方法 197

11.5.2　线程让步 199

11.5.3　线程联合 200

11.5.4　守护线程 201

11.6　线程同步与锁机制 203

11.6.1　线程同步概述 203

11.6.2　线程同步举例 204

11.6.3　线程安全 207

11.6.4　线程死锁 208

11.7　线程的交互 210

11.8　小结 211

11.9　习题 212

第 12 章　输入输出流 219

12.1　流的概念 219

12.1.1　流 219

12.1.2　流的分类 220

12.2　File 类 221

12.2.1　文件对象与文件属性 ... 221

12.2.2　目录 223

12.2.3　文件的操作 224

12.2.4　Scanner 类与文件 225

12.3　字节流和字符流 226

12.3.1　字节流 226

12.3.2　字符流 229

12.4　数据流 231

12.4.1　数据输入流 232

12.4.2　数据输出流 232

12.5　缓冲流 233

12.5.1　缓冲输入流 234

12.5.2　缓冲输出流 234

12.6　随机流 236

12.6.1　随机流的概念 236

12.6.2　RandomAccessFile 流类 236

12.6.3　字符串乱码的处理 238

12.7　对象流 238

12.7.1　对象流概念 238

12.7.2　对象的序列化 239

12.7.3　对象输入流与对象输出流 ... 239

12.8　小结 241

12.9　习题 241

第 13 章　图形用户界面 242

13.1　图形用户界面概述 242

13.1.1　抽象窗口工具集 AWT 242

13.1.2　Swing 组件 243

13.1.3　组件与事件 244

13.2　窗口 244

13.2.1　JFrame 类及常用方法 244

13.2.2　窗口菜单 245

13.3　常用组件与布局 247

13.3.1　常用组件 247

13.3.2　常用容器 250

13.3.3　常用布局 252

13.4　事件处理 261

13.4.1　事件处理模型 261

13.4.2　ActionEvent 事件 262

13.4.3　MouseEvent 事件 264

13.4.4　KeyEvent 事件 267

13.4.5　ItemEvent 事件 268

13.4.6　FocusEvent 事件 271

13.4.7　DocumentEvent 事件 271

13.4.8　窗口事件 272

13.5　对话框 273

13.5.1　消息对话框 273

13.5.2　输入对话框 274

13.5.3　确认对话框 274

13.5.4　颜色对话框 274

13.5.5　自定义对话框 275

13.6　小结 275

13.7　习题 275

第 14 章　网络编程 276

14.1　网络基础 276

14.1.1　网络基本概念 276

14.1.2　TCP 和 UDP 协议 277

14.2　基于 URL 的网络编程 278

14.2.1　URL 基础 278

14.2.2　网络资源访问 279

14.3　InetAddress 类 279

14.3.1　地址的表示 280

14.3.2　获取地址 280

14.4　套接字 281

14.4.1　套接字概述 281

14.4.2　客户端套接字 282

14.4.3　服务器端套接字 283

14.4.4　多线程网络编程 285

14.5　UDP 数据报 290

14.5.1　发送数据包 290

14.5.2　接收数据包 290

14.6　广播数据报 293

14.6.1　广播端 293

14.6.2　接收端 294

14.7　小结 295

14.8　习题 295

第 15 章　数据库编程 296

15.1　数据库编程基础 296

15.1.1　JDBC 数据库应用模型 296

15.1.2　JDBC 驱动程序 297

15.1.3　用 JDBC-ODBC 桥驱动连接
数据库 297

15.1.4　JDBC 常用 API 300

15.2　数据库基本操作 307

15.2.1　数据插入操作 307

15.2.2　数据删除操作 308

15.2.3　数据更新操作 309

15.2.4　数据查询操作 309

15.2.5　编译预处理 312

15.3　事务处理 313

15.3.1　事务概述 313

15.3.2　常用事务处理方法 314

15.4　小结 317

15.5　习题 317

附录 A　ASCII 对照表 318

附录 B　数据存储形式及数制转换 320

B.1　数据在计算机内的存储形式 320

B.2　数制转换 321

B.2.1　二进制和十进制数之间的转换 321

B.2.2　八进制数、十六进制数和十进制数
之间的转换 321

参考文献 322

第 1 章

视频 1：JDK 安装与配置 4

视频 2：JDK 开发应用程序 6

视频 3：JDK 开发小应用程序 7

视频 4：Eclipse 开发程序方法 9

视频 5：Eclipse 调试程序的方法 10

第 2 章

视频 6：标识符与关键字 12

视频 7：基本数据类型 14

视频 8：基本数据输入输出 16

视频 9：算术运算与表达式 18

视频 10：关系运算与逻辑运算 18

视频 11：位运算 19

视频 12：赋值、条件及其他运算符........20

视频 13：表达式 21

第 3 章

视频 14：if 语句 26

视频 15：if-else 语句 27

视频 16：嵌套的 if 语句 28

视频 17：衍生的 if-else 语句 30

视频 18：switch 语句 32

视频 19：while 循环 37

视频 20：do-while 循环 38

视频 21：for 循环 39

视频 22：for 循环的灵活使用 41

视频 23：循环的嵌套 42

视频 24：break 语句 44

视频 25：continue 语句 46

第 4 章

视频 26：一维数组及增强型循环............50

视频 27：二维数组 54

视频 28：命令行参数 57

第 5 章

视频 29：面向对象的基本概念 60

视频 30：类的定义 63

视频 31：方法的定义与调用 64

视频 32：对象的创建与使用 69

视频 33：this 关键字 71

视频 34：访问权限 73

视频 35：实例初始化器与构造方法 76

视频 36：参数的传递 79

视频 37：对象的组合 82

视频 38：package 和 import 85

视频 39：对象数组的定义与使用 89

视频 40：static 修饰域和静态初始化器.....92

视频 41：其他类型的类 96

第 6 章

视频 42：子类定义与子类成员的
可访问性 102

视频 43：域的隐藏和方法的重写 106

视频 44：super 关键字 109

视频 45：对象的赋值兼容规则 113

视频 46：final 关键字 113

视频 47：多态 114

视频 48：abstract 关键字 117

第 7 章

视频 49：接口的概念与定义 121

视频 50：实现接口 123

视频 51：接口与多态 125

视频 52：枚举概念与简单的枚举 131

视频 53：复杂的枚举类 132

第 8 章

视频 54：异常 135

视频 55：处理异常 137

视频 56：throw 抛出异常 140

视频 57：自定义异常类 141

视频 58：方法声明抛出异常 142

视频 59：用断言调试程序 144

第 9 章

视频 60：字符串处理 148

视频 61：Scanner 类与字符串 154

视频 62：正则表达式 155

视频 63：数学计算与数学类 157

视频 64：日期类和日历类 160

视频 65：包装类 162

第 10 章

视频 66：泛型 165

视频 67：泛型接口 169

视频 68：泛型方法及可变参数 171

视频 69：反射 181

视频 70：注解的定义与使用 185

视频 71：系统定义的注解 188

视频 72：元注解 190

第 11 章

视频 73：线程基本概念 192

视频 74：基于 Thread 创建线程 193

视频 75：基于接口 Runnable 创建线程 ... 194

视频 76：线程状态及转换 195

视频 77：线程调度 196

视频 78：线程常用方法 197

视频 79：线程让步 199

视频 80：线程联合 200

视频 81：守护线程 201

视频 82：线程同步 203

视频 83：线程死锁 208

视频 84：线程的交互 210

第 12 章

视频 85：文件对象与属性 221

视频 86：文件的操作 224

视频 87：Scanner 类与文件 225

视频 88：字节流 226

视频 89：字符流 229

视频 90：数据流 231

视频 91：缓冲流 233

视频 92：随机流 236

视频 93：对象流 238

第 13 章

视频 94：GUI 概述 242

视频 95：JFrame 类及使用 244

视频 96：窗口菜单 245

视频 97：按钮类及 Label 类 247

视频 98：编辑组件类 248

视频 99：常用容器与 JWindow 类 ...250

视频 100：面板类与窗格类 251

视频 101：布局与顺序布局 252

视频 102：边界布局 253

视频 103：网格布局 255

视频 104：网格包布局 255

视频 105：卡片布局 258

视频 106：盒式布局 259

视频 107：空布局 260

视频 108：事件处理模型 261

视频 109：ActionEvent 事件类 262

视频 110：MouseEvent 事件类 264

视频 111：KeyEvent 事件类 267

视频 112：ItemEvent 事件类 268

视频 113：FocusEvent 事件类 271

视频 114：DocumentEvent 事件类 ...271

视频 115：窗口事件 272

视频 116：对话框 273

第 14 章

视频 117：基于 URL 网络编程 278

视频 118：InetAddress 类 279

视频 119：套接字与客户端套接字 281

视频 120：服务器端套接字 283

视频 121：UDP 数据报 290

视频 122：广播数据报 293

编程视频目录

例 1.1 编程视频 6

例 3.1 编程视频 25

例 3.2 编程视频 26

例 3.4 编程视频 29

例 3.5 编程视频 30

例 3.6 编程视频 31

例 3.8 编程视频 34

例 3.11 编程视频 39

例 3.13 编程视频 40

例 3.14 编程视频 43

例 3.16 编程视频 45

例 3.17 编程视频 46

例 4.1 编程视频 51

例 4.2 编程视频 53

例 4.4 编程视频 56

例 4.5 编程视频 57

例 5.1 编程视频 66

例 5.3 编程视频 67

例 5.4 编程视频 68

例 5.5 编程视频 70

例 5.6 编程视频 71

例 5.8 编程视频 77

例 5.9 编程视频 79

例 5.11 编程视频 81

例 5.12 编程视频 83

例 5.13 编程视频 86

例 5.19 编程视频 95

例 5.21 编程视频 99

例 6.1 编程视频 103

例 6.3 编程视频 106

例 6.6 编程视频 115

例 6.7 编程视频 118

例 7.1 编程视频 124

例 7.4 编程视频 131

例 7.5 编程视频 133

例 8.1 编程视频 139

例 8.2 编程视频 140

例 8.4 编程视频 143

例 8.5 编程视频 144

例 9.1 编程视频 149

例 9.3 编程视频 152

例 9.5 编程视频 154

例 9.6 编程视频 156

例 11.1 编程视频 193

例 11.2 编程视频 194

例 11.5 编程视频 200

例 14.1 编程视频 279

例 14.3、例 14.4 编程视频 282

第一篇
Java 语言基础

第1章
Java 概述

本章要点

- Java 的产生与发展
- Java 语言特点
- JDK 安装与配置
- Java 程序结构特点
- Eclipse 使用方法

对于学过一门高级语言、现在开始学习 Java 的人而言，Java 只是普普通通的另一门语言吗？绝非如此。学习 Java 后你将发现，和其他语言相比，Java 有许多与众不同之处，这恰是其长久以来为广大程序员所喜爱的原因。那么，它究竟有哪些优秀品质呢？本章从 Java 的基础知识开始循序渐进，化难为易地进行讲解，引领大家入门。

1.1 Java 简介

1.1.1 Java 的产生与发展

Java 语言是由 James Gosling 创建的。James Gosling 于 1983 年在卡内基梅隆大学（CMU）获计算机科学博士学位，毕业后到 IBM 工作，后来又到 SUN 公司工作，1990 年与 Patrick Naughton 和 Mike Sheridan 等人设计了一种语言叫作 Oak，后来改名为 Java。

Java 语言从发布到现在，一直处于快速发展过程中，具体体现在它的版本升级以及每个新版本带来的新特性上。Java 语言有 3 个主版本：标准版（Standard Edition，SE）、企业版（Enterprise Edition，EE）和微型版（Micro Edition，ME）。

本书以标准版 1.7 为主介绍 Java 语言的基础语法和实用类以及应用编程知识。

Java 标准版从 JDK1.0 开始，当前在 Oracle 官网发布的最新 JDK 版本是 Java SE 8u65 /8u66。Java 开发工具包即 JDK（Java Development Kit），顾名思义，可以用它开发、调试、编译、运行 Java 程序。

在 JDK 各版本中，有 2 个版本的发布具有里程碑意义，它们是 JDK1.2 和 JDK1.5。

JDK1.2 的发布版本被称之为 Java 2，此处的"2"表示"第二代"。Java 2 的发布可以说标志着一个 Java "新时代"的开始。通过 Java 2，Sun 公司将 Java 产品重新包装成 Java 2 平台标准版

J2SE(Java 2 Platform Standard Edition)，Java 2 平台企业版（J2EE）和 Java 2 平台微型版（J2ME），其后推出的版本一直冠以 Java 2，例如 J2SE1.3、J2SE1.4。这种看似概念混淆的命名方式直到 JDK1.6 版才有改变。

Java 2 增加了大量新特性，例如 Swing 和集合框架，并且改进了 Java 虚拟机和各种编程工具。Java 2 建议不再使用某些特性，例如对于 Thread 类，建议不再使用该类中的 suspend()、resume() 和 stop()等方法。

2004 年发布的 J2SE5，即 JDK1.5，也是革命性的版本。与先前的大多数 Java 升级不同，该版本有很多重要的改进，从根本上扩展了 Java 语言的应用领域、功能和范围。JDK1.5 的主要新特性包括泛型、注解、自动装箱和自动拆箱、静态导入等 10 余项内容。

在 2005 年 JDK1.6 推出之后，J2SE/J2EE/J2ME 的称谓统一改为 JavaSE/JavaEE/JavaME。有人出于习惯，仍称之为 J2SE/J2EE/J2ME。

介绍 JDK 新特性一般有两种方式：将其融入各章介绍或者单独介绍，本书采用融入的方式。对 JDK 新版本与新特性，希望读者给予足够的关注。所谓工欲善其事，必先利其器。新特性意味着一些新的编程利器的引入。

JDK1.7 的新特性包括 switch 语句条件表达式取值允许为 String 类型、支持二进制整型字面量、支持数值字面量下划线、支持构造泛型实例时的类型推断等。

1.1.2　Java 的特点

1. 简单性

Java 语言语法与 C/C++有很多相似的地方，例如数据类型、运算符、表达式和语句等。对比一下关键字列表就可以发现这种相似性。可以将 C 与 Java 的语法做详细对比，找出相同点和不同点。通过对比法可以提高学习效率，同时也有利于快速辨析清楚语法规则和用法的许多细微之处。

2. 解释式

高级语言的工作方式有两种：编译式和解释式。二者的一个显著区别是看有没有目标代码文件（.obj）和可执行文件(.exe)产生。C、C++、Pascal 等属于编译式语言，BASIC 和 Java 等属于解释式语言。编译式语言之编译器负责将源程序文件转换成目标代码文件和可执行文件，然后执行可执行文件；解释式语言则由解释器对源程序逐条语句解释执行。解释式语言分为两类：纯粹的解释式语言和介于解释式和编译式的混合形式。纯粹的解释式语言的源文件直接被逐句解释执行，没有任何中间文件生成。Java 语言属于混合形式，Java 源文件（.java）需转换成一种中间代码，也叫字节码文件（.class），然后用 Java 虚拟机（Java Virtual Machine，JVM）解释执行。这种混合形式也可称为伪编译（pseudo compile）。

开动脑筋

编译式和解释式语言各有哪些优缺点？

3. 安全性

Java 语言的安全性即其字节码和虚拟机的安全性。Java 通过自动垃圾回收机制、不支持指针类型、字节代码验证机制、异常处理机制等保证其安全性。实时内存分配防止程序员直接修改物理内存布局。通过字节代码验证机制对执行的字节码进行安全检验防止病毒及非法代码侵入。此外，Java 的异常处理机制，对一些异常事件，如内存空间不够等，进行处理。这些构成了 Java 安全性的基本内容。

4. 面向对象

Java 语言是一种面向对象的程序设计语言。面向对象的思想使人们分析问题和解决问题更接近人类固有的思维模式，在设计程序时变得更自然顺畅。因此，用面向对象程序语言（OOPL）编程更高效。

5. 平台无关

Java 源文件经编译生成与计算机指令无关的字节代码，这些字节代码不依赖于任何硬件平台和操作系统。当 Java 程序运行时，需要由一个解释程序对生成的字节代码解释执行。这体现了 Java 语言的平台无关性，使得 Java 程序可以在任何平台上运行，如 MS-DOS、Windows、Unix 等，因此具有很强的可移植性。这就实现了 Java "编写一次，到处运行"（write once，run anywhere）的目标。

6. 多线程

Java 语言支持多线程，多线程机制使得一个 Java 程序能够同时处理多项任务。Java 提供了实现多线程程序的类，通过线程类，程序员可以方便地编写出健壮的多线程程序。

7. 动态性

C 语言的基本程序模块是函数。程序执行过程中所调用的函数，其代码已静态地加载到内存中。Java 的类是程序构成的模块，Java 程序执行所需要调用的类在运行时动态地加载到内存中，这使得 Java 程序运行的内存开销小。这也是它可以用于许多嵌入式系统和部署在许多微小型智能设备上的原因。Java 还可以利用反射机制动态地维护程序和类，而 C/C++不经代码修改和重新编译就无法做到这一点。

此外，Java 语言还具有网络适用性、类库丰富、高性能等特点。

1.2　JDK 安装与配置

1.2.1　认识 JDK

JDK 安装与配置

JDK 是 Java 开发工具包，使用 JDK 可以开发出任何 Java 程序。使用 JDK 开发 Java 程序，也是最基本的 Java 程序开发方法。

JDK 各个版本目录结构相同，但具体内容随版本而异。

1. 开发工具

Java 开发工具在 JDK 的 bin 子目录中。典型的工具有编译器 javac.exe、解释器 java.exe、小程序浏览器 appletviewer.exe、调试工具 jdb.exe、建立文档工具 javadoc.exe 等。

2. 运行环境

Java 运行环境即 JRE（Java Runtime Environment）。在 JDK 的 jre 子目录中，提供了执行 Java 程序运行的软件环境，包含了 Java 虚拟机、Java 基础类库和支持文件等。和 JDK 不同，JRE 不包含编译器、调试器等工具，但是包含程序运行必需的组件。

JRE 一般不需要单独下载安装，它随 JDK 一起下载安装。在 jre 子目录下的 bin 目录中存放着的就是程序运行必要的组件。JDK 和 JRE 各司其职，只不过安装时把它们放在了一起。

3．源代码

源代码在 JDK 根目录的 src.zip 文件中，是 Java 核心 API（Application Programming Interface，应用程序接口）和所有类的源代码，即 java.*、javax.* 和部分 org.* 包之中的源文件。浏览一下源代码可以了解 Java 类库结构和类的具体内容，这是学习和掌握 Java 的一条便捷之路，因为从类文档和教科书中能够看到的只是关于类的属性和方法的概要描述，如果想详细了解某个方法的定义，可以研究其源代码。

4．附加类库

附加类库在 lib 子目录中，提供了开发所需的其他类库和支持文件。

5．样本代码

样本代码在 examples 子目录中，提供了某些 API 和 SPI（System Programming Interface）的例子程序，例如 List.java。

1.2.2　下载与安装 Java 开发工具包

登录 Oracle 官网 http://www.oracle.com/，下载 JDK-7u80-windows-i586.exe 到本地硬盘，双击安装，需指定安装路径，在之后的环境变量设置时会用到该路径。

1.2.3　配置环境变量

环境变量（Environment Variables）一般是指在操作系统中用来指定程序运行环境的一些参数。JDK 涉及的环境变量主要有 3 个：JAVA_HOME、PATH、CLASSPATH。其中，JAVA_HOME 表示 JDK 的安装目录，它的作用是使其他软件如 TOMCAT、Eclipse 等引用 JAVA_HOME 可以查找到 JDK。PATH 表示路径，它的作用是指定命令搜索路径。在命令行执行命令如 java 或者 javac（搜索 java.exe 和 javac.exe）时，PATH 负责提供关于这些命令存储位置的搜索路径。变量 CLASSPATH 的作用是提供类搜索路径。

下面以 Windows7 为例说明 JDK1.7 环境变量的设置方法。

- 在桌面上将鼠标移至"计算机"并单击鼠标右键，单击"属性→高级系统设置→环境变量"。
- 在系统变量列表的下面单击"新建"，在图 1.1 所示的对话框中输入变量名和值，单击"确定"。
- 在系统变量列表中找到"Path"并双击，在对话框中"变量值"处将光标移到最后，并添加"; %JAVA_HOME%\bin; %JAVA_HOME%\jre\bin"，单击"确定"。

图 1.1　设置环境变量 JAVA_HOME

- 在系统变量列表的下面单击"新建"，在图 1.1 所示的对话框中的"变量名"处输入"CLASSPATH"，在变量值处输入：".;%JAVA_HOME%\lib; %JAVA_HOME%\lib\dt.jar,% JAVA_HOME%\lib\tools.jar"，单击"确定"。

在变量值序列中，"."表示当前路径，";"分隔不同路径，%JAVA_HOME%表示相对路径，也可以使用绝对路径进行相关配置。

1.3　Java 程序的两种结构

Java 程序有两种类型：Java 应用程序（Application）和 Java 小应用程序（简称小程序 Applet，

即 Application let）。这两种 Java 程序主要有 3 点不同。

- 程序目的不同。
- 程序结构不同。
- 执行方式不同。

这些区别的具体含义在 1.3.1 节和 1.3.2 节中详细讨论。

JDK 开发应用程序

1.3.1 开发 Java 应用程序的方法

若把 Java 视为通用程序设计语言（General-purpose Programming Language），则它和其他高级语言一样，可解决各种数据处理、科学计算、图形图像处理类问题，这就是设计 Java 应用程序（Application）的目的。下面通过一个简单程序实例说明其结构特点。

【例 1.1】写一程序，显示字符串 "Welcome to learn Java!"。

程序如下。

```
/**the first program in the textbook
*Author Liu
*/
public class Example1_01                      //主类
{
    public static void main(String args[])    //main 方法，程序的入口
    {
        System.out.println("Welcome to learn Java! ");
    }
}
```

例 1.1 编程视频

JDK 中没有提供编辑程序，需要使用操作系统提供的编辑程序或第三方提供的编辑程序。现在使用 Windows 提供的记事本程序编辑这个程序。打开记事本程序并输入例 1.1 的程序，然后选择菜单 "文件→另存为"，在 "另存为" 对话框中选择存放程序的文件夹、文件名和文件类型，如图 1.2 所示。文件名必须与 public 类的名字相同（包括大小写），再加后缀 ".java"；文件类型必须选择 "所有文件"，否则存储程序时会在文件名后再加后缀 ".txt"。

程序编辑完成后，打开一个命令窗口，在命令窗口中转换路径、编译并运行程序，如图 1.3 所示。

图 1.2　另存对话框

图 1.3　程序的编译、运行和运行结果

JDK 是最基本的程序开发方法，应该很好地掌握。

这个程序虽然很短小，但是它可以显示出 Java 应用程序的结构特点。

- 程序由至少一个类构成，类是 Java 程序的模块，Example1_01 是类名，一般以大写字母开头。public 和 static 是修饰符，为类和方法赋予不同的属性。
- 类中包含一个主方法 main()，JVM 通过调用 main 方法来执行程序。

- System.out.println()用于程序输出数据，本例输出的是一个字符串。
- 一个源程序中可以定义多个类，但最多只允许一个类使用 public 修饰符，且程序保存要用带有 public 修饰的类作为文件名，扩展名为.java。如果没有类使用 public 修饰，一般用包含 main 方法的类名作为文件名，但这不是必须的，用别的类名保存也可以。包含 main 方法的类称为主类。而用 public 修饰的类称为公共类。

1.3.2　开发 Java 小应用程序的方法

JDK 开发小应用程序

Java 小应用程序（Applet）主要用于嵌入到网页中，使静态网页动态化，使之具有交互性。小程序的执行不再使用 JVM 运行，而是使用浏览器（Browser）内置的 Java 解释器运行，Java 开发工具中提供的小程序查看器 appletviewer.exe 也可以执行小程序。关于小程序与 1.3.1 节中给出的应用程序在程序结构上的不同点，可以通过下面的程序实例说明。

【例 1.2】写一程序，显示字符串"Welcome to learn Java!"。

程序如下。

```java
import java.awt.*;
import java.applet.*;
public class Example1_02 extends Applet         //必须基于 Applet 派生
{
    String s1;
    public void init()                          //重写 Applet 类的方法
    {
        s1  = new String("Welcome to learn Java!");
    }
    public void paint(Graphics g)               //重写 Applet 类的方法
    {
        g.drawString(s1,5,20);
    }
}
```

将上述源程序编辑、编译生成 Example1_02.class 字节码文件，该字节码文件需嵌入到一个网页中执行。用记事本输入下面的网页代码并另存为"Example1_02.html"（文件名大小写无关，用其他名字也可以，文件类型也是"所有文件"）。

```html
<HTML  lang="zh-CN">
<HEAD>
<TITLE>My First Java Applet</title>
</HEAD>
<BODY>
Here's my first Java Applet:
<applet code=Example1_02.class width=300 height =40></applet>
</BODY>
</HTML>
```

打开一个命令窗口，在命令窗口中输入命令"appletviewer Example1_02.html"，程序运行结果如图 1.4 所示。

总结一下 Java 小程序的结构特点。

- 类的定义方法不同于应用程序，小程序的类继承于 Applet 类。
- 小程序类内部结构不同，不用 main 方法。小程序中常见方法包括初始化方法 init、启动方法 start、停止方法 stop、删除方法

图 1.4　小程序执行结果

destroy 和绘图方法 paint，本例中使用了 init 和 paint 两个方法，其他几个方法事实上已从 Applet 继承下来，只不过没按照自己的需要进行改写，当然也可以加入其他方法到小程序中。

1.4 程序注释

程序需要加注释，这是为了提高程序的可读性（readability）。一个人写的程序，可能过一段时间需要进行某些修改或补充，这类修改或补充在很多时候更有可能由别人来做，怎样才能使程序更容易读懂和理解？加注释是提高程序可读性最常用的方法。

按现代软件工程思想，注释不必解释程序是怎么工作的（很多人愿意这么注释），因为程序本身的逻辑很好地说明了这一点。注释应该回答程序做什么和为什么这么做这类问题。复杂的注释应该放在方法的头部。

Java 语言注释有 3 种：单行注释、块注释和文档注释。

（1）单行注释，用符号“//”实现单行注释，其后的所有字符都被视为注释，主要对某个语句注释，一般放在所注释的语句的上面或后面。

（2）块注释，或多行注释，块注释从/*开始，到*/结束，不能嵌套。

```
//this is main method
/*
*This is Java block remarks
*for method functionality specification
 */
```

（3）文档注释（Javadoc comment），文档注释从/**开始，到*/结束，主要用于描述数据、方法和类，使用 JDK 的 javadoc 命令能提取文档注释并形成帮助文档。如，在命令窗口中使用命令“javadoc Example1_01.java”将例 1.1 中的文档注释提取出来。javadoc 命令执行完成后，双击文件“index.html”可以看到如图 1.5 所示的结果。

类 Example1_1

java.lang.Object
　　Example1_1

public class **Example1_1**
extends java.lang.Object

the first program in the textbook

作者：
Liu

图 1.5　类文档中的文档注释行

1.5 Eclipse 简介与使用

Java 集成开发工具很多，而且各具特色。本节介绍 Eclipse 的使用方法。

1.5.1 Eclipse 简介

Eclipse 是开放源代码的项目，可以到 www.eclipse.org 免费下载 Eclipse 的最新版本。下载时有两个选择：Eclipse IDE for Java EE Developers 和 Eclipse IDE for Java Developers，建议选择前者，它的功能包括了后者，且为后续课学习或当下拓展学习提供了方便。

Eclipse 本身是用 Java 语言编写的开发工具，但下载的压缩包中并不包含 Java 运行环境，需要用户自己另行安装 JRE，并且要在操作系统的环境变量中指明 JRE 中 bin 的路径。安装 Eclipse 时只需将下载的压缩包按原路径直接解压即可。

下载的压缩包解压之后，双击运行 eclipse.exe，会看到软件界面如图 1.6 所示。

1.5.2　Eclipse 基本操作

Eclipse 是一个集成开发环境，它包括创建项目、编写、编译、运行和调试基本操作及一些其他的辅助操作。

1. 创建包

选中项目的 src 目录，右击"New→Package"命名后确认即可。

2. 建立 Java 项目

选择菜单"File→New→Java Project"，命名项目，确认完成（finish）即可。

Eclipse 开发程序方法

3. 创建类、添加属性和方法

在包名处按右键，选择"New→Class"，输入类名并按"finish"键即可创建类，同时进入该类的设计窗口，可以添加属性和方法，如图 1.7 所示。

图 1.6　Eclipse 界面

图 1.7　类设计窗口

1.5.3　Eclipse 调试程序的方法

程序中的错误包括语法错误、运行时错误和算法逻辑错误。编译时可以找出语法错误，运行时可以发现算法和逻辑错误。在程序编译通过后，如果不能获得预期的执行结果，说明程序中潜藏着错误，即所谓 bug。调试就是找出 bug，术语 debug 就是这个意思。通过调试找出问题代码后进行修改，变成正确的程序。

在 Eclipse 中调试的步骤如下。

（1）首先打开欲调试的项目。

（2）如图 1.8 所示，在程序中找到想要调试的代码行的前方双击设置断点，或者把鼠标移动到代码行，用快捷键 Ctrl+Shift+b 设置断点。（注意 line 7 前面的圆点，就是所设的断点。）

（3）在程序窗口单击鼠标右键，选择"Debug As→Java Application"。在弹出的对话框点击 Yes，进入 debug 模式。在 debug 窗口的左下方是程序执行窗口，如图 1.9 所示。

（4）单步执行。F5 和 F6 为单步调试命令，F5（step into）可以使调试跟踪到被调方法中，F6（step over）直接调用方法而不跟踪方法的执行，F7 是跳出方法返回到主调方法处。

（5）在单步执行过程中，可以看到代码中的变量与对应值，如图 1.10 所示，可以结合当前语句进行对比分析。

```
*Example1.java ⊠
 1
 2  public class Example1 {
 3      public static void main(String []args){
 4          int i = 1;
 5          int j = 1;
 6          //dead cycle for using j as i
 7      while(j<=10){
 8          System.out.print(i*i);
 9          i++;
10      }
11
12      }
13
14  }
15
```

图 1.8　在程序行设置断点

```
Example1.java ⊠
 1
 2  public class Example1 {
 3      public static void main(String []args){
 4          int i = 1;
 5          int j = 1;
 6          //dead cycle for using j as i
 7      while(j<=10){
 8          System.out.print(i*i);
 9          i++;
10      }
11
12      }
```

图 1.9　debug 调试程序

(x)= Variables ⊠ Breakpoints	
Name	Value
args	String[0] (id=16)
i	2
j	1

Eclipse 调试程序的方法

图 1.10　debug 过程中变量值窗口

开动脑筋

你曾经历过程序逻辑错误带来的苦恼吗？找一个逻辑错误的例子试验一下 debug 的能力如何？

1.6　小　　结

本章介绍了 Java 语言的产生、发展历程和 Java 语言的主要特点。通过两个简单的程序说明了 Java 程序的类型和结构特点。最后介绍了开发工具和开发环境的安装和配置方法。这是学习和运用 Java 的基础。俗话说：眼见为实，希望读者自己动手练习本章介绍的方法，为自己搭建好进一步学习所必需的软件环境。

1.7　习　　题

1. Java 编译器的输入和输出分别是什么文件？
2. 了解一下 Java 集成开发环境有哪些。
3. 简述你对 Java 语言的面向对象特性的理解。
4. Java 语言的平台无关性指的是什么？
5. 上机练习一下例 1.1。
6. 在例 1.1 中用 Main 替换 main，编译能不能通过？

7. 用 java Example1_1.class 运行程序，结果如何？

8. Java 和 HTML 的关系是什么？

9. Java 源文件和字节码文件的扩展名分别是什么？

10. 什么是注释？Java 有几种注释？编译器忽略注释吗？

11. 通过上机验证找出下面代码中的错误。

```
public Class Welcome{
    public void main(string []args){
        system.out.println("Welcome to learn Java!");
    }
}
```

12. 将下列十进制数转换为十六进制和二进制数。

100；4340；1000

13. 将下列二进制数转换为十进制数。

10001110；10010011001；1000000000000000

14. Java 程序有哪些组成部分？

15. 整数和浮点数在计算机内存中是如何存储的？什么是数的原码、反码和补码？

第2章
基本数据类型、运算符与表达式

本章要点

- 标识符和关键字
- 基本数据类型
- 运算符和表达式

程序的运行过程就是计算的过程。加减乘除、比较大小、逻辑真假、数据查询都是计算。计算涉及运算符（Operator）和操作数（Operand），二者连起来构成表达式（Expression）。运算符有不同种类，操作数有多种数据类型（Data Type）。基本数据类型和运算符是语言的基本组成元素，本章介绍基本数据类型和运算符及由运算符和数据组成的表达式。

2.1 标识符与关键字

2.1.1 Unicode 字符集

标识符与关键字

每种语言都有各种词汇（Token）：标识符、关键字、运算符、分隔符等。而词汇是由字符组成的。学习一种语言首先要了解它使用何种字符集（Character Set），因为字符集中限定了可用字符的数量和种类。C 用 ASCII 字符集，而 Java 使用 Unicode 字符集。

Unicode 字符集编码是通用多八位编码字符集（Universal Multiple-Octet Coded Character Set）的简称，是由 Unicode 学术学会（Unicode Consortium）制订的字符编码系统，支持现今世界多种不同语言的书面文本的交换、处理及显示。该编码于 1990 年开始研发，1994 年正式公布，最新版本是 2012 年 1 月 31 日发布的 Unicode 6.1。它为每种语言中的每个字符设定了统一并且唯一的二进制编码，以满足跨语言、跨平台进行文本转换、处理的要求。Unicode 使用十六位二进制数字编码，即四位十六进制数，因此它最多可以为 65536 个字符编码。Unicode 包含了大部分国家的字母表，如拉丁字母 a、b、c 等，还包括了常用的汉字、希腊字母、日语、俄语、朝鲜语等多种语言的"字母"，目前已定义四万多个字符。

【例 2.1】编程显示 Unicode 字符集中从序号 19966 至 40959 的字符（中、日、韩文字）。

【问题分析】字符在 Unicode 中的序号即字符的编码。想知道某一编码对应的字符，可以将该编码强制转换为字符型数据，该字符型数据就是对应的字符。用一个循环将指定范围内的编码都进行一次转换就可以看到相应的字符。其程序如下。

```java
public class Example2_01
{
    public static void main(String []args)
    {
        int iCode;
        char cCode;
        int count = 0;
        for(iCode=19966;iCode<=40959;iCode++)
        {
            cCode = (char)iCode;          //整型数强制转换为字符型，可以得到对应的字符
            System.out.print(cCode+"  ");
            count++;
            if(count%20==0)
                System.out.println();
        }
    }
}
```

2.1.2　标识符

Java 程序中各种名字就是标识符，类名、方法名、数组名、符号常量名、标号名都是标识符。在例 2.1 程序中从类名 Example2_01 到方法名 main 再到变量名 iCode、cCode、count，它们都是标识符。

Java 标识符为字母、下划线、美元符号和数字组成的长度不限的字符串，不能以数字做开头字符。标识符不可以是关键字和保留字。

开动脑筋

用汉字做变量名可以吗？你支持使用吗？

2.1.3　关键字

和标识符一样，关键字（Keyword）也是语言中的词汇（Token）。标识符是由程序员命名的，其意义是程序员赋予的；而关键字是语言系统定义且赋予了特定意义的字，在程序中不能用作其他目的。下面列出 Java 的 50 个关键字。为了便于学习和记忆，可将它们分为四类。

1. 语句

*assert、break、case、*catch、continue、default、do、else、*finally、for、goto、if、*import、*package、return、switch、*throw、*throws、*try、while（共 20 个）。

2. 数据类型定义符

boolean、*byte、char、*class、double、enum、float、int、*interface、long、short、void（共 12 个）。

3. 修饰符

*abstract、*final、*native、*private、*protected、*public、static、*strictfp、*synchronized、*transient、volatile（共 11 个）。

4. 其他

const、*extends、*implements、*instanceof、*new、*super、*this（共 7 个）。

开动脑筋

在高级语言中和关键字相近的还有一个术语叫作保留字。你知道关键字和保留字的异同点吗？

有三个常用词 true、false 和 null 不是关键字。

注意，加星号标记的关键字是在 C 语言中没有的。

2.2 基本类型数据

基本数据类型

2.2.1 变量与常量

1. 变量

变量（Variable）在程序中用来存储数据。按 Java 编码规范，变量名用小写字母。为了可读性要求，使用一个或多个词连起来组成变量时，除了第一个词，其他词首字母均大写。

变量在使用前需要声明，声明语法如下。

数据类型定义符 变量名表列；

例如：

```
int x,y,z;
char c1,c2;
```

变量声明的目的在于通知编译器变量的名字和数据类型，按类型分配空间。

2. 常量

程序中常量也是不可或缺的。常量分为符号常量（Symbolic Constant）和直接量（Literal Constant）两种。Java 符号常量与变量语法接近，如：

```
final datatype symbolic-constant = constant-value;
```

例如，定义数学常数 PI：

```
final double PI = 3.14159;
```

符号常量在程序运行过程中其值不可以改变，符号常量一般用大写字母。

2.2.2 Java 基本数据类型

前已述及，Java 要求变量的使用要严格符合定义，所有变量都必须先定义后使用。

Java 数据类型包括基本类型和引用类型两大类。基本类型包括整型、浮点型、字符型和布尔型四种。引用类型包括类、接口和数组。其中，基本类型的整型和浮点型又可做如下细分。

（1）整型包括四种：字节 byte、短整型 short、基本整型 int、长整型 long。

（2）浮点型又分为两种：单精度浮点型 float 和双精度浮点型 double。

浮点型数据的机内表示采用 IEEE765 表示法，其指数、偏移量划分方案为：

	符号位	指数位	指数偏移量	尾数位
float （32 位）	1[31]	8[23-30]	23[0-22]	127
double （64 位）	1[63]	11[52-62]	52[0-51]	1023

对基本数据类型，我们的关注点有三个方面：定义符、数据格式、数据长度和范围。基本数据类型的描述见表 2.1。

表 2.1   基本数据类型

类　型　名	变量定义符	常　量　格　式	数据长度和范围
字节整型	byte	二、八、十、十六进制	1 字节，$-2^7 \sim 2^7-1$
短整型	short	二、八、十、十六进制	2 字节，$-2^{15} \sim 2^{15}-1$
基本整型	int	二、八、十、十六进制	4 字节，$-2^{31} \sim 2^{31}-1$
长整型	long	二、八、十、十六进制	8 字节，$-2^{63} \sim 2^{63}-1$
单精度浮点型	float	小数点格式、科学计数法	4 字节，1.4e–45～3.4028235e38、 –3.4028235e38～–1.4e–45
双精度浮点型	double	小数点格式、科学计数法	8 字节， 4.9e–324～1.7976931348623157e308、 –1.7976931348623157e308～–4.9e–324
字符型	char	单引号括起	2 字节，Unicode 字符
布尔型	boolean		1 字节，true 和 false

对表 2.1 内容做以下说明和补充。

- 整型常量除十进制数外需加前缀标识：0b 是二进制数前缀，0 是八进制，0x 前缀是十六进制前缀。长整型数带后缀 L（或小写），建议用大写 L，因为小写 l、字母 i 和数字 1 极容易混淆。整型数直接量默认为 int 型，给 byte 和 short 型变量赋值时需注意数值的大小要在 byte 和 short 的范围内。
- 二进制数位之间可用下划线分隔，提高可读性，如 0b0011_1110_1000。
- 浮点型常量默认为双精度数，如 123.45 为双精度数。浮点数加后缀 F 或 f 表示单精度数，加后缀 D 或 d 表示双精度数，如 123.45F 为单精度数。单精度数有 8 位有效数字，而双精度为 16 位。
- 浮点型常数可以用科学记数法表示，如 $1.23*10^5$，在 Java 语言中可以表示为 1.23E+5 或 1.23E5。E 或 e 的前面必须有数据，其后必须是整型数。
- 有些字符不能直接表示出来，如换行符，则可以用转义字符来表示。表 2.2 所示的是常用转义字符表。

表 2.2   转义字符表

转　义　序　列	名　　称	Unicode
\b	退格键	\u0008
\t	Tab 键	\u0009
\n	换行符号	\u000A
\f	换页	\u000C
\r	回车键	\u000D
\\	反斜杠	\u005C
\'	单引号	\u0027
\"	双引号	\u0022

转义字符表示时用 "\" 做前缀，后跟其他字符，如换行符用 "\n" 表示。其他的字符也可以用转义字符表示，将字符在 Unicode 中的编码转换成十六进制并用 "\u" 作前缀，如\u0041'是字符 'A'。

开动脑筋

有定义 byte x = 1;，则 x++; 和 x = x + 1; 这 2 条语句正确与否？

2.2.3　基本类型数据的输入/输出

Java 类库中提供了丰富的输入/输出流类，用这些流类可以很方便地实现数据的输入和输出。常用的 Scanner 类不是输入流类，但是它利用输入流类的对象可以输入基本数据类型的数据；输出流类 PrintStream 可以输出基本数据类型的数据，在系统类 System 中定义了 PrintStream 类的对象 out。

基本数据输入输出

输入时应该先创建 Scanner 类的对象。创建 Scanner 对象的方法：

```
Scanner input=new Scanner(System.in);
```

输出数据时使用：

```
System.out.println(输出的数据);
```

"输出的数据"应是基本数据类型的数据。

【例 2.2】输入 10 名学生的数学成绩（百分制），计算平均分（保留小数点后两位数字）。

【问题分析】根据问题需要，定义计数、成绩、总成绩和平均成绩四个变量，平均成绩是浮点型的，其余为整型变量。程序如下。

```
import java.util.*;                          //引入 Scanner 类

public class Example2_02 {
    public static void main(String args[])
    {
        double average;                      //平均数
        int number = 10;                     //学生数
        int score,sum = 0;                   //成绩与成绩总和
        //用标准输入流类的对象 System.in 创建 Scanner 类的对象
        Scanner input = new Scanner(System.in);
        for(int c = 1; c<=number; c++)       //用循环输入十个学生的成绩
        {
            score = input.nextInt();         //nextInt()方法可以读入一个整型数
            sum += score;                    //累加
        }
        average = sum/number;                //计算平均成绩
        System.out.printf("Average score =%.2f\n",average);
    }
}
```

程序运行结果如图 2.1 所示。

表 2.3 所列举的是 Scanner 用于输入基本类型数据的方法。

```
66 77 88 92 45 87 57 90 92 60
Average score =75.00
```

图 2.1　例 2.2 运行结果

表 2.3　　　　　　　　　　　　　　　　　　输入方法

类型	byte	short	int	long	boolean	float	double
方法	nextByte()	nextShort()	nextInt()	nextLong()	nextBoolean()	nextFloat()	nextDouble()

表 2.3 中没有字符型数据的输入方法，那么，单个字符如何输入呢？

使用下面两个方法都可以实现。

第一种方法，利用 Scanner 类的 next()方法读取字符串，即单个字符组成的字符串，再从串中取出字符，我们都知道'A' ≠ "A"。

```
Scanner sc = new Scanner(System.in);
//Scanner 类没有提供直接接收一个字符的方法，这里当作字符串来接收；
String s = sc.next();
//调用字符串的 charAt()方法取得第一个字符
char c = s.charAt(0);
```

第二种方法，利用 System 类的 in 属性直接调用 read()方法读入字符。

```
char c;
try
{
    c = (char)System.in.read();
}
catch(Exception e){}
```

注意，这里的 try 和 catch 是必需的，否则编译会出错。

表 2.4 列出了 System 输出方法，严格地说是 System 类的对象 out 调用了方法进行数据输出。

表 2.4　　　　　　　　　　　　　　　　输出方法

方法	print	println	printf
功能	输出后不换行	输出后换行	格式化输出

对输出方法说明如下。

- 调用 print()方法时必须带且只能带有一个基本数据类型的参数，它输出数据后不换行。调用 println()方法时可以不带参数，如果不带参数，则输出一个换行；如果带参数，只能带一个基本数据类的参数，输出参数的值并换行。

- 如果用 print()或 println()一次输出多个数据，则应将多个数据变成一个数据后再调用这两个方法输出。例如语句

```
System.out.println("Average Score ="+average);
```

用 "+" 将一个字符串和一个数值连接成一个字符串后作为 println()的参数。

- printf()用于有格式的数据输出。它的使用方法是：

```
printf(格式控制字符串，输出项表列);
```

"格式控制字符串"由普通字符和格式控制组成。普通字符原样输出，格式控制字符主要有以下字符：

　　　　%d：输出 int 型数据。

　　　　%c：输出 char 型数据。

　　　　%f：输出浮点型数据，小数部分最多保留 6 位。

　　　　%s：输出字符串型数据。

可以设置输出数据的宽度，格式如下：

　　　　%md：输出 int 型数据占 m 位。

　　　　%m.nf：输出浮点型数据占 m 位，小数点后保留 n 位数字。

2.3　运算符和表达式

运算符用于完成数据的运算，主要由算术运算符、关系运算符、逻辑运算符、位运算符、赋值运算符及其他运算符组成。由运算符连接操作数（数据）形成的式子称为表达式。

算术运算与表达式

2.3.1　算术运算符

Java 的算术运算符如表 2.5 所示。

表 2.5　　　　　　　　　　　　算术运算符

运　算　符	含　　义	示　　例	结　　果
+	加	3+4	7
−	减	3−4	−1
*	乘	3*4	12
/	除	1.0/2.0	0.5
%	求余	20%3	2

对求余运算符需要说明的是余数的符号取决于第一操作数的符号，而不管第二操作数是什么。求余结果按 a%b=a−a/b*b 计算。例如：

```
System.out.println(11%2);        //结果为1
System.out.println(11%-2);       //结果为1
System.out.println(-11%2);       //结果为-1
System.out.println(-11%-2);      //结果为-1
```

算术运算符中还有使变量增 1 或减 1 的运算，如表 2.6 所示。

算术运算符的结合性：单目运算符从右向左、双目运算符从左向右。

表 2.6　　　　　　　　　　　　增量和减量运算符

运　算　符	名　　称	说　　明
++var	前缀增量运算符	（++var）使 var 增 1，且表达式取增量之后值
var++	后缀增量运算符	（var++）表达式取 var 原值，且使 var 增 1
−−var	前缀减量运算符	（−−var）使 var 减 1，且表达式取减量之后值
var−−	后缀减量运算符	（var−−）表达式取 var 原值，且使 var 减 1

2.3.2　关系运算符

关系运算是一种比较运算，用于比较两个量大小关系的运算。关系运算符有 6 种：==（等于）、!=（不等于）、>（大于）、>=（大于或等于）、<（小于）、<=（小于或等于）。例如：

x+y>=a*b、i==j+k

关系运算的结果是逻辑值，关系运算符的结合性是从左向右。

关系运算与逻辑运算

2.3.3　逻辑运算符

逻辑运算是一种连接运算，可以将多个关系表达式连接成一个表达式。按优先级从高到低有：!（一元逻辑非）、&&（与、并且）、||（或）。例如数学不等式"a<x<=b"写成 Java 表达式：

```
a<x && x<=b
```

再如数学不等式"x>y 或 a<b"，写成 Java 表达式：

```
x>y || a<b
```

逻辑运算的结果仍然是逻辑算值。单目非!的结合性从右向左，双目的&&和||的结合性从左向右。

2.3.4　位运算符

数据在计算机内部都是用二进制位表示的。有时候需要知道特定的二进制位的值或改变其值，就需要用位运算。位运算符有七个：&（位与）、|（位或）、^（位异或）、~（位非）、<<（位左移）、>>（位右移）、>>>（用零扩展的右移），其中位非是单目运算符。位运算符的结合性是从左向右。

位运算

1. 位与运算

对应的二进制位按位进行与运算。如 a=102、b=59，则 a&b=34，运算过程如下所示。

```
    0 1 1 0 0 1 1 0    (a)
&   0 0 1 1 1 0 1 1    (b)
  ─────────────────
    0 0 1 0 0 0 1 0
```

2. 位或运算

对应的二进制位按位进行或运算。如 a=102、b=59，则 a|b=127，运算过程如下所示。

```
    0 1 1 0 0 1 1 0    (a)
|   0 0 1 1 1 0 1 1    (b)
  ─────────────────
    0 1 1 1 1 1 1 1
```

3. 位异或运算

对应的二进制位按位进行异或运算，异或运算是取不同，当对应位不同时为 1，相同时为 0。如 a=102、b=59，则 a^b=93，运算过程如下所示。

```
    0 1 1 0 0 1 1 0    (a)
^   0 0 1 1 1 0 1 1    (b)
  ─────────────────
    0 1 0 1 1 1 0 1
```

4. 位非运算

对应的二进制位按位取反运算。如 a=102，则 ~a=-103，运算过程如下所示。

```
~   0 1 1 0 0 1 1 0    (a)
  ─────────────────
    1 0 0 1 1 0 0 1
```

数据在计算机内部是用补码表示的，高位为 1 表示负数。

5. 位左移运算

将一个数的各个二进位顺序往左移动若干位，移出的位舍弃，右侧空出位补 0。如 a=102、

$n=3$，则 $a<<n=816$，运算过程如下所示。

$$0\ 1\ 1\ 0\ 0\ 1\ 1\ 0\qquad <<3\quad (a)$$
$$\overline{0\ 1\ 1\ 0\ 0\ 1\ 1\ 0\ 0\ 0\ 0}$$

将 a 往左移 n 位，相当于 $a*2^n$。移位运算比乘 2 运算快。

6．位右移运算

将一个数的各个二进位顺序往右移动若干位，移出的位舍弃，左侧空出位补 0。如 $a=102$、$n=3$，则 $a>>n=12$，运算过程如下所示。

$$0\ 1\ 1\ 0\ 0\ 1\ 1\ 0\qquad\qquad >>3\quad (a)$$
$$\overline{0\ 1\ 1\ 0\ 0\ \cancel{1}\ \cancel{1}\ \cancel{0}}$$

将 a 往右移 n 位，相当于 $a/2^n$。移位运算比除 2 运算快。

7．用零扩展的位右移运算

用零扩展的右移位运算符移位时，空出高位用 0 补充，而>>运算则用原来的高位值补充。图 2.2 所示说明>>>和>>的区别。

如 int $a=-102$，则 $a>>3=-13$，而 $a>>>3=536870899$。

图 2.2　运算符>>和>>>的区别示意图

2.3.5　赋值运算符

赋值运算符包括赋值运算"="和自反赋值。自反赋值是赋值运算符和算术运算符组合形成的赋值运算符，即+=、–=、*=、/=、%=，还包括赋值运算符与移位运算符组合形成的运算符，即>>=、>>>=、<<=、&=、^=、|=等。赋值运算符的结合性是从右向左。

使用赋值运算符可以为一个变量赋值，或者将一个表达式的值保存在一个变量中。赋值运算符的语法形式是：

赋值、条件及其他运算符

　　变量=表达式

"="左侧一定是一个变量，它可以将表达式的值赋给变量。

2.3.6　条件运算符

条件运算符"?:"是一个三目运算符。它的语法形式是：

　　关系或逻辑表达式?表达式 1:表达式 2

如果"关系或条逻辑表达式"的值为 true，则整个表达式的值就是"表达式 1"的值，否则就是"表达式 2"的值。有些情况下，可以用条件运算符代替 if-else 语句。

2.3.7　其他运算符

其他运算符包括："new" "instanceof" "()" "[]"和 "."。

（1）"new"运算符用于为数组分配内存和调用构造方法创建对象，见本书 4.1.2 节中关于 new 创建数组的用法，以及 5.3.2 节中关于 new 调用构造方法创建对象的用法。

（2）"instanceof"运算符用于判断一个对象是否是一个类的实例，见本书 6.1.3 节。

（3）"()"用于表达式和方法定义与调用。()用在表达式中可以改变运算的优先级，提高表达式的清晰性；定义方法和调用方法时，方法的参数都要写在"()"中，即使方法没有参数，也要写一对空"()"表示方法定义或调用。

（4）"[]"是下标运算符，用于定义数组和访问数组元素，参见本书 4.1.1 节。

（5）"."是分量运算符，可以通过该运算符访问对象中的成员，参见本书 5.3.3 节。

2.3.8　表达式

表达式

1.　表达式分类

使用的运算符不同，构成的表达式不同。Java 有 6 类表达式：算术运算表达式、关系运算表达式、逻辑运算表达式、位运算表达式、条件运算表达式和赋值运算表达式。

使用表达式时应特别注意的两个问题是：

- 运算符的优先级和结合性（自左至右或从右向左）要准确记忆。
- 数据类型转换要合理运用。

2.　数据类型转换

数据类型转换方法有以下两种。

- 强制转换，或称之为显式转换（Explicit Conversion）。
- 自动转换，或称之为隐式转换（Implicit Conversion）。

所谓强制转换，就是使用"（类型符）"于表达式之前，即可将表达式值转换为所希望的类型。例如"1/3"运算结果为 0，如果想得到 0.333，则需要进行强制转换"(double)1/3"，将 1 强制转换为 1.0。

自动转换不使用任何类型符。表达式在计算过程中，参与运算的操作数会根据操作数的类型进行自动转换。观察下面的表达式：

```
4+6.78
```

整型数和双精度浮点数相加，需要将整型数转换成浮点数才能完成计算。再比如：

```
"Average score is: "+score
```

score 是一整型数，把它转换为数字字符串，然后两个字符串合并得到新字符串。

自动转换需按照数值精度从"低"到"高"，或者说从小到大的方向进行转换。不同类型数据的从小到大的顺序为：

```
byte -> short -> char -> int -> long -> float -> double。
```

3.　特殊浮点值

表达式计算求值过程中，可能遇到许多不正常的情况。例如整数除以零即非法的。Java 的异常处理机制（第 8 章专述）就是针对各类程序异常而设置的。但是浮点数除以零不会引起异常，而只是当作运算结果数值太大或者太小，产生了向上溢出到无穷大，或者向下溢出到零。Java 以正常方式处理这些情况，具体做法是为此定义了三个比较特殊的浮点值：正无穷 POSITIVE_INFINITY、负无穷 NEGATIVE_INFINITY 和非数 NaN（Not a Number），这些值定义在包装类 Float 和 Double 中。

开动脑筋

整数或浮点数除以零，会是程序员的一时疏忽吗？

正浮点数除以零，其结果值为 POSITIVE_INFINITY；负浮点数除以零则为 NEGATIVE_INFINITY，浮点数零除以零为 NaN。这三个数值的输出形式为：Infinity、-Infinity 和 NaN。

注意，一个表达式中若有一个操作数为 NaN，则结果一定是 NaN。一个数除以 POSITIVE_INFINITY，结果为零。

2.4 小 结

本章系统、详细地介绍了 Java 基础语法知识，包括字符集、标识符、关键字、基本数据类型、运算符和表达式。有些难懂的内容给出了图形示意和实例展示，目的是让初学者有直观印象，便于接受。本章编写特点是采用对比法讲解语法，并运用大量的图表展示。语言是习得性的知识，一般应从实践中来，到实践中去。

2.5 习 题

1. 下列哪些是合法的标识符？

applet, Applet, a++, --a, $7, 3com, #99, xyz, a_11, _67

2. 下列哪些是 Java 关键字？

class, public, main, null, Boolean, Scanner, System, in

3. 设 int a = 2 和 double d = 1.0，下列每个表达式的计算结果是多少？

```
a = 47/9;
a = 46 % 9 +4 * 4 - 2;
a = 45 + 43 % 5 * (23 * 3 %2);
a %= 3 / a + 3;
d -= 1.5 * 3 + a++;
```

4. 下面表达式运算结果是多少？

56 % 6,78 % -4, -34 % 5, -37 % -5,0 % 7

5. 将下面的数学表达式改写成 Java 表达式。

$$\frac{4}{3(r+33)} - 9(ab+c) + \frac{3+d(a+6)}{a+bc}$$

6. 判断下列说法正确与否。

（1）任何表达式都可以当作语句。

（2）语句 a = b = c = 0 是非法的。

（3）a = 1, b = a, c = b 是合法表达式。

（4）用圆括号括起需要优先计算的子表达式使程序可读性好。

7. 类名、方法名、常量和变量名的命名习惯是什么？

8. 编辑运行下面程序，记录编辑和编译过程中 IDE 或编译器报告的语法错误。

```java
public class Exercise2_8
{
    public static void main(String []args)
    {
        i = 10;
        System.out.println(i + 4);
    }
}
```

9. 编辑运行下面程序，记录编辑和编译过程中 IDE 或编译器报告的语法错误。

```
public class Exercise2_9
{
    public static void main(String []args)
    {
        //sum3 equals to num1 plus num2
        int num1 = 10;
        int num2 = 20;
        int num3 = 0;
        num3 += num1 +nuum2;
        System.out.println("Sum= " + num3);
    }
}
```

10. 分析并改正代码错误，并上机验证。

```
public class Exercise2_10
{
    public void main(string []args)
    {
        int num1 ;
        int num2 = 120.0;
        int num3 = num1 + 10;
        System.out.println("num3 is" + num3 + " and
            num2 is " + num2);
    }
}
```

11. 分析下面程序的执行结果是什么（体会算符^的作用）。

```
public class Exercise2_11
    {
        public void main(string []args)
        {
            int a[] = {2,5,4,6,3,2,1,4,6,3,1} ;
            int num = 0;
            for(int k=0;k<a.length;k++)
              num=num^a[k]
            System.out.println("num is" + num);
        }
    }
```

12. 项目练习：计算贷款每月还款额问题。如今，贷款买房、贷款买车、学生贷款很普遍。本程序输入利率、贷款总额和还款年数，计算出每月还款额。月还款额计算公式如下。

$$\frac{贷款总额 \times 月利率}{1 - \dfrac{1}{(1 + 月利率)^{年数 \times 12}}}$$

13. 项目练习：整钱换零钱问题。把给定的整钱兑换成较小货币单位的零钱。程序要求输入一个 double 型表示美元和美分的总钱数，然后列出总额与之等价的 dollar（1 美元）、quarter（2 角 5 分）、dime（1 角）、nickel（5 分）和 penny（1 分）的数目。

完成以上两道程序题目的预备知识如下。

用 import javax.swing.JOptionPane 导入类 JOptionPane，其是输入数据对话框类。

输入数据方法（从输入对话框到字符串）：

`String str = JOptionPane.showInputDialog("Enter a double number:");`

数据转换方法（从字符串到浮点数）：

`double d = Double.parseDouble(str);`

结果输出方法（从内存变量到显示器消息对话框）：

`JOptionPane.showMessageDialog(null,output);`

第 3 章
控制语句

本章要点
- 控制语句
- 顺序结构
- 选择结构
- 循环结构
- 选择结构与循环结构的嵌套
- break 语句与 continue 语句

一个 Java 程序由一个或多个类组成,即类是组成 Java 程序的基本单位。而每一个类由域(field,面向对象方法中称为数据成员,可以没有)和方法(method,面向对象方法中称为成员函数,可以没有)组成,而方法是由若干条语句组成的。所以,编写 Java 程序必须先从语句开始。本章将详细讲解 Java 语言中的控制语句。

3.1　控制语句概述

控制语句是实现数据正确处理的前提。在实际处理数据的过程中,同一问题的不同情况需要采用不同的方法来处理,而所编写的程序应该能够适应不同的情况,即一个程序能够处理同一问题的所有情况。解决这样的问题就需要程序设计者将问题的所有情况反映在程序中,以便程序在运行过程中能根据具体情况执行相应的操作。要使程序能够正确处理数据,必须要有相应的控制语句实现程序的控制转移。

有些问题需要采用同一方法反复迭代计算才能得到结果,这需要程序能够控制迭代过程,这样迭代过程可以看作是循环过程。

Java 语言提供了完善的控制语句,包括顺序语句、选择语句、循环语句和转移语句,本章将对这些语句进行详细讲解。

3.2　顺序结构

每一个方法中都有若干条语句。如果一个方法在运行过程中,语句是按照语句在方法中的物理顺序而执行的，这种执行过程称为顺序执行，对应的程序结构称为顺序结构。

顺序结构是一种简单而又基本的结构。说它简单，是因为它的语句排列顺序与执行过程一致，只要顺序地写每一条语句就可以了；说它基本，是因为其他语句也是顺序执行，虽然其他结构语句执行时有跳转，但执行过程仍然是顺序执行。

【**例 3.1**】求一元二次方程 $ax^2+bx+c=0$ 的根。其中，$a\neq 0$，$b^2-4ac\geq 0$。

【**问题分析**】在数学上，求一元二次方程的根有两种方法，一是因式分解法，二是求根公式。在用计算机程序解决问题的时候，要求解决问题的方法（可称算法）必须具有有穷性，即必须是有限个方法。因为系数 a、b 和 c 数据对有无数多个，对应的因式分解结果也会有无数多个，所以用计算机程序求解一元二次方程的根采用因式分解法不可行，因为程序不可能将无限种情况都表示出来，只能采用第二种方法。

可以先设两个变量 p 和 q，分别表示 $p=-b/(2a),q=\sqrt{b^2-4ac}/(2a)$，则方程的根可以表示为 $p+q$ 和 $p-q$。程序如下，程序运行结果如图 3.1 所示。

```java
import java.util.*;
public class Example3_01
{
    public static void main(String args[])
    {
        double a,b,c;
        double p,q;
        double x1,x2;

        Scanner reader=new Scanner(System.in);
        System.out.println("请输入一元二次方程的三个系数：");
        a=reader.nextDouble();              //读一个浮点数
        b=reader.nextDouble();
        c=reader.nextDouble();

        p=-b/(2*a);
        q=Math.sqrt(b*b-4*a*c)/(2*a);

        x1=p+q;
        x2=p-q;

        System.out.println("一元二次方程的根是：");
        System.out.printf("x1=%.2f,x2=%.2f\n",x1,x2);
    }
}
```

例 3.1 编程视频

请输入一元二次方程的三个系数：
1 3 -4
一元二次方程的根是：
x1=1.00,x2=-4.00

图 3.1　例 3.1 运行结果

例 3.1 的程序是一个顺序程序，程序的执行过程按语句在程序中的物理顺序逐条语句自上而下执行。

3.3　选择结构

多数情况下，计算机程序所解决的问题都是很复杂的。同样一个问题在不同的情况下，需要采用不同的方法进行处理。例如例 3.1 的问题，当判别式等于 0 或小于 0 时，例 3.1 的程序就不能使用了。如果想设计一个程序能求解任何一个一元二次方程的根，就要用到选择结构。Java 语言中选择结构有两种语句，分别是 if 语句和 switch 语句，if 语句又可以分为两种形式。

3.3.1 if 语句

if 语句有简单的 if 语句、if-else 语句、嵌套的 if 语句和衍生的 if-else if 语句。下面分别介绍。

1. 简单的 if 语句

简单的 if 语句的语法形式：

```
if(条件表达式)
      语句（可称为 if 子句）
```

其中的 "条件表达式" 应该是关系表达式或逻辑表达式。"语句" 可以是空语句（只有一个分号）、一条语句或多条语句。如果是空语句或一条语句，则直接写在 if 下面作为 if 的子句；如果子句由多条语句组成，则应该用 "{}" 将多条语句括起来成为一个复合语句作为 if 的子句。

if 语句的执行过程是：当执行到 if 语句时，首先计算条件表达式的值。如果表达式的值为真，则执行子句，子句执行完毕，继续执行 if 语句下面的语句；如果表达式的值为假，则不执行子句，而是直接执行 if 下面的一条语句。执行过程如图 3.2 所示。

图 3.2 if 语句的执行过程

【**例 3.2**】将三个整数按由小到大的顺序排列并输出。

【**问题分析**】这个问题实际上是对数据的排序问题。简单的排序方法是对相邻的两个数进行比较，如果前面的数比后面的数大，则将两个数进行交换。

可以先设三个变量 a、b 和 c，将三个整数分别保存在这三个变量中，然后进行两两比较，最小数保存在 a 中，最大的数保存在 c 中，剩余的一个数保存在 b 中，然后顺序输出 a、b 和 c 的值。程序如下，程序运行结果如图 3.3 所示。

```java
import java.util.*;
public class Example3_02
{
    public static void main(String args[])
    {
        int a,b,c,t;
        Scanner reader=new Scanner(System.in);

        System.out.println("请输入三个整数: ");
        a=reader.nextInt();
        b=reader.nextInt();
        c=reader.nextInt();

        if(a>b)
        {
            t=a;
            a=b;
            b=t;
        }                      //经过这一步运算后，可以保证 a 是 a、b 中最小的数
        if(a>c)
```

例 3.2 编程视频

```
    {    t=a;a=c;c=t;}              //经过这一步运算后，可以保证 a 是 3 个中最小的数
    if(b>c)
    {    t=b;b=c;c=t;}              //经过这一步运算后，可以保证 b 比 c 小

    System.out.println("三个数的由小到大的顺序是: ");
    System.out.printf("%d %d %d\n", a,b,c);
    }
}
```

图 3.3　例 3.2 运行结果

例 3.2 执行第 1 个 if 语句后，可以保证 a 是 a 和 b 中最小的数；执行完第 2 个 if 语句后，可以保证 a 是 a、b 和 c 中最小的数；执行完第 3 个 if 语句后，则可以保证 b 和 c 由小到大的顺序。

上述程序中应注意两点。一是两个变量交换值时，应该借助第 3 个变量（如 t）。二是 if 语句的风格。子句应该写在主句的下面，并相对主句缩进几格（一般是 4、6 或 8 个空格，也可用 Tab 制表键）；多条语句时，每条语句最好占一行，如第一个 if 语句。如果子句比较简单并为了节省篇幅，适当地占一行也可以，如第二个和第三个 if 语句。

2. if-else 语句

简单的 if 语句只能处理一种情况，如果是两种情况，则可以使用 if-else 语句进行处理。

if-else 语句的语法形式：

```
if(条件表达式)
    语句 1
else
    语句 2
```

其中的"条件表达式""语句 1"和"语句 2"的语法同简单的 if 语句。

if-else 语句的执行过程是：当执行到 if-else 语句时，先计算"条件表达式"的值。如果该值为真，则执行"语句 1"，然后程序转向到"语句 2"下面的语句继续程序的执行，而不执行"语句 2"；如果"条件表达式"的值为假，则执行"语句 2"，然后程序接着执行后续的语句，而不执行"语句 1"。图 3.4 所示的是 if-else 语句的执行过程。

从 if-else 语句的执行过程可以看到，"语句 1"和"语句 2"并不都能被执行到，只能执行其中的一个子句——根据条件执行了某些语句，而另外一些语句不被执行。

图 3.4　if-else 语句的执行过程

【例 3.3】给定两个整数，输出这两个数中的大数。

【问题分析】欲输出两个数中的大数，必须经过比较才能确定哪一个数大。而判断过程中，前面的数可能是大数，也可能后面的数是大数，这是两种情况。可以使用 if-else 语句判断。程序如下，程序运行结果如图 3.5 所示。

```
import java.util.*;
public class Example3_03
{
    public static void main(String args[])
    {
        int a,b,max;
        Scanner reader=new Scanner(System.in);
```

```
System.out.println("请输入两个整数: ");
a=reader.nextInt();
b=reader.nextInt();

if(a>b)
    max=a;
else
    max=b;

System.out.println("两个数中的大数是: ");
System.out.printf("max=%d\n",max);
    }
}
```

请输入两个整数：
25 30
两个数中的大数是：
max=30

图3.5　例3.3运行结果

例 3.3 中设置了一个中间变量 max 用于保存两个数的最大数,判断后输出 max 的值就可以了。

开动脑筋

例 3.3 的问题用简单的 if 语句是否能够求出两个数中的大数?

3. 嵌套的 if 语句

简单的 if 语句只能处理一种情况, if-else 语句可以处理两种情况。但是, 实际上很多问题更复杂, 有更多种情况, 这样的问题就得用嵌套的 if 语句来处理。

if 或 if-else 都有子句, 而子句可以是任何合法的 Java 语句。if 和 if-else 本身就是 Java 语句, 所以在需要的情况下可以将 if 或 if-else 语句作为其他 if 或 if-else 的子句, 这样就形成了 if 语句的嵌套, 有如下 4 种形式。

嵌套的 if 语句

形式 1:
```
if(条件1)
    if(条件2)
        语句
```

形式 2:
```
if(条件1)
    if(条件11)
        语句1
    else
        if(条件2)
            语句2
```

形式 3:
```
if(条件1)
    if(条件11)
        语句1
    else
    语句2
```

形式 4:
```
if(条件1)
{
    if(条件11)
        语句1
}
else
    if(条件2)
        语句2
```

- 对于形式 1, 当条件 1 为真并且条件 2 也为真时执行语句。如果条件 1 为假, 则不再计算条件 2, 也不执行语句, 直接执行"语句"下面的语句。
- 对于形式 2, 当条件 1 为真并且条件 11 也为真时执行语句 1。如果条件 1 为真, 但条件 11 为假, 则计算条件 2, 如果条件 2 为真, 则执行语句 2; 条件 1 为真但条件 2 为假, 则不执行语句 2。如果条件 1 为假，语句 1 和语句 2 都不能被执行，而直接执行"语句 2"下面的语句。

- 对于形式 3，当条件 1 为真并且条件 11 也为真时执行语句 1。如果条件 1 为真而条件 11 为假，则执行语句 2。如果条件 1 为假，语句 1 和语句 2 都不能被执行，直接执行"语句 2"下面的语句。
- 对于形式 4，当条件 1 为真并且条件 11 也为真时执行语句 1。如果条件 1 为假而条件 2 为真，则执行语句 2。

if 语句的嵌套没有固定的形式，完全按照实际问题的需要进行嵌套。

形式 2 和形式 3 有相似之处，形式 2 和形式 4 有相似之处，请读者分析一下它们的区别。

if 语句嵌套时要注意 if 和 else 的对应关系，一般地，else 总是和它上面离其最近的 if 对应。但可以通过加"{}"改变对应关系，如形式 4 就是在形式 2 上加了"{}"而改变了对应关系。

【例 3.4】运费问题。货运公司承接用户的运货请求时，会根据货运里程给客户一定的优惠折扣。当货运里程在 500km（不包括 500km）以内时，没有折扣；当货运里程为 500～1000km（不包括 1000km）时，减免客户 5%的运费；当货运里程为 1000～1500km（不包括 1500km）时，减免客户 8%的运费；当货运里程为 1500～2500km（不包括 2500km）时，减免客户 10%的运费；当货运里程超过 2500km 时，减免客户 12%的运费。给定用户货物重量、货运里程及单位运费（每吨每公里运费），编程计算用户应支付的运费。

【问题分析】货物重量×货运里程×单位运费=运费。但运费中应减去折扣费用，因为货运里程是已知的，所以可以根据里程确定折扣率，在程序中可以用 if 语句来确定。因为有多个里程段，所以应该用嵌套的 if 语句来实现。程序如下。

```java
import java.util.*;
public class Example3_4
{
    public static void main(String args[])
    {
        double weight/*货物重量*/,dist/*运输里程*/;
        double fee/*单位费用*/,discount=0/*折扣率*/;
        double totalFee;/*实际的运费*/
        Scanner reader=new Scanner(System.in);

        System.out.println("请输入货物重量、运输里程及单位运费: ");
        weight=reader.nextDouble();
        dist=reader.nextDouble();
        fee=reader.nextDouble();

        if(dist<500)
            discount=0.0;
        else                        //子句是 if 语句，嵌套
            if(dist<1000)
                discount=0.05;
            else                    //子句是 if 语句，嵌套
                if(dist<1500)
                    discount=0.08;
                else                //子句是 if 语句，嵌套
                    if(dist<2500)
                        discount=0.10;
```

例 3.4 编程视频

```
        else
             discount=0.12;
        totalFee=weight*dist*fee*(1-discount);
        System.out.printf("总的运费：%.2f\n", totalFee);
    }
}
```

程序运行结果如图 3.6 所示。

请输入货物重量、运输里程及单位运费：
15 1780 0.22
总的运费：5286.60

图 3.6 例 3.4 运行结果

4. 衍生的 if-else if 语句

从例 3.4 的程序中可以看出，if 语句用了多层嵌套。虽然 Java 语言没有对嵌套层数做出限制，但是在实际程序设计时，嵌套层数过多就会降低程序的可读性，所以在编写程序时嵌套的层数应尽量少。

可以对例 3.4 的程序进行一下适当的改动，以提高程序的可读性。Java 语言对程序的语法格式没有严格要求，一行可以写多条语句。现在将例 3.4 程序中每一个 else 下一行的 if 语句往上提一行，与 else 在同一行，就会形成 if-else if 形式的语句。

衍生的 if-else 语句

【例 3.5】改写例 3.4 的程序，形成 if-else if 语句形式。

程序如下。

例 3.5 编程视频

```
import java.util.Scanner;
public class Example3_5
{
    public static void main(String args[])
    {
        double weight/*货物重量*/,dist/*运输里程*/;
        double fee/*单位费用*/,discount=0/*折扣率*/;
        double totalFee;/*实际的运费*/
        Scanner reader=new Scanner(System.in);

        System.out.println("请输入货物重量、运输里程及单位运费：");
        weight=reader.nextDouble();
        dist=reader.nextDouble();
        fee=reader.nextDouble();

        if(dist<500)
             discount=0.0;
        else if(dist<1000)
             discount=0.05;
        else if(dist<1500)
             discount=0.075;
        else if(dist<2000)
             discount=0.09;
        else
             discount=0.12;
        totalFee=weight*dist*fee*(1-discount);
        System.out.printf("总的运费：%.2f\n", totalFee);
    }
}
```

对比一下例 3.3 和例 3.4 的程序，可以看出例 3.4 程序的可读性更好，更清晰。

if-else if 结构本质上是 if 或 if-else 语句的嵌套。if-else if 结构的一般形式是：

```
    if(条件表达式 1)
        语句 1
```

```
else if(条件表达式 2)
    语句 2
…
else if(条件表达式 n)
    语句 n
else
    语句 n+1
```

if-else if 语句的执行过程如图 3.7 所示。

图 3.7　if-else if 语句的执行过程

【例 3.6】改写例 3.1，使程序能够求解出任何一个一元二次方程的根。

【问题分析】在例 3.1 中，由于还不能对判别式进行判别，所以程序只能处理判别式大于或等于 0 的情况。一个完善的程序应该能够处理同一问题下的所有情况，现在利用 if-else 语句写出一个完整的求解一元二次方程根的程序。程序如下。

```java
import java.util.Scanner;

public class Example3_06
{
    public static void main(String args[])
    {
        double a,b,c;
        double p,q,disc;
        double x1,x2;

        Scanner reader=new Scanner(System.in);
        System.out.println("请输入一元二次方程的三个系数：");
        a=reader.nextDouble();
        b=reader.nextDouble();
        c=reader.nextDouble();

        disc=b*b-4*a*c;
        p=-b/(2*a);
        q=Math.sqrt(Math.abs(disc))/(2*a);

        if(a==0.0)
        {
```

例 3.6 编程视频

```
                System.out.println("二次方的系数为零，不是一个二次方程");
                return;
            }
            else if(disc>0.0)
            {
                x1=p+q;
                x2=p-q;
                System.out.println("方程有两个不等的实根：");
                System.out.printf("x1=%.2f,x2=%.2f\n", x1,x2);
            }
            else if(disc==0.0)
            {
                x1=x2=p;
                System.out.println("方程有两个相等的实根：");
                System.out.printf("x1=x2=%.2f\n",x1);
            }
            else
            {
                System.out.println("方程有两个复根：");
                System.out.printf("x1=%.2f%+.2fi,",p,q);
                System.out.printf("x2=%.2f%+.2fi", p,-q);
            }
        }
    }
```

请输入一元二次方程的三个系数：
1 2 3
方程有两个复根：
x1=-1.00+1.41i,x2=-1.00-1.41i

图 3.8　例 3.6 运行结果

程序运行结果如图 3.8 所示。

程序首先对系数 a 进行判断，当 a 为 0 时，方程不是一个二次方程，程序结束。如果 a 不为 0，则分别对判断式的三种情况利用 if-else if 结构做出判断并求出相应的根。

在程序的最后两条语句中，printf 方法中的格式控制符 "%+.2f" 中的 "+" 表示输出后面数据中的 "+" 或 "-" 符号。

3.3.2　switch 语句

嵌套的 if 语句可以看作是多分支语句，用 switch 也可以实现多分支的数据处理。switch 语句的语法形式是：

switch 语句

```
    switch(表达式)
    {
        case 常量 1: 语句块 1;break;
        case 常量 2: 语句块 2;break;
        …
        case 常量 n: 语句块 n;break;
        default: 语句块 n+1;
    }
```

其中，"表达式" 的值的类型必须是 char、byte、int、short、boolean、String 类型或枚举类型，还可以是包装类型（见 9.5 节）的数据，如 Character、Byte、Short 和 Integer 等，每一个 "常量" 也必须是这些类型之一。每个语句块可以是空语句、一条语句或多条语句（多条语句时不必用{}括号括起来）。

switch 语句的执行过程是：当执行到 switch 语句时，首先计算表达式的值，然后这个值和下面的若干个常量比较，表达式的值与哪个常量相等，则程序转向到相应的 case 处，执行该处的语句块；语句块执行完成后，再执行 break 语句；如果没有 break 语句，则跳转到下一条 case 处，并执行该 case 处的语句。break 语句的功能可以使程序结束 switch 语句，即从 switch 语句中跳出来，不再执行 switch 中的其他语句块，接着执行 switch 下面的语句。switch 语句的执行过程如图 3.9 所示。

图 3.9 switch 语句的执行过程

【例 3.7】将学生的成绩等级转换成对应的百分制成绩。成绩对应关系：A——85～100，B——70～84，C——60～69，D——不合格。编写程序，输入学生的成绩等级，输出对应的百分制成绩。

【问题分析】本问题有 4 种情况，可以使用 switch 对成绩等级进行判断。程序如下。

```java
import java.util.*;
public class Example3_07
{
    public static void main(String args[])
    {
        String grade;
        Scanner reader=new Scanner(System.in);

        System.out.println("输入学生的成绩等级（A、B、C 或 D）: ");
        grade=reader.next();

        switch(grade.charAt(0))
        {
        case 'A':System.out.println("百分成绩为：85～100.");break;
        case 'B':System.out.println("百分成绩为：70～84.");break;
        case 'C':System.out.println("百分成绩为：60～69.");break;
        case 'D':System.out.println("成绩不合格。");
        default:System.out.println("输入错误。");
        }
    }
}
```

程序运行结果如图 3.10 所示。

输入学生的成绩等级（A、B、C 或 D）：
A
百分成绩为：85~100.

图 3.10 例 3.7 运行结果

break 语句不是 switch 语句中必须的语句。如果将上例中的 break 语句去掉，switch 语句变成下面的形式。

```
switch(grade.charAt(0))
{
case 'A':System.out.println("百分成绩为：85～100.");
case 'B':System.out.println("百分成绩为：70～84.");
case 'C':System.out.println("百分成绩为：60～69.");
case 'D':System.out.println("成绩不合格。");
default:System.out.println("输入错误。");
}
```

这样修改后的程序的运行结果如图 3.11 所示。

这样的结果显然不正确。switch 语句的实际运行过程是：当程序转向到某一个 case 后，执行这个 case 后的语句块，接着执行其后若干个 case 中的语句块，直到整个 switch 语句结束，如上面的程序段。没有 break 语句的 switch 语句的执行过程如图 3.12 所示。

图 3.11　例 3.7 无 break 的运行结果

图 3.12　没有 break 语句的 switch 语句的执行过程

为了保证每一个 case 只能执行特定的语句块，应在这个 case 后加一个 break 语句。加与不加 break 语句，完全根据实际问题决定。

多个 case 还可以共用一组语句。

【例 3.8】给出年月，输出该月的天数。

【问题分析】一年共有 12 个月，每个月都有确定的天数，可用 12 个 case 判断月份，从而得出天数。

另外，还有闰年问题。根据年份，可以判断是否闰年，如果年份能被 4 整除并且不能被 100 整除，或能被 400 整除，则该年是闰年。程序如下。

```
import java.util.*;

public class Example3_08
{
    public static void main(String args[])
    {
        int year,month,days;
```

例 3.8 编程视频

```
        Scanner reader=new Scanner(System.in);

        System.out.print("请输入年月：");
        year=reader.nextInt();
        month=reader.nextInt();

        switch(month)
        {
        case 1:days=31;System.out.printf("%d年%d月有%d天。", year,month,days);break;
        case 3:days=31;System.out.printf("%d年%d月有%d天。", year,month,days);break;
        case 5:days=31;System.out.printf("%d年%d月有%d天。", year,month,days);break;
        case 7:days=31;System.out.printf("%d年%d月有%d天。", year,month,days);break;
        case 8:days=31;System.out.printf("%d年%d月有%d天。", year,month,days);break;
        case 10:days=31;System.out.printf("%d年%d月有%d天。", year,month,days);break;
        case 12:days=31;System.out.printf("%d年%d月有%d天。", year,month,days);break;
        case 2:days=28;
            if( (year%4==0 && year%100!=0)||(year%400==0))
                days=29;
            System.out.printf("%d年%d月有%d天。", year,month,days);
            break;
        case 4:days=30;System.out.printf("%d年%d月有%d天。", year,month,days);break;
        case 6:days=30;System.out.printf("%d年%d月有%d天。", year,month,days);break;
        case 9:days=30;System.out.printf("%d年%d月有%d天。", year,month,days);break;
        case 11:days=30;System.out.printf("%d年%d月有%d天。", year,month,days);break;
        default:System.out.println("月份输错误！");
        }
    }
}
```

　　从上面程序中可以看到，月份为 1、3、5、7、8、10 和 12 时，case 中的语句块都相同，月份为 4、6、9、11 时，case 中的语句都相同。这种情况下，可以让多个 case 共用一组语句。上面的程序改写如下。

```
public class Example3_08
{
    public static void main(String args[])
    {
        int year,month,days;
        Scanner reader=new Scanner(System.in);

        System.out.print("请输入年月：");
        year=reader.nextInt();
        month=reader.nextInt();

        switch(month)
        {
        case 1:
        case 3:
        case 5:
        case 7:
        case 8:
        case 10:
```

```
case 12:days=31;System.out.printf("%d年%d月有%d天。", year,month,days);break;
case 2:days=28;
    if( (year%4==0 && year%100!=0)||(year%400==0))
        days=29;
    System.out.printf("%d年%d月有%d天。", year,month,days);
    break;
case 4:
case 6:
case 9:
case 11:days=30;System.out.printf("%d年%d月有%d天。", year,month,days);break;
default:System.out.println("月份输错误！");
    }
   }
 }
```

经过改写后，程序看起来更简洁、清晰。

在写 case 时，不必按照常量值的大小顺序写，可以根据问题的需要安排 case 在 switch 中的位置，如上面的程序。default 也可以放在任何位置。

switch 和 if 语句都可以进行多分支选择判断。那么，它们之间有什么区别呢？if 适用于无限种情况，switch 适用于有限种情况。例如 a>0，满足条件和不满足条件的 a 有无数多个，不可能用 switch 列出无数个 case，这时只能用 if 语句来判断。有些问题可以用 if 语句也可以用 switch 语句。

【例 3.9】用 switch 语句改写例 3.4。

【问题分析】运费的折扣是依据运输的里程来决定的，而每一里程段都有无数个里程。如果用 switch 语句确定运费折扣，必须将无数个里程数转换成等价的有限个数据，才能用 switch 语句判断。

从运费折扣优惠规则看，折扣的里程都是 500km 的倍数，所以可以用 500 作为模将运输里程转换为整数。设 d=dist/500，则 500km 以内，d=0，500～1000km，d=1，1000～1500km，d=2，1500～2500km，d=3 或 4，超过 2500km，d=4。程序如下。

```
import java.util.*;
public class Example3_09
{
    public static void main(String args[])
    {
        double weight/*货物重量*/,dist/*运输里程*/;
        double fee/*单位费用*/,discount=0/*折扣率*/;
        double totalFee;/*实际的运费*/
        int d;
        Scanner reader=new Scanner(System.in);

        System.out.println("请输入货物重量、运输里程及单位运费：");
        weight=reader.nextDouble();
        dist=reader.nextDouble();
        fee=reader.nextDouble();

        d=(int)(dist/500);
        if(dist>=2500)
            d=5;
        switch(d)
        {
```

```
        case 0:discount=0;break;
        case 1:discount=0.05;break;
        case 2:discount=0.08;break;
        case 3:case 4:
            discount=0.10;break;
        default:
            discount=0.12;
        }
        totalFee=weight*dist*fee*(1-discount);
        System.out.printf("总的运费: %.2f\n", totalFee);
    }
}
```

3.4　循环结构

有些问题需要采用同一方法进行重复处理。如果用程序来解决这样的问题，就要用到循环结构。循环结构根据一定的条件可以对问题或问题的部分进行反复处理，直到条件不满足结束循环。循环结构的程序可以更有效地利用计算机的特点。

Java 语言中有三种循环语句，分别是 while 循环、do-while 循环和 for 循环。

3.4.1　while 循环

while 语句的语法形式是：

```
while(条件表达式)
    语句（循环体）
```

while 循环

其中"条件表达式"和"语句"的写法与简单的 if 语句的写法相同。

while 语句的执行过程是：当执行到 while 语句时，先计算条件表达式的值，如果值为真，则执行循环体。当循环体执行完后，返回去再计算条件表达式的值，如果该值仍然为真，则再执行循环体。一直重复这个过程，直到条件表达式的值为假，while 循环结束，接着执行 while 下面的语句。while 语句的执行过程如图 3.13 所示。

while 语句与 if 语句的语法形式很相近，但两种语句的运行机制不同。while 语句的循环体执行完后，能够重新返回计算条件表达式的值，以此确定是否再执行循环体。而 if 语句则不同，当其子句执行完成后，不能返回再计算表达式的值，直接执行下面的语句。

图 3.13　while 的执行过程

【例 3.10】计算 1+2+3+…+100 值。

【问题分析】计算这样的问题可以用归纳法。前 50 项中的某一个数与后 50 项中的位置对称的数，其和为 101，而这样的数共有 50 个，从而可算出和是多少。现在不用归纳法，而是一个数一个数累加地计算，即表示出求和的过程。设 sum 表示和值，i 表示其中的某一个数。开始时 sum=0、i=1，可以写出下面的计算过程：

第 1 次	第 2 次	第 3 次	…	第 100 次
sum=sum+i;	sum=sum+i;	sum=sum+i;	sum=sum+i;	sum=sum+i;
i++;	i++;	i++;	i++;	i++;

从上述计算过程可以看到，每一次的计算过程都一样，所以可以用一个循环反复执行这两条语句。程序如下。

```java
import java.util.*;
public class Example3_10
{
    public static void main(String args[])
    {
        int i,sum,times/*记录次数*/;
        i=1;
        sum=0;
        times=1;

        while(times<=100)                    //当次数小于等于100时执行循环
        {
            sum=sum+i;
            i++;
            times=times+1;                   //每累加一次，则次数加1
        }
        System.out.println("sum="+sum);
    }
}
```

程序中设置了一个循环控制变量 times，每累加一次就让 times 增加 1。当 times 超过 100 时，循环结束。i 是被累加的数，后一个数比前一个数多 1，所以 i 每次被累加后也应增加 1。

在上面的程序中，i 和 times 同时增 1，并且每次循环后值相同，所以可以直接用 i 作循环控制变量，上面的程序可以改写成下面的程序。

```java
import java.util.*;
public class Example3_10
{
    public static void main(String args[])
    {
        int i,sum;
        i=1;
        sum=0;

        while(i<=100)
        {
            sum=sum+i;
            i++;
        }
        System.out.println("sum="+sum);
    }
}
```

编写循环结构的程序时，一是要明确循环条件，二是要确定重复执行部分，即循环体。

3.4.2　do-while 循环

do-while 语句的语法形式是：

```
do
    循环体
while(条件表达式);
```

do-while 循环

其中"条件表达式"和"语句"的写法与简单的 if 语句的写法相同。

do-while 语句的执行过程是：当执行到 do-while 语句时，先执行循环体，循环体执行完成后，计算条件表达式的值，如果该值为真，则再执行循环体，重复过程"循环体-条件表达式"，直到条件表达式的值为假，do-while 循环结束。do-while 执行过程如图 3.14 所示。

【例 3.11】用下面的多项式计算圆周率的近似值，直到其中某一项的绝对值小于或等于 10^{-6}。

$$\frac{\pi}{4}=1-\frac{1}{3}+\frac{1}{5}-\frac{1}{7}+\cdots$$

图 3.14　do-while 的执行过程

【问题分析】从上面的多项式看，每一项都有规律变化，所以可以采用累加的办法将每一项加入到和中，只不过每一项稍复杂。每一项的分子都相同，分母都是奇数，而且比前一项分母多 2；符号的变化可以设一个变量 sign，初值为+1，每一次循环都让 sign 的符号改变一次。程序如下。

```java
public class Example3_11
{
    public static void main(String args[])
    {
        int i=1,sign=1;
        double item,pi=0;

        do
        {
            item=sign*1.0/i;            //当前欲累加的项
            pi=pi+item;                 //累加
            i+=2;                       //为下一项准备好分母
            sign=-sign;                 //为下一项准备好符号
        }while(Math.abs(item)>1.0E-6);
        pi=4*pi;
        System.out.printf("PI=%.6f\n",pi);
    }
}
```

例 3.11 编程视频

开动脑筋

do-while 循环和 while 循环有什么区别？

3.4.3　for 循环

for 循环

for 循环的语法形式：

```
for(表达式 1; 条件表达式; 表达式 2)
    循环体
```

其中"条件表达式"和"语句"的写法与简单的 if 语句的写法相同。"表达式 1"和"表达式 2"可以是任何合法的 Java 表达式，但是一般来说，"表达式 1"是循环体中变量的初值赋值表达式，包括循环控制变量的初始化，"表达式 2"是循环体中变量的增量表达式。"条件表达式"是循环能否进行的条件，当条件表达式的值为真时，执行循环体，否则循环结束。

for 循环的执行过程是：当执行到 for 语句时，首先计算表达式 1 的值，然后计算条件表达式的值，如果条件表达式的值为真，则执行循环体。循环体执行完成后，再计算条件表达式的值，如果该值为真，再执行循环体，一直重复"表达式 2—条件表达式—循环体"的过程，直到某一次条件表达式的值为假，循环结束。for 语句的执行过程如图 3.15 所示。

【例 3.12】用 for 循环改写例 3.10。

程序如下。

```
public class Example3_12
{
    public static void main(String args[])
    {
        int sum,i;

        sum=0;
        for(i=1;i<=100;i++)
            sum+=i;

        System.out.println("sum="+sum);
    }
}
```

图 3.15   for 语句的执行过程

同样的一个问题，用 for 循环实现，程序看起来更简洁。在本例中，表达式 1 用于为变量 i 初始化，表达式 3 用于改变变量 i 的值，循环条件表达式是 i<=100。

【例 3.13】判断一个正整数是否是素数。所谓素数是指如果一个数只能被 1 和自身整除，则该数是素数，又称质数。

【问题分析】按照素数的定义，对于一个正整数 x，如果在 2～（x-1）范围内没有 x 的因子，则 x 是一个素数。设 i $\in$ [2,x-1]，如果 x%i$\neq$0，则 i 不是 x 的因子。可以设置一个循环，对于[2,x-1]范围内的每一个数都判断是否是 x 的因子。判断过程中设置一个标志变量 flag，如果某一个数是 x 的因子，则将 flag 设置为 false。程序最后根据 flag 的值来确定 x 是否是素数。

进一步分析，对于正整数 x，不包括自身的最大因子不可能大于 x/2，所以只需在[2, x/2]范围内找 x 的因子，可以减少计算量，提高程序的运行效率。程序如下。

```
import java.util.*;
public class Example3_13
{
    public static void main(String args[])
    {
        int x/*欲判断的数*/,x1/*=x/2*/,i/*循环控制变量*/;
        boolean flag=true;                    /*先假设 x 是素数*/
        Scanner reader=new Scanner(System.in);

        System.out.print("输入一个正整数: ");
        x=reader.nextInt();

        x1=x/2;
        for(i=2;i<=x1;i++)
            if(x%i==0)                //i 是否是 x 的因子
                flag=false;

        if(flag)
            System.out.printf("%d 是素数。\n", x);
```

例 3.13 编程视频

else
　　System.out.printf("%d 不是素数。\n", x);
　}
}

程序运行结果如图 3.16 所示。

輸入一个正整数：131
131 是素数。

图 3.16　例 3.13 运行结果

还有一个更快一点判断是否是素数的方法，只需要在"2～x 平方根"之间找 x 的因子，如果在这个范围内没有 x 的因子，则 x 就是素数。上述的程序可以写成下面形式。

```
import java.util.*;
public class Example3_12
{
    public static void main(String args[])
    {
        int x/*欲判断的数*/,x1/*=x/2*/,i/*循环控制变量*/;
        boolean flag=true;                    /*先假设 x 是素数*/
        Scanner reader=new Scanner(System.in);

        System.out.print("输入一个正整数: ");
        x=reader.nextInt();

        x1=(int)Math.sqrt(x);                 /*x 的平方根*/
        for(i=2;i<=x1;i++)
            if(x%i==0)                        //i 是否是 x 的因子
                    flag=false;

        if(flag)
            System.out.printf("%d 是素数。\n", x);
        else
            System.out.printf("%d 不是素数。\n", x);
    }
}
```

for 循环的使用非常灵活。for 循环中有三个表达式，具体编写程序时，三个表达式中可以只有任意两个表达式，或只有任意一个表达式，或三个表达式中任何一个都没有。如果没有条件表达式，则表示循环条件永远为真。以例 3.12 为例，将 for 语句写成几种不同的形式。

for 循环的灵活使用

形式 1：没有表达式 1，变量 i 的初始化在 for 之前用赋值语句实现。

```
sum=0;
i=1;
for(;i<=100;i++)
    sum+=i;
```

形式 2：没有表达式 2，变量 i 的改变放在循环体中，成为循环体中的一条语句。

```
sum=0;
for(i=1;i<=100;)
{
    sum+=i;
    i=i+1;
}
```

形式 3：没有条件表达式，循环结束的条件也在循环体中判断，其中的 break 语句用于结束循环。

```
sum=0;
```

```
for(i=1;;i++)
{
    if(i>100)
        break;
    sum+=i;
}
```

形式 4：没有表达式 1 和表达式 2。

```
sum=0;
i=1;
for(;i<=100;)
{
    sum+=i;
    i++;
}
```

形式 5：三个表达式都没有。

```
sum=0;
i=1;
for(;;)
{
    if(i>100)
        break;
    sum+=i;
    i++;
}
```

形式 6：循环体是空循环体。

```
for(sum=0,i=1;i<=100;sum+=i,i++)
    ;
```

在形式 6 中，sum 和 i 的值的初始化都放在表达式 1 中，和的累加和变量 i 的增加放在表达式 3 中，而循环是一个空循环体（ "；" 必须有 ）。

还可以写出 for 循环的其他形式，但例 3.12 的形式为最佳形式——简洁、清晰。

上面讲述了 Java 语言中的三种循环语句，虽然三种语句的形式不同，但它们之间可以互相代替。编写程序具体用哪一种循环，可以根据问题需要、编程习惯和编程风格来确定，但其中以 for 使用最为普遍，因为它有三个表达式，用的时候比较灵活。

3.4.4　循环的嵌套

循环的循环体中可以是任何 Java 语句。如果循环体中再有循环语句，则构成循环的嵌套，以下是 4 种循环的嵌套形式。

循环的嵌套

形式 1：

```
for(…)
    while()
    {…}
```

形式 2：

```
while(…)
    do
    {…}
    while(…);
```

形式 3：

```
do
{   for(…)
    {…}
}while(…);
```

形式 4：

```
while(…)
    while(…)
    {…}
```

循环嵌套没有固定形式，可以根据问题的需要而确定如何进行循环的嵌套。

【例 3.14】 求出 100 以内的所有素数。

【问题分析】 在例 3.13 中判断一个数是否是素数，如下面的过程。

```
x1=(int)Math.sqrt(x);              /*x 的平方根*/
for(i=2;i<=x1;i++)
    if(x%i==0)                     //i 是否是 x 的因子
        flag=false;
```

例 3.14 编程视频

现在欲求 100 以内的所有素数，只需使每一个数都重复一遍上述过程，就可以满足题目的要求。程序如下。程序运行结果如图 3.17 所示。

```java
public class Example3_14
{
    public static void main(String args[])
    {
        int x,x1,i;
        int counter=0;                  /*素数计数器*/
        boolean flag=true;

        for(x=2;x<100;x++)
        {
            flag=true;
            x1=(int)Math.sqrt(x);
            for(i=2;i<=x1;i++)          /*被嵌套的循环*/
                if(x%i==0)
                    flag=false;

            if(flag)
            {
                System.out.printf("%4d",x);
                counter++;
                if(counter%5==0)        /*输出的每一行素数是 5 的倍数则换行*/
                    System.out.println();
            }
        }
    }
}
```

图 3.17 例 3.14 运行结果

例 3.14 中的程序是 for 循环中又嵌套了 for 循环。

嵌套的循环程序的运行过程可以从两个角度理解。一是将被嵌套的循环看作是循环体中的语句，当这个语句执行完成后，才能进行外层循环的下一次循环。二是将嵌套的循环当成是由外层循环和内层循环组成的，执行时先执行内层循环，后执行外层循环。

在 Java 中，循环的嵌套层数没有限制，但是最好不要超过三层。如果超过三层，会降低程序的可读性和清晰性。

3.5 选择结构与循环结构的嵌套

上面的两节分别讲述了选择结构和循环结构。在实际编程过程中，两种结构经常混用，也可以称两种结构的嵌套。例如例 3.13 和例 3.14 中，循环语句中都包含选择结构，即循环结构嵌套了选择结构。同循环的嵌套一样，选择结构与循环结构的嵌套也没有固定形式。多数情况下，循环结构中嵌套选择结构。

3.6 break 语句与 continue 语句

break 语句和 continue 语句都是中断语句，用于结束循环的执行。对于循环语句，当条件表达式为假时，才能结束循环语句的执行。但有些时候，需要提前结束循环，这时可以使用 break 语句或 continue 语句。break 语句与 continue 语句又可以称为转移语句，因为它们使程序的执行过程发生了转移。

3.6.1 break 语句

在 switch 语句中，我们已经见过了 break 语句，它的作用是结束 switch 语句的执行。break 语句更多的是用在循环语句中，用于结束循环。break 语句可以分为基本的 break 语句和带标号的 break 语句。

break 语句

1. 基本的 break 语句

break 语句的语法形式：

```
break;
```

break 语句的作用是使它所在的循环完全结束，不管后面还有多少次循环，都不再执行。

在例 3.12 中，当在 "2～x 平方根" 之间只要有一个 x 的因子时，就可以判定 x 不是素数，不管后面有多少个可能的因子都没必要再计算判断了，这样就可以减少判断计算量。要实现这样的操作，就可以用 break 语句来实现。

【例 3.15】为例 3.14 增加 break 语句。

程序如下。

```
public class Example3_15
{
    public static void main(String args[])
    {
        int x,x1,i;
        int counter=0;                        /*素数计数器*/
        boolean flag=true;

        for(x=2;x<100;x++)
        {
            flag=true;
            x1=(int)Math.sqrt(x);
            for(i=2;i<=x1;i++)
                if(x%i==0)
                {
                    flag=false;
                    break;                    //注意：break 所在的循环是内层循环
                                              //当 break 被执行到的时候，结束的是内层循环，
                }                             //而不是外层循环


            if(flag)
```

```
        {
            System.out.printf("%4d",x);
            counter++;
            if(counter%5==0)              /*输出的每一行素数是 5 的倍数则换行*/
                System.out.println();
        }
    }
}
```

2. 带标号的 break 语句

在例 3.15 中，break 只能使内层循环提前结束，如果想让外层循环也提前结束，该如何实现呢？可以用带标号的 break 语句。

带标号的 break 语句的语法形式是：

　　　　标号：

　　　　　　循环语句

　　　　break 标号；

标号是任何合法的标识符。

带标号的 break 语句的作用是使"标号"处所指向的循环提前结束。

【例 3.16】找出从 45 开始的若干个素数，直到某一个非素数有大于 10 的因子为止。

【问题分析】本例可以借鉴例 3.15，判断过程中如果某一数有因子并且大于 10，则结束外层循环。程序如下，程序运行结果如图 3.18 所示。

```
public class Example3_16
{
    public static void main(String args[])
    {
        int x,x1,i;
        int counter=0;                /*素数计数器*/
        boolean flag=true;

        label:                        //标号
        for(x=45;;x++)                //无限循环
        {
            flag=true;
            x1=(int)Math.sqrt(x);
            for(i=2;i<=x1;i++)
                if(x%i==0)
                {
                    if(i>10)          //非素数因子大于 10
                        break label;  //结束外层循环
                                      //break label 所在的循环是内层循环,
                                      //但结束的是外层循环
                    flag=false;
                    break;            //注意：break 所在的循环是内层循环
                                      //当 break 被执行到的时候,结束的是内层循环,
                                      //而不是外层循环
                }

            if(flag)
            {
```

例 3.16 编程视频

```
                  System.out.printf("%4d",x);
                  counter++;
                  if(counter%5==0)        /*输出的每一行素数是 5 的倍数则换行*/
                          System.out.println();
              }
          }
      }
  }
```

```
47  53  59  61  67
71  73  79  83  89
97 101 103 107 109
113
```

图 3.18　例 3.16 运行结果

3.6.2　continue 语句

continue 语句也用于结束循环，但与 break 不同的是它只提前结束循环体的一次循环，后面的若干次循环继续执行。continue 语句也可以分为基本的 continue 语句和带标号的 continue 语句。

continue 语句

1. 基本的 continue 语句

continue 语句的语法形式是：

```
    continue;
```

其作用是结束 continue 所在循环的当前一次循环，如果其后还有循环，则继续执行循环。

【例 3.17】从键盘输入若干个正整数，将其中不能被 3 整除的数累加在一起，并输出其和，当输入负数时结束。

程序如下。

```
import java.util.*;
public class Example3_17
{
    public static void main(String args[])
    {
        int sum=0,x;
        Scanner reader=new Scanner(System.in);

        while((x=reader.nextInt())>0)
        {
            if(x%3==0)
                continue;             //与 continue 在同一循环体内还有下面一条语句
                                      //当执行到 continue 语句后，当前循环的下面语句不被执行，
                                      //继续下一次循环
            sum=sum+x;
        }

        System.out.println("sum="+sum);
    }
}
```

例 3.17 编程视频

上面的程序为了说明 continue 语句而使用了 continue 语句，其实，例 3.17 的程序用下面的方法更合理。

```
while((x=reader.nextInt())>0)
    if(x%3!=0)                        //注意条件
        sum=sum+x;
```

2. 带标号的 continue 语句

带标号的 continue 语句的语法形式是：

标号:

　　循环语句

　　continue 标号;

带标号的 continue 语句的作用是使标号所指的循环的当前一次循环结束，标号所指的循环后面如果还有循环，则继续执行后面的循环。

【例 3.18】用带标号的 continue 语句重写例 3.14。

程序如下。

```java
public class Example3_18
{
    public static void main(String args[])
    {
        int x,x1,i;
        int counter=0;                  /*素数计数器*/
        //boolean flag;此处没必要再设置这个变量

        label:
        for(x=2;x<100;x++)
        {
            x1=(int)Math.sqrt(x);
            for(i=2;i<=x1;i++)
                if(x%i==0)
                    continue label;   //continue 所在的循环是内层循环
                                      //由于带有标号，所以它结束的是外层 label 所指的循环，
                                      //当它被执行到时，本次循环的下面三条语句都不执行，
                                      //接着判断下一个数是否是素数

            //内层循环正常结束，则 x 一定是素数，不必判断，直接输出
            System.out.printf("%4d",x);
            counter++;
            if(counter%5==0)               /*输出的每一行素数是 5 的倍数则换行*/
                System.out.println();
        }
    }
}
```

本例程序与例 3.14 程序相比较，本程序更简洁。

上面针对判断素数的问题写出了几种程序。从这几个程序中可以看出，程序设计没有固定的形式，完全根据问题需要、编程习惯和编程风格而定。但程序设计的一个基本原则是程序应该清晰、易读。要想编写出好的程序，应该大量地读和写程序，在读和写程序的过程中，不断积累编程经验和技巧，这样才有可能编写出优秀的程序。

3.7　小　　结

Java 语言中有三种程序结构，分别是顺序结构、选择结构和循环结构。

顺序结构的程序按照语句在程序中的物理位置顺序执行，这是一种最基本的结构。

选择结构可以用 if、if-else 和 switch 语句来实现。if 和 if-else 语句都是根据给定的条件决定

哪些语句执行，哪些语句不执行——并不是程序中的所有语句都被执行，而是有选择地执行了某些语句。if 语句只能判断一种情况，if-else 可以判断两种情况，如果有更多种情况可以用嵌套的 if 语句，嵌套的 if 语句可以写成 if-else if 形式，提高程序的清晰性和易读性。

switch 语句也可以实现多种选择判断，但灵活性不如 if。switch 与 if 的区别在于 if 可以判断无数种情况，而 switch 只可以判断有限种情况。

循环结构有三种语句，分别是 while、do-while 和 for。实际编写程序过程中，三种循环可以互相代替，但是有些问题可能用其中的某个循环更合适。for 循环是三种循环中最常用的循环。

循环是根据循环条件来执行循环的，当给定的条件不成立时，则循环结束。在有些情况下，虽然满足循环条件，但也不想让循环继续执行，这时可以用 break 语句或 continue 语句提前结束循环。break 语句和 continue 语句还可以带标号，可以对程序进行更灵活的控制（在 C 语言中有 goto 语句，可以实现程序的灵活转向，但随意使用 goto 语句使程序结构混乱，所以在 Java 语言中摒弃了 goto 语句。但没有 goto 的语言是不完整的语言，有些程序不好实现，所以 Java 用带标号的 break 和 continue 替代）。

3.8 习　　题

1. 叙述 if 语句和 switch 语句的相同点和不同点。
2. 叙述 for 语句的语法形式和其执行过程。
3. 比较 break 语句（包括带标号的）和 continue 语句（包括带标号的）的区别。
4. 填空题。

（1）计算 1!+3!+5!+⋯+n!，n 从键盘输入。

```
import java.util.*;
public class Execise01
{
    public static void main(String args[])
    {
        int f,s;
        int i,j,n;
        Scanner reader=new Scanner(System.in);

        _____;
        n=reader.nextInt();
        for(i=1;i<=n;_____)
        {
            f=1;
            for(j=1;_____;j++)
                _____;
            s=s+f;
        }
        System.out.printf("n=%d,s=%d\n",n,s);
    }
}
```

（2）输出 300 以内能被 7 或能被 17 整除的数及其和，每行输出 5 个数。

```
public class Execise02
{
```

```
    public static void main(String args[])
    {
        int sum,n,i;
        sum=0;
        _____ ;

        for(i=1;_____;i++)
            if(_____)
            {
                sum=sum+i;
                n++;
                System.out.printf("%6d", i);
                if(_____)
                    System.out.println();
            }
        System.out.printf("\nsum=%d\n",sum);
    }
}
```

（3）输出 100～1000 的各位数字之和能被 15 整除的所有数，输出时每 10 个一行。

```
public class Execise03
{
    public static void main(String args[])
    {
        int m,n,k,i=0;
        for(m=100;m<=1000;m++)
        {
            _____
            n=m;
            do
            {
                k=k+_____
                n=n/10;
            }_____;
            if(k%15==0)
            {
                System.out.printf("%5d", m);
                i++;
                if(i%10==0)
                    _____
            }
        }
    }
}
```

5. 输出九九乘法表。

6. 写一个程序，读入秒数，然后按小时、分及秒输出（例如，5322 秒输出 1 小时 28 分 42 秒）。

7. 从键盘输入 4 个整数，按由小到大的顺序输出。

8. 编程求出所有的水仙花数。所谓水仙花数是一个三位数，其每一位的立方和等于该数本身，例如 $153=1^3+5^3+3^3$。

9. 求两个数的最大公约数和最小公倍数。

10. 求 1000 以内的所有完数。完数是指一个整数的所有因子之和等于该数本身，如 6=1+2+3。

第4章
数组

本章要点
- 一维数组
- 多维数组
- 命令行参数

一个变量可以保存一个数据，多个数据就需要多个变量。但是，如果数据过多，定义多个变量就不合适了。

用数组可以保存多个数据。数组中每一项称为一个元素，一个数组中包含多个元素，每一个元素相当于一个变量，所以使用数组可以表示大量的数据。

4.1 一维数组

一维数组及增强型循环

数组用一个标识符和下标来表示，下标可以区分数组中不同的元素。

如果一个数组只有一个下标，则称为一维数组。有两个下标，则为二维数组。一般只用到三维数组，而一维和二维数组较常用。

4.1.1 一维数组的声明

数组使用前必须先声明。声明数组的语法形式是：

数据类型 []数组名;

或

数据类型 数组名[];

一个数组中所有元素具有相同类型。"数据类型"表示数组中元素的数据类型，"数组名"是数组的标识，每一个数组都应有一个数组名。例如：

`int a[],b[];`

声明两个数组 a 和 b，a 和 b 中所有元素都是整型数。再如：

`double price[];`

声明一个数组 price,其中的每一个元素都是双精度数。

注意，下标[]在数组名前或在数组名后是有区别的。如：

`int []a,b;`   //a 和 b 都是一维数

`int a[],b;`   //a 是一维数组名，而 b 是普通变量

如果一条语句只声明一个数组名，则下标[]在前或在后没有区别。

4.1.2 为一维数组分配空间

在数组声明中，仅仅声明了"数组名"是一个数组（告诉编译器，它是一个数组名），但并没有真正的数组内存空间。如果想真正使用一个数组，必须为一维数组分配内存空间，即创建一维数组。创建一维数组的语法形式是：

new 数据类型[数组长度]

上述形式是一个表达式，它可以创建一个一维数组，"数据类型"表示数组中元素的类型，"数组长度"表示数组中共有多少个元素，可以是表达式。例如：

new int[10]

该表达式创建了一个一维数组，共有 10 个元素，每个元素都可以表示一个整型数。但是这个数组现在没有名字，无法使用这个数组。要想使用这个数组，可以与前面声明的数组名结合，通过数组名访问数组中的元素。例如：

a=new int[10];

则通过数组名 a 可以访问数组中的每一个元素。

也可以将数组的声明和创建写成一条语句：

int a[]=new int[10];

4.1.3 数组的内存模型

表达式"new int[10]"创建了一个数组，同时该表达式的值是数组在内存中的地址。赋值表达式"a=new int[10]"是将数组的起始地址保存在变量 a 中。因此，访问变量 a 就可以得到数组在内存中的起始地址，从而可以访问到数组中的各个元素。数组的内存模型如图 4.1 所示。

图 4.1 数组的内存模型

4.1.4 访问一维数组元素

创建数组后就可以使用数组中的元素了。数组中元素的访问方式为：

数组名[下标表达式]

"下标表达式"的值是一个整型数，表示元素在数组中的位置。一个数组的下标从 0 开始，到"数组长度–1"为止，即最小下标为 0，最大下标为"数组长度–1"。"数组长度"也是数组元素的个数。访问数组元素时，下标不允许超出最小下标值和最大下标值（不许越界）。

任何一个数组都有属性 length，即如果想知道一个数组有多少个元素，就可以通过数组名访问属性 length。

【例 4.1】一维数组的使用。

```
public class Example4_01
{
    public static void main(String args[])
    {
        int a[],b[];              //声明数组
        int i;

        a=new int[4];             //创建数组
```

例 4.1 编程视频

```
          b=new int[3];

          for(i=0;i<a.length;i++)            //为数组元素赋值
               a[i]=i*10;
          for(i=0;i<b.length;i++)
               b[i]=5+i*10;

          System.out.print("两个数组的地址：");
          System.out.println(a+","+b);    //打印变量 a 和 b 的值，即两个数组的地址

          for(i=0;i<a.length;i++)            //分别输出两个数组元素的值
               System.out.printf("%3d", a[i]);
          System.out.println();

          for(i=0;i<b.length;i++)
               System.out.printf("%3d",b[i]);
          System.out.println();

          a=b;
          System.out.print("赋值后两个数组的地址：");
          System.out.println(a+","+b);     //再打印 a 和 b 的值
          for(i=0;i<a.length;i++)            //赋值 a 和 b 都表示第 2 个数组
               System.out.printf("%3d",a[i]);
          System.out.println();
     }
}
```

程序运行结果如图 4.2 所示。

程序开始时，a 和 b 分别表示两个不同的数组。
当执行语句 "a=b;" 后，a 和 b 是同一个值，都表示原
来的第 2 个数组，所以再次通过 a 访问数组时，访问
的是原来的第 2 个数组。

图 4.2　例 4.1 的运行结果

由于 a 已经表示了原来的第 2 个数组，所以原来的第 1 个数组就再也访问不到了。这个数组
成为垃圾内存，由 Java 虚拟机负责回收这部分内存。

4.1.5　一维数组初始化

创建一个数组后，必须为每一个元素赋值，元素的值才有效。

也可以在声明数组名时，直接为数组元素赋初值，称数组初始化。数组初始化的语法形式是：

　　　　数据类型　数组名[]={初始值表列};

例如：

```
     int a[]={1,3,5,7,9};
```

数组 a 直接表示一个有 5 个元素的数组。编译器能够根据给定的初值个数自动创建数组。

　　【例 4.2】将若干个整数按由小到大的顺序排列。

　　【问题分析】对多个数进行排序，不能用简单变量表示每一个数，应该用数组表示欲排序的数
据，通过改变下标值就可以访问不同的数据。排序方法有多种，本例中采用选择法排序。选择排
序法的基本思想是：在 a[0]~a[n-1]元素中找到最小数，这个最小数与 a[0]进行交换——第一趟；
再在 a[1]~a[n-1]元素中找到最小数，这个最小数与 a[1]进行交换——第二趟；……；最后在 a[n-2]

和 a[n-1]中找小数，将小数放在 a[n-2]中，大数放在 a[n-1]中，完成排序——第 n-1 趟。例如 5 个数排序。

第一趟　　　　10　　　　22　　　　-52　　　　73　　　　42
　　　　　　　　　↑　　　　　　　　　↑
　　　　　　　　　i　　　　　　　　　k

将 i 和 k 位置的数据交换，接着进行第二趟。

第二趟　　　-52　　　　22　　　　10　　　　73　　　　42
　　　　　　　　　　　　　↑　　　　↑
　　　　　　　　　　　　　i　　　　k

将 i 和 k 位置的数据再交换，接着进行第三趟。

第三趟　　　-52　　　　10　　　　22　　　　73　　　　42
　　　　　　　　　　　　　　　　　↑
　　　　　　　　　　　　　　　　　i,k

i 和 k 表示的是同一个数，不需要交换，接着进行第四趟。

第四趟　　　-52　　　　10　　　　22　　　　73　　　　42
　　　　　　　　　　　　　　　　　　　　↑　　　　　↑
　　　　　　　　　　　　　　　　　　　　i　　　　　k

将 i 和 k 位置的数据再交换，完成排序。

　　　　　　　　-52　　　　10　　　　22　　　　42　　　　73

　　通过上述的排序过程可以总结出：如果有 n 个数需要排序，则需要进行 n-1 趟的排序。第 i 趟的排序需要进行 n-i 次比较。程序如下。

```
public class Example4_02
{
    public static void main(String args[])
    {
        int a[]={10,22,-52,73,42};          //声明数组并初始化
        int b[]={12,34,656,-34,98,-235,78,69,-24};

        sort(a);                            //数组作实际参数
        sort(b);

        print(a);
        print(b);
    }
    //定义 sort 方法对整型数组排序
    //前面有关键词 static 才能被 main 方法调用，因为 main 也是 static
    static void sort(int x[])               //形参也得是数组
    {
        int i,j,k;

        for(i=0;i<x.length-1;i++)//x.length 个数，执行 x.length-1 次判断
        {
            k=i;                            //k 表示最小数位置，先假设 i 的位置数最小
            for(j=i+1;j<x.length;j++)       //再在其余数中找最小数
                if(x[j]<x[k])
```

例 4.2 编程视频

```
                    k=j;                    //k 位置是最小数

                if(k!=i)
                {                           //将 i 和 k 位置的数交换，得 i 位置数最小
                    int t=x[i];
                    x[i]=x[k];
                    x[k]=t;
                }
            }
        }
    //输出数组元素，也是 static 方法
    static void print(int x[])
    {
        for(int i=0;i<x.length;i++)
            System.out.printf("%4d", x[i]);
        System.out.println();
    }
}
```

程序运行结果如图 4.3 所示。

例 4.2 中定义了两个方法 sort()和 print()分别完成
排序和输出功能。设计程序时，如果可以，尽量将功
能抽象出来并定义方法完成功能。有关方法的定义与
使用参见 5.2.3 小节。

图 4.3　例 4.2 的运行结果

 开动脑筋

　　Java 中有一个类 Arrays，类中有重载的类方法 sort，可以对任何类型的数据排序。试一试用 Arrays
中的方法 sort()重写例 4.2。

4.1.6　使用增强型循环访问数组元素

除了第 3 章讲过的 for 语句外，还有一种增强型的 for 循环，其语法形式如下：

```
    for(变量 a 的声明:数组名)
        循环体
```

循环执行时，会将数组的当前元素赋给变量 a，在循环体中使用变量 a 就相当于使用数组中的某
一个元素。

【例 4.3】将例 4.2 中的 print 方法用增强型 for 循环重写。

程序如下。

```
static void print(int x[])
{
    for(int t:x)                    //增强型 for 循环
        System.out.printf("%4d",t);
    System.out.println();
}
```

4.2　多维数组

二维数组

有两个或两个以上下标的数组称为多维数组。常用的多维数组是二维数组，三维数组也较常

用，多于三维的数组几乎不用。本节只讲二维数组的定义和使用。

4.2.1　二维数组的声明

二维数组的声明形式为：

```
数据类型 数组名[][];
```

或

```
数据类型 [][]数组名;
```

或

```
数据类型 []数组名[];
```

例如：

```
int a[][],b[];
```

a 是一个二维数组，b 是一个一维数组。

如果一条语句只声明一个二维数组，则三种声明方式相同。如果一条语句同时声明多个数组，则下标[]的位置不同，声明的结果也不相同。例如：

```
int a[][],b;                        //a 是一个二维数组，b 是一个简单变量
int []a[],b;                        //a 是一个二维数组，b 是一个一维数组
int [][]a,b;                        //a 和 b 都是二维数组
```

4.2.2　为二维数组分配空间

同一维数组一样，声明二维数组后，还必须为二维数组分配内存空间。

在 Java 中，一个二维数组各行的元素个数可以不一样。如果一个二维数组各行的元素个数都一样，可以像下面形式分配内存空间：

```
int a[][]=new int[3][4];                  //共三行，每一行有 4 个元素，可看作行列式
```

如果二维数组各行的元素个数不一样，则需要为每一行单独分配内存空间。例如：

```
int a[][]=new int[3][];                   //共三行，但每一行不确定；第 2 个空下标一定写上
a[0]=new int[3];                          //第 0 行有 3 个元素
a[1]=new int[5];                          //第 1 行有 5 个元素
a[2]=new int[8];                          //第 2 行有 8 个元素
```

4.2.3　访问二维数组元素

创建数组后，就可以访问数组中的元素了。访问形式为：

```
数组名[下标表达式 1][下标表达式 2]
```

下标同样是从 0 开始，不能越界。通过访问属性 length 可以知道一个二维数组有几行，每一行有多少个元素。例如 a 是一个二维数组，则 a.length 的值是数组的行数，a[i].length 是第 i 行元素的个数。

4.2.4　二维数组初始化

在声明二维数组的同时也可以给数组各元素赋初值，称为二维数组初始化。初始化形式是：

```
数据类型 数组名[][]={初值表列};
```

初始化时每一行的元素值应该单独用{}括起来。例如：

```
int a[][]={{1,2,3,4},{5,6,7,8},{9,10,11,12}};
int b[][]={{2,4},{6,8,10},{12,14,16,18}};
```

二维数组 a 共有 3 行，每一行有 4 个元素。二维数组 b 也有 3 行，但每一行的元素个数分别是 2、3、4 个。

【例 4.4】编程序实现两个矩阵的乘法运算。

【问题分析】两个欲相乘的矩阵可以用两个二维数组来表示，矩阵相乘时要求第 1 个矩阵的列数必须与第 2 个矩阵的行数相等。矩阵的相乘运算为：

$$c_{ij} = \sum_{k=1}^{n} a_{ik} \times b_{kj}$$

程序如下，程序运行结果如图 4.4 所示。

例 4.4 编程视频

```java
public class Example4_04
{
    public static void main(String args[])
    {
        int a[][]={{-4,5,-7},        //二维数组初始化时最好分行写
                   {2,-3,-4},         //提高可读性
                   {3,4,5}};
        int b[][]={{1,2},
                   {5,6},
                   {-7,9}};
        //调用 mul 方法实现相乘，结果直接赋给 result
        int result[][]=mul(a,b);

        print(result);
    }
    //mul 返回值的类型是一个二维数组
    static int[][] mul(int x[][],int y[][])
    {
        int i,j,k;                    //循环控制变量
        //结果数组，行、列数分别是 x.length 和 y[0].length
        int z[][]=new int[x.length][y[0].length];

        //x 每一行都与 y 的每一列相乘
        for(i=0;i<x.length;i++)
            //x 的第 i 行与 y 的第 j 列相乘
            for(j=0;j<y[0].length;j++)
            {
                z[i][j]=0;

                //x 的第 i 行与 y 的第 j 列相乘
                for(k=0;k<x[0].length;k++)
                    z[i][j]=z[i][j]+x[i][k]*y[k][j];
            }

        return z;                     //返回相乘结果
    }
    static void print(int x[][])
    {
        int i,j;

        for(i=0;i<x.length;i++)
        {
            for(j=0;j<x[i].length;j++)
```

```
        System.out.printf("%5d", x[i][j]);
        System.out.println();
    }
  }
}
```

图 4.4 例 4.4 运行结果

4.3 命令行参数

如果程序在运行过程中需要数据，可以通过输入设备输入数据。如果程序在开始运行时，就需要输入数据，则可以将数据作为命令的参数输入给程序。

4.3.1 命令行参数的概念

多数情况下，按下面形式运行一个 Java 程序：

命令行参数

```
c:\>java Example4_05
```

"java Example4_05" 是命令行。Example4_05 是一个 Java 程序，但是从操作系统看，它是一个命令。如果运行时写成下面的形式：

```
c:\>java Example4_5 123 Beijing Road
```

则后面的 "123" "Beijing" "Road" 称为命令 "Example4_05" 的参数。

4.3.2 命令行参数的获取与使用

对 Java 应用程序来说，任何一个程序都必须有 main 方法，它是程序开始运行的入口。main 方法的定义形式为：

```
public static void main(String args[]){}
```

它有一个形式参数 "args"，是一个 String 类的对象数组（String 类请参阅 9.1 节，对象数组请参阅 5.9 节），通过这个对象数组可以获得命令行参数。程序在运行时，操作系统会将命令行参数依次放入到对象数组的每一个元素中。

【例 4.5】通过命令行输入两个整数，计算这两个整数的和。

【问题分析】在程序中可以访问 "args[0]" 和 "args[1]" 这两个元素获取参数，但这两个参数都是字符串形式，不能直接运算，转换成对应的数值后才能运算。Java 中有一个类 Integer，类中有一个类方法 parseInt 可以将一个数字字符串转换成对应的数值。程序如下。

```
public class Example4_5
{
    public static void main(String args[])      //args 是字符串对象数组
    {
        int a=Integer.parseInt(args[0]);        //args[0]存有第 1 个参数
        int b=Integer.parseInt(args[1]);        //args[1]存有第 2 个参数

        int result=a+b;

        System.out.print(args[0]+"+"+args[1]+"=");
        System.out.println(result);
    }
}
```

例 4.5 编程视频

如果直接用 JDK 运行程序，命令行应写成如下形式：

```
c:\chp04>java Example4_05 123 456
```

如果在 Eclipse 中运行程序，参数可以通过下面步骤输入到程序中。单击菜单命令"Project→Properties"，出现如图 4.5 所示的属性对话框。

在属性对话框中单击"Run/Debug Settings→Example4_05→Edit"，出现如图 4.6 所示的对话框。在对话框中单击"Arguments"并在"Program arguments"中输入"123 456"后再按 OK 键，参数设置完成，之后再运行程序就可以将参数读入到程序中。

图 4.5　工程属性对话框　　　　　　　　　　图 4.6　工程配置对话框

4.4　小　　结

使用数组可以在程序中表示大量的数据。数组可以是一维、二维、三维或更高维，一般一维和二维数组较常使用。

数组在使用之前必须先声明数组名，再使用 new 运算符创建数组，也可以通过初始化的方式创建数组，数组创建后就可以使用数组中的元素了。访问数组元素时下标不能越界，任何一个数组都可以通过数组名访问属性 length 确定数组的长度。

如果想在程序开始运行时就给程序输入数据，可以通过在命令行放置参数的方式实现。

4.5　习　　题

1. 编写程序，将一个数组按逆序存放。

2. 已知一个由小到大已排好序的数组，采用二分法将一个数据插入到这个数组中，使插入后的数组仍然按由小到大的顺序排列。

3. 编写程序实现对矩阵的加法、减法和乘法运算。

4. n 只猴子选大王。选举方法如下：所有猴子按 1、2、3……n 的顺序围坐一圈，从第 1 个猴子开始报数，报到 m 的退出圈子。如此循环报数，直到圈中只剩下一个猴子，即为大王。编程实现。

5. 编程序，将一个数组中的最小数与第一个数交换，最大数与最后一个数交换。

6. 求出以下形式的算式，每个算式中有 9 个数位，正好用尽 1~9 这九个数字。

　　○○○+○○○=○○○（共有 168 种可能的组合）

7. 从键盘输入 4 个整数，按由小到大的顺序输出。

8. 在一个方阵中找出马鞍数。所谓马鞍数是这样一个数，在它所在行是最小的数，在它所在列是最大的数。方阵中也可能没有马鞍数。

9. 下面的程序从键盘接收任意 6 个数，假设这 6 个数为：1 3 8 7 5 6 ，则要输出一个具有如下形式的方阵：

$$1\ 3\ 8\ 7\ 5\ 6$$
$$3\ 8\ 7\ 5\ 6\ 1$$
$$8\ 7\ 5\ 6\ 1\ 3$$
$$7\ 5\ 6\ 1\ 3\ 8$$
$$5\ 6\ 1\ 3\ 8\ 7$$
$$6\ 1\ 3\ 8\ 7\ 5$$

10. 从键盘输入一个正整数 n，根据 n 形成一个方阵。方阵最外层是第 1 层，每层上用的数字与层数相同。例如输入 3，则方阵为：

$$1\ 1\ 1\ 1\ 1$$
$$1\ 2\ 2\ 2\ 1$$
$$1\ 2\ 3\ 2\ 1$$
$$1\ 2\ 2\ 2\ 1$$
$$1\ 1\ 1\ 1\ 1$$

第 5 章
类和对象

本章要点

- 面向对象的基本概念
- 类的定义
- 对象、对象组合及对象数组
- 访问权限
- 静态成员
- 其他类型的类

Java 语言是一个严格的面向对象的程序设计语言，用 Java 语言编写程序应该采用面向对象的方法，所以编写 Java 程序首先要掌握对象及其相关的概念。

面向对象技术有三个特征，分别是数据封装（类）、继承和多态。

类是对同一类对象的抽象描述，它包括对象的属性和行为，是面向对象的基础。继承是在已有类基础上生成新类的过程，通过继承可以实现代码重用，提高编程效率，还是实现多态性的前提。多态指的是同一类对象表现出的不同行为，编程应该尽可能利用多态实现数据的处理，这样做能够提高编程效率，提高程序的可维护性和可扩充性。

本章先讲解面向对象的基本概念，然后主要讲解与类和对象有关的内容，继承与多态在下一章中介绍。

5.1 面向对象的基本概念

面向对象的基本概念

面向对象基本概念包括对象、抽象、封装、继承和多态。下面分别介绍。

5.1.1 对象的概念

客观世界中的任何事物都是对象，不管是有生命的还是无生命的，具体的还是抽象的，都可以看作对象。人眼能够观察到的事物是对象，观察不到的事物也是对象，比如一个项目、一个计划、大脑中的一个想法，都是对象。

面向对象就是从对象的角度观察、了解、认识世界。每一个对象都有两个特征，一个是属性，一个是行为。比如，将一个人看作是一个对象，那么这个对象的属性有身份证号、姓名、性别、年龄、身高和体重等，行为有肢体动作、生理活动和心理活动等。再如一个移动通信设备（如手机），它的 CPU、主频、内存、外存和尺寸等参数都是它的属性，而它所能完成的功能就是它的行为。有些对象的行为比较明显，有些对象的行为则不太明显。

5.1.2　类的概念

类是对同一类对象的属性和行为的封装，用类描述同一类对象应符合人们一般的思维习惯，在众多的事物中通过分析、归纳和抽象可以得到不同的类。

抽象就是忽略事物中与当前目标无关的非本质特征，更充分地注意与当前目标有关的本质特征，从而找出同一类事物的共性，并把具有共性的事物划为一类，得到一个抽象的结果，抽象是对事物的高度概括。除了抽象出事物的属性，还应该抽象出事物的行为，事物的属性和行为密不可分。

抽象应该根据问题的需要而抽象，同一类对象在不同领域抽象的结果有所不同。例如，同样是描述学生的类，在学籍管理系统中，应该抽象出学号、姓名、各门课程成绩等属性；而在学生健康管理系统中，除了抽象出学号和姓名外，还应抽象出身高、体重及各项生理指标等属性。在这两个系统中，虽然是同一类学生，但抽象的结果不同。

抽象时应该按照人们的思维习惯进行抽象。例如，人和计算机的关系是使用和被使用的关系，虽然他们之间有关系，但不能把人脑和计算机归为一类。

抽象之后应该进行封装（Encapsulation），就是把对象的属性和行为结合成一个相对独立的单位，并尽可能隐蔽对象的内部细节。封装有两个含义，一是把抽象出的对象的属性和行为结合在一起，形成一个不可分割的独立单位，二是尽可能隐蔽对象的内部细节，对外形成一道屏障，对类的属性和行为起到保护作用，但要提供类的内部与外部的信息交流的适当接口。例如一个指针式钟表，时、分、秒是它的属性，显示时间和调整时间是它的行为，人们通过它的行为可以知道时间，时间不准确了还可以调整它的时、分属性，但是调整时间时只能按照时针和分针相对固有的频率进行调整，而不能单独调整时针或分针，从而对时间属性起到保护作用。

封装的信息隐蔽性反映了事物的相对独立性，可以只关心它对外所提供的与外界的接口，即能做什么，而不注意其内部实现的细节。封装的结果使对象以外的部分不能随意存取对象的内部属性，从而有效地避免了外部错误对它的影响。当对象内部进行修改时，它只通过少量的外部接口对外提供服务，因此同样减小了内部的修改对外部的影响。

不能过分地强调封装。如果过分地强调封装，则对象和外界的信息交流将会变得非常困难。例如上面举例中的钟表，如果一块表只提供了显示时间的功能，而没有提供调整时间的功能，则这块表无法使用。在实际的编程中过分地强调封装会为编程工作增加负担，增加运行开销，降低程序的运行效率。所以，在封装时使对象有不同程度的可见性，既能保证信息和操作的隐蔽，又能保证对象和外界有适当的联系。

5.1.3　继承

继承是在已有类基础上生成新类的过程。已有类是一般类，新类是特殊类。通过继承，特殊类拥有一般类的属性和行为，特殊类中不必重新定义已在一般类中定义过的属性和行为，它能够隐含地拥有其一般类的属性与行为。一个特殊类既有自己新定义的属性和行为，又有继承下来的属性和行为。继承又可以称为派生，即一般类派生出特殊类。一般类又可以称为基类或父类，特殊类又可以称为派生类或子类。

继承能反映出客观世界中事物之间的层次关系。抽象的原则就是舍弃对象的特性，提取其共性，从而得到一个适合的类。如果在这个类的基础上，再考虑抽象过程中各对象被舍弃的那部分特性，则可形成一个新类，这个类具有前一个类的全部特征，是前一个类的子集，形成一种层次结构，即继承结构。

继承具有传递性。一个特殊类 B 继承自一个一般类 A，而这个特殊类 B 作为一般类又可以派生出下层的特殊类 C，则在继承过程中，类 C 不但可以继承类 B 中的属性和行为，还可以间接地继承类 A 的属性和行为。继承可以一层一层地传递，体现出了自然界中事物的分类关系。如图 5.1 所示，交通工具类派生出汽车类，汽车类派生出客车类。客车类不仅可以继承汽车类的属性和行为，还可以继承交通工具的属性和行为。

一个子类可以同时继承自多个父类，可以将多个父类中的多个属性和行为继承下来，这种情况称为多重继承。如图 5.2 所示，类 Base1、Base2 和 Base3 共同派生出类 Derived，类 Derived 同时拥有类 Base1、Base2 和 Base3 的属性和行为。一个特殊类只有一个父类，称为单重继承。Java 语言只支持单重继承。

图 5.1　交通工具分类　　　　　　　　　图 5.2　多重继承

继承是实现多态性的前提条件，所以继承具有承前启后的作用。

在软件开发过程中，利用继承性实现了代码的重用，缩短软件的开发周期，提高软件开发的效率，使软件易于维护和修改。因为通过继承，子类可以直接拥有父类中的行为，而不必重新编写（当然，如果有需要，也可以重新编写）。如果要修改或增加某一属性或行为，只需在相应的类中进行改动，而它派生的所有类都自动地、隐含地做了相应的改动。

5.1.4　多态

所谓多态，就是同一类对象表现出的不同行为。例如，图 5.1 所示的交通工具类，虽然汽车、飞机和轮船都是交通工具，但它们的运行方式（行为）是不同的，运行方式的不同就可以称为交通工具对象的多态性。

多态性强调的是同一类对象的不同行为，如果不是同一类对象，虽然行为不同，但是不能称为多态性。例如，人的行为方式和交通工具的运行方式，虽然他们的行为不同，但是因为不是同一类的对象，所以不能称人和交通工具具备多态性。

在面向对象技术中，可以用父类对象表示子类对象。例如，可以将汽车、飞机或轮船称为交通工具（交通工具表示的可能是汽车、飞机或轮船），但是反之则不行，如称交通工具是汽车或轮船就不恰当了。

在编程序实现多态性时，父类中必须定义表示自身对象的行为。因为一个子类的行为与父类及其他子类的行为不同，所以子类中都应该对继承自父类中的行为进行重新定义以便能正确表示出子类对象的行为。具体实现时，用父类的对象表示子类对象，通过父类对象表示对象行为时，运行时系统能够判定父类对象表示的是自身对象，还是哪一个子类的对象，从而能准确地使对象所在类中的行为表现出来，实现多态性。

5.2　类

面向对象技术是从对象的角度观察和认识世界，但是对象属于类，所以必须先定义类，再由类生成对象。本节讲解类的定义及类中域和方法的定义。

5.2.1　类的定义

类的定义形式如下：

```
class 类名
{
      域的定义；
      方法的定义；
}
```

类的定义

class 是关键字，表示定义类。"类名"是类的标识，每一个类都应有一个名字，起名规则与变量名的起名规则相同。"{}"内的部分是类体，即类实现部分。类体中包括域（field）和方法（method）的定义。域对应对象中的属性（C++称为数据成员），方法对应对象中的行为（C++称成员函数）。一般地，方法依据属性的变化而定义，方法是对属性数据的处理。如果一个方法对所在类之外的数据进行处理，则该方法定义不恰当。

5.2.2　域的定义

域是对象的属性，也是对象中的数据。域的定义形式如下：

```
数据类型 域 1[=初值 1]，域 2[=初值 2]，……
```

定义域时，可以给域赋初值。例如描述学生 Java 课程的成绩：

```
double javaScore=80;
```

类中定义的每个域都有默认的初值。对于数值型域（如 int、double 等），其初值都为 0，字符型域（char）的初值为空（ASCII 值为 0），布尔型（boolean）域的初值为 false，对象类型的域的初值为 null。如果定义域时给定了域的初值，则按给定的初值对域初始化。还可以在创建对象时利用静态初始化器（参见 5.10 节）或实例初始化器、构造方法对域初始化（参见 5.5 节）。

定义类时应该根据问题需要先抽象出对象的域。

【问题 1】平面上有若干个圆，现在想计算出每个圆的面积和周长，该如何处理？

圆的面积和周长与圆周率和圆的半径有关，而圆周率是常数，所以只要知道圆的半径就可以计算出圆的面积和周长。现在采用面向对象的方法计算圆的面积和周长，所以应该定义一个圆类，然后用圆类的对象表示圆，再计算圆对象的面积和周长。

这样的问题只需要抽象出一个半径 radius 作为类的域即可：

```
double radius;
```

【问题 2】平面上有若干个圆，现在想计算出每个圆的面积和周长，每个圆都有确定的位置，并可以对圆进行平行移动，该如何处理？

首先，与问题 1 相同，必须抽象出圆的半径。其次，圆的位置可以用圆的圆心表示，在平面上可用圆心的水平（x）和垂直（y）方向的分量表示，所以问题 2 应该抽象出三个域：

```
int x,y;
double radius;
```

可见，抽象域时应根据问题的需要而抽象，类中的域不能多，更不能
少。

5.2.3 方法的定义与使用

方法的定义与调用

1. 方法的定义

方法是对象的行为，在程序中是对对象的域进行处理的工具。方法定义形式如下：

```
方法类型 方法名([形式参数])
{
//……
}
```

（1）方法名

"方法名"是方法的标识，每一个方法都应该有一个名字，起名规则与变量名起名规则相同。

（2）方法类型

方法是用来进行数据处理的，数据处理后应该将处理的结果返回给主调方法（调用当前方法的方法）。返回的结果也是数据，也应该有类型，"方法类型"就是返回值的类型。如果一个方法不返回值，方法类型应该定义为 void。可以使用 return 语句将处理后的数据返回，return 语句形式是：

```
return 表达式;
```

执行 return 语句时，先将表达式的值计算出来后，再由 return 语句将值返回。

一个方法中可以有多条 return 语句，当某一条 return 语句被执行后，不管该语句后还有多少条语句都不再执行了，直接返回到主调方法。

如果一个方法不返回值（void 型方法），则可以不写 return 语句，默认方法中最后一条语句执行完后方法返回到主调方法中。也可以使用一个或多个 return 语句，但 return 语句后面一定不能有表达式，例如下面的形式：

```
return;
```

同样，当执行 return 语句时，不管其后还有多少语句都不再执行了而返回到主调方法。

（3）形式参数

"形式参数"是传递给该方法的参数，当一个方法被调用时，如果需要往方法中传递数据，就可以通过形式参数进行传递。形式参数定义形式如下：

```
数据类型 1 参数名 1, 形式参数 2 参数 2, ……;
```

形式参数可以没有。如果没有形式参数，后面的括号不能缺（写一对空括号）。

（4）方法体

"{}"之间是方法体，是方法功能的实现部分，数据处理语句就定义在方法体中。可以是空方法体。

定义类中的方法时应该先进行方法抽象。方法抽象主要根据域的变化需求来定义方法，其次可考虑类的其他需要定义必要的方法。

对于 5.2.2 节中的问题 1，因为要计算面积和周长，所以需要定义一个计算面积的方法和一个计算周长的方法：

```
double area();
double perimeter();
```

对于 5.2.2 节中的问题 2，因为要进行平移，所以还需要定义一个方法对圆进行移动：

```
void move(int offX,int offY);
```

对对象的域和方法抽象完成后，就可以定义类了。例如 5.2.2 节中的问题 1，给圆类起一个名字 Circle，则 Circle 类可定义为：

```
class Circle
{
    double radius;
    double area()
    {//方法体}
    double perimeter()
    {//方法体}
}
```

开动脑筋

定义类前先抽象域，还是先抽象方法？或同时抽象域和方法？

2. 方法的使用

方法定义后必须使用方法才能使方法发生作用，方法的使用习惯上称为方法的调用。一般地，调用其他方法的方法称主调方法，被其他方法调用的方法称为被调方法。定义方法时所写的参数称为形式参数，调用方法时所写的参数称为实际参数。实际参数可以是表达式，当调用一个方法时，先将实际参数的表达式的值计算出来后再将值传递给形式参数，并不是将表达式传递给形式参数。

3. 方法的递归调用

一般地，一个方法调用了另外一个方法，而这个被调用的方法又调用了其他方法，其他方法还可以再调用其他方法，这种调用过程称方法的嵌套调用。在程序设计过程中，方法嵌套调用是经常使用的。例如例 4.2 中，main 方法调用了 sort 方法和 print 方法。

如果一个方法直接或间接地调用了自身，这种调用称为递归调用。通过递归调用，可以将问题简化为规模缩小了的同类问题的子问题。使用方法递归调用时，应满足三个要求。一是每一次的调用都会使问题得到简化；二是前后调用应该有一定的关系，通常是前一次调用要为后一次调用准备好条件（数据）；三是在问题规模极小时应该终止递归调用，以避免无限递归调用，也就是应该有递归调用结束的条件。

【例 5.1】计算 $n!$。

【问题分析】此问题可以用一个循环很容易地计算出来。在本例中，采用递归的方法来计算。$n!$ 可以用如下过程进行计算：

```
n!=n×(n-1)!
(n-1)!=(n-1) ×(n-2)!
……
2!=2×1!
1!=1
```

从上述过程可以看到，假设知道 $(n-1)!$ 的值，则很容易计算出 $n!$ 的值，假设知道 $(n-2)!$ 的值，则很容易计算出 $(n-1)!$ 的值……直到 $n=1$ 时，直接可以得出 $n!$ 的值。如果采用递归方法来计算，则每一次的计算都是相同的问题，而问题的规模在变小，还可以适时终止。可以将上述过程用一个数学公式表示。

$$n!=\begin{cases} n\times(n-1)! & n>1 \\ 1 & n\equiv 1 \end{cases}$$

程序如下，程序运行结果如图 5.3 所示。

```
public class Example5_01
{
    public static void main(String args[])  //main 方法

    {
        int n=8;
        long f;

        f=fac(n);                            //调用 fac 方法计算 8!
        System.out.printf("%d!=%d\n",n,f);

        System.out.println(fac(5));          //直接调用 fac 方法计算 6!
    }
    //fac 方法，递归方法
    static long fac(int n)
    {
        if(n>1)
            return n*fac(n-1);    //计算 n!，由 return 语句将值返回，递归
        else
            return 1;             //1!，由 return 语句将值返回
    }
}
```

例 5.1 编程视频

图 5.3　例 5.1 运行结果

【例 5.2】用递归方法找出 Fibonacci（斐波那契）数列的第 20 个元素。

【问题分析】Fibonacci 数列是这样一个数列，前两项都是 1，其后每一项都是前两项之和，如下面的数列：

1, 1, 2, 3, 5…

采用递归的方法可以归纳出下面的数学函数：

$$fib(n) = \begin{cases} fib(n-1) + fib(n-2) & n > 2 \\ 1 & n \equiv 1 \ \text{ or } \ n \equiv 2 \end{cases}$$

fib(n)表示第 n 个 Fibonacci 数。程序如下，程序运行结果如图 5.4 所示。

```
public class Example5_02
{
    public static void main(String args[])
    {
        System.out.println("第 6 个 fibonacci 数："+fib(6));   //计算第 6 个数

        System.out.println("第 20 个 fibonacci 数："+fib(20)); //计算第 20 个数
    }
    //定义方法 fib，用于计算第 n 个 fibonacci 数
    static int fib(int n)
    {
        if(n>2)                         //前两个之和
            return fib(n-1)+fib(n-2); //递归调用
        else//n=1 或 2，值为 1
            return 1;
    }
}
```

图 5.4　例 5.2 运行结果

用递归方法解决问题时，程序结构比较清晰、简洁，但是递归方法的效率较低，占用资源较多。

4. 方法的重载

方法重载是指在同一作用域内，可以有一组具有相同方法名、不同参数表的方法，这组方法被称为重载方法。重载方法通常用来命名一组功能相似的方法，这样做减少了方法名的数量，提高程序的可读性和方法的调用性。下面的方法定义在同一类中。

```
int add(int a,int b){//……}
double add(double a,double b){//…….}
int add(int a,int b,int c){//……}
```

这三个方法构成重载方法。下面的方法也定义在同一个类中。

```
int add(int a,int b){//…}
void add(int x,int y){//…}
```

这不是重载方法，而是属于方法重定义，编译时会给出错误信息。重载方法是通过参数的类型不同或参数个数不同来区分的，不能通过参数名和方法类型来区分。

当调用某一个重载方法时，只要给出相应的实际参数，Java 虚拟机会根据实际参数的类型自动调用对应的方法，无需程序员判断调用哪一个方法。

【例 5.3】编程序计算两个同类型的数之和。

【问题分析】计算机处理数据时，数据必须有数据类型。题目中没有给出具体的数据类型，假设有三种类型的数据，分别是整型、长整型和双精度型。因为数据类型不同，所以应该定义三个方法分别计算三种类型数之和。因为三个方法功能相近，所以将三个方法定义为一组重载方法。程序如下，程序运行结果如图 5.5 所示。

```
public class Example5_03
{
    public static void main(String args[])
    {
        int a=15,b=25;
        System.out.println(a+"+"+b+"="+add(a,b));    //调用第 1 个 add

        double x=1234.567,y=987.665;
        System.out.println(x+"+"+y+"="+add(x,y));    //调用第 3 个 add

        long m=1234566788L,n=9876543210L;            //常数后加 L 表示长整型数
        System.out.println(m+"+"+n+"="+add(m,n));    //调用第 2 个 add

    }
    //计算两个 int 型数据之和
    static int add(int a,int b)
    {
        return a+b;
    }
    //计算两个 long 型数据之和
    static long add(long a,long b)
    {
        return a+b;
    }
    //计算两个 double 型数据之和
    static double add(double a,double b)
    {
        return a+b;
    }
}
```

例 5.3 编程视频

```
15+25=40
1234.567+987.665=2222.232
1234566788+9876543210=11111109998
```

图 5.5　例 5.3 运行结果

【例 5.4】找出两个整型数、三个整型数或四个整型数中的最大数。

【问题分析】可以分别定义三个方法完成题目要求。由于三个方法的功能近似，所以可以将三个方法定义为重载方法，调用时只要给出实际参数就可以调用相应的方法找出最大数。程序如下，程序运行结果如图 5.6 所示。

例 5.4 编程视频

```java
public class Example5_04
{
    public static void main(String args[])
    {
        int a=25,b=-30,c=12,d=45;
        int m;

        m=max(a,b);              //求两个数中的最大数,调用第 1 个 max 方法
        System.out.println("两个数中的最大数: "+m);

        m=max(a,b,c);            //求三个数中的最大数,调用第 2 个 max 方法
        System.out.println("三个数中的最大数: "+m);

        m=max(a,b,c,d);          //求四个数中的最大数,调用第 3 个 max 方法
        System.out.println("四个数中的最大数: "+m);
    }
    //求两个数的最大数方法
    static int max(int a,int b)
    {
        if(a>b)
            return a;
        return b;
    }
    //求三个数的最大数方法
    static int max(int a,int b,int c)
    {
        int d=max(a,b);          //利用第 1 个 max 方法求前两个数中的最大数
        int e=max(c,d);          //再利用第 1 个 max 方法

        return e;
    }
    //求四个数的最大数方法
    static int max(int a,int b,int c,int d)
    {
        int e=max(a,b,c);        //利用第 2 个 max 方法求前三个数中的最大数
        int f=max(d,e);          //再利用第 1 个 max 方法

        return f;
    }
}
```

```
两个数中的最大数: 25
三个数中的最大数: 25
四个数中的最大数: 45
```

图 5.6 例 5.4 运行结果

开动脑筋

在例 5.4 中只定义方法 static int max(int a,int b)能不能达到题目要求？

5.3　对　　象

定义了一个类相当于定义了一个新的数据类型，程序不能处理类，程序处理的是类的对象，因此必须定义对象。

5.3.1　Java 中对象的概念

由类所定义的变量就是对象。

对象虽然是变量，但是对象型的变量不同于简单变量（如 int a;），对象中除了有数据外，对象本身还有行为。

5.3.2　对象的创建与表示

一般地，对象的创建通过如下 3 个步骤。

（1）声明对象名

声明对象名的形式是：

```
类名 对象名；
```

例如，对 5.2.3 节中定义的圆类 Circle，声明一个圆类的对象。

```
Circle myCircle;
```

myCricle 是一个对象名，它将来可以用于表示一个 Circle 类的对象。

（2）创建对象

new 运算符后跟构造方法（见 5.4 节）就可以创建对象。创建对象的形式是：

```
new 构造方法([实际参数])
```

如果定义构造方法时，构造方法有参数，则调用构造方法还需要给出实际参数。例如创建一个 Circle 类的对象，可使用表达式：

```
new Circle()
```

（3）表示对象

将（1）声明的对象名和（2）创建的对象通过赋值形式结合在一起，就可以表示创建的对象。对象的表示形式是：

```
对象名=new 构造方法();
```

例如：

```
myCricle=new Circle();
```

对象名 "myCircle" 表示对象 "new Circle()"。对象的声明和创建可以用一条语句实现。

```
Circle myCircle=new Circle();
```

可以同时声明多个对象：

```
Circle myCircle=new Circle(),yourCircle=new Circle();
```

每一次使用 "new Circle()" 都创建一个完全新的对象，与其他对象完全不同。myCircle 和 yourCircle 表示的对象是两个完全不同的对象，虽然对象中都有域 radius，但是它们是两个没有任何必然关系的 radius。

对象的创建与使用

5.3.3　对象的内存模型

语句：

```
Circle myCircle;
```

是一个对象名，也是一个变量名，并不是一个真正的对象。而表达式：

```
new Circle()
```

是一个真正的对象，但是它没有名字，无法使用这个对象。它占用内存，并且整个表达式的值是
该对象在内存中的地址。则赋值表达式：

```
myCircle=new Circle()
```

是将对象的地址保存在对象变量 myCircle 中。访问对象变
量 myCircle 就可以得到对象在内存中的位置，从而可以访
问到这个对象。对象内存模型如图 5.7 所示。

图 5.7　对象的内存模型

5.3.4　对象的使用

创建对象后就可以使用对象了。使用对象时只能通过对象名访问对象中的成员，而不能整体
使用对象。使用对象中的域：

```
对象名.域名
```

使用对象中的方法：

```
对象名.方法名([实际参数表列])
```

【例 5.5】对 5.2.2 小节中的问题 1，计算半径分别为 10 和 15 的两个圆的面积和周长。

【问题分析】用面向对象方法解决这个问题应定义一个圆类，再用这类定义两个圆类的对象，
并使这两个圆类的对象的半径分别为 10 和 15（改变圆的半径需要定义相应的方法），再调用计
算圆的面积和周长的方法进行计算。程序如下，程序运行结果如图 5.8 所示。

```
class Circle                    //Circle类
{
    double radius;              //域，半径

    void setRadius(double r)    //方法，设置圆半径
    {
        radius=r;
    }
    double area()               //方法，求圆的面积
    {   //Math 是 Java 中的一个类，其静态域 PI 表示圆周率
        return Math.PI*radius*radius;
    }
    double perimeter()          //方法，求圆的周长
    {
        return 2*Math.PI*radius;
    }
}
public class Example5_05
{
    public static void main(String args[])
    {
        double area,perim;
```

例 5.5 编程视频

```
Circle circle=new Circle();              //声明和创建对象
circle.setRadius(10);                    //设置圆半径
area=circle.area();                      //计算圆的面积
perim=circle.perimeter();                //计算圆的周长

System.out.printf("area:%.2f,",area);    //保留两位小数
System.out.printf("perimeter:%.2f\n",perim);

circle=new Circle();//创建新对象，原对象丢失
circle.setRadius(15);
area=circle.area();
perim=circle.perimeter();
System.out.printf("area:%.2f,",area);
System.out.printf("perimeter:%.2f\n",perim);
    }
}
```

```
area:314.16,perimeter:62.83
area:706.86,perimeter:94.25
```

图 5.8　例 5.5 运行结果

面向对象与面向过程的程序设计是有区别的。在上面的类中，方法 area()没有参数，它计算的是多大半径圆的面积呢？它必须通过对象调用 circle.area()，对象 circle 中的域 radius 是圆的半径，当通过对象调用方法 area()时，方法 area()是用对象 circle 的半径计算 circle 的面积，方法 area()所需要的数据来自于对象。

如果是面向过程的程序设计（C 程序设计），定义 area()方法时，area()方法必须带有参数。当这个方法被调用时，由这个参数向方法传递圆的半径值。

5.3.5　this 关键字

this 是对象名，是对象的别名，又称对象的引用。

this 的作用范围在方法中。当通过一个对象调用一个方法时，运行时系统会将当前对象的引用传递到方法中，在方法中就可以通过 this 访问这个对象。

this 关键字

【例 5.6】对 5.2.2 小节中的问题 2，定义圆类计算圆的面积和周长，并能表示圆的位置和移动圆。

【问题分析】圆的位置可以用圆心的坐标表示，所以需要定义两个域 x 和 y 表示圆心。移动圆是圆的行为，所以还需要定义一个移动圆的方法。程序如下，程序运行结果如图 5.9 所示。

```
class Circle
{
    double radius;
    int x,y;                        //域，表示圆心

    void setRadius(double radius)   //注意，参数名与例 5.1 的不同
    {
        this.radius=radius;         //使用了 this
    }
    void setXY(int x,int y)         //方法，设置圆心坐标
    {
        this.x=x;                   //使用了 this
        this.y=y;
    }
    void move(int offsetX,int offsetY)
    {
```

例 5.6 编程视频

```
        x+=offsetX;                    //没有使用 this
        y+=offsetY;
    }
    double area()
    {   //没有使用 this
        return Math.PI*radius*radius;
    }
    double perimeter()                 //方法，求圆的周长
    {   //没有使用 this
        return 2*Math.PI*radius;
    }
}
public class Example5_06
{
    public static void main(String args[])
    {
        Circle 圆1=new Circle();

        圆1.setRadius(10);
        圆1.setXY(15,20);              //设置圆的位置

        System.out.printf("圆1面积: %.2f,",圆1.area());      //计算面积并直接输出
        System.out.printf("圆1周长: %.2f\n", 圆1.perimeter());
        //直接通过对象名访问域 x 和 y 并输出
        System.out.println("圆1位置: "+圆1.x+","+圆1.y);

        圆1.move(10,15);              //移动圆
        System.out.println("圆1移动后的位置: "+圆1.x+","+圆1.y);

        Circle 圆2=new Circle();
        圆2.setRadius(15);
        System.out.printf("圆2面积: %.2f,",圆2.area());      //计算面积并直接输出
        System.out.printf("圆2周长: %.2f\n", 圆2.perimeter());
    }
}
```

圆1面积: 314.16,圆1周长: 62.83
圆1位置: 15,20
圆1移动后的位置: 25,35
圆2面积: 706.86,圆2周长: 94.25

图 5.9　例 5.6 运行结果

类 Circle 中定义的方法 setRadius(double radius)中使用了 this。因为方法中的参数 radius 与对象 "圆 1" 中的域同名，为了明确表示当前对象的域，在域前面加上了 this—— "this.radius"，以区别于参数 radius。如果域前面不加 this，则在方法 setRadius 中使用的都是方法参数的 radius，不能访问到对象中的域 radius。一般地，如果域名与方法中的局部变量同名，则局部变量隐藏了域，为了区分是域，还是局部变量，或者为了能访问到域，应该在域名前加 this。在方法 area()和 perimeter() 中，因为没有与域重名的局部变量，所以域名前不需要加 this，当然，加上更明确。

一个方法可以被本类的多个对象调用，哪一个对象调用该方法，this 就表示哪一个对象。例如上例中，"圆 1" 和 "圆 2" 都调用了方法 setRadius()。当 "圆 1" 调用时，在 setRadius 中，this 表示对象 "圆 1"；当 "圆 2" 调用时，在 setRadius 中，this 表示对象 "圆 2"。

5.4　访问权限

访问权限

类是对同一类对象的域和方法的封装。封装时不是简单地把域和方法定义在一起，还要对域或方法起到适当的保护作用。尤其是数据（域），数据是重要的，如果不希望对象中的数据被随意修改，则应该把数据严格地保护起来。

对数据或方法的保护可以通过设定访问权限来实现。

5.4.1　访问权限的概念

访问权限是指对对象中成员访问的限制。通过设定访问权限，能够或不能够访问某些成员，从而对成员起到保护作用。

Java 中有三个访问限定词，分别是 private（私有的）、protected（保护的）和 public（公有的）。访问限定词放在域或方法前，就可以设定域或方法的访问权限。域或方法名前面可以没有限定词，如果没有访问限定词，则该域或方法的访问权限是默认的或友好的，例如例 5.1 和例 5.2 中的类成员前都没有访问限定词。

访问权限只是在类体之外对域或方法访问的限制，在类的内部，任何一个方法都可以直接访问本类中其他的域或方法，没有限制。

5.4.2　私有域和私有方法

在定义域或方法时，在域或方法前加关键字 private，表示域或方法的访问权限是私有的。定义形式是：

```
private 数据类型 域；
private 方法类型 方法名（[参数]）{//方法体}
```

私有的域或方法只能被其所在类的方法访问或调用，在类体之外不能通过对象名直接访问。私有域或方法具有最高的保护权限。

5.4.3　公有域和公有方法

在定义域或方法时，在域或方法前加关键字 public，表示域或方法的访问权限是公有的。定义形式是：

```
public 数据类型 域；
public 方法类型 方法名（[参数]）{//方法体}
```

对于公有成员，类中的其他方法可以访问公有的域或方法，在类体之外可以通过对象名访问公有的域或方法，可以被同一包中的子类方法或不同包中的子类方法直接访问（关于包的概念参见 5.8 节）。总之，公有成员在程序的任何地方都可以被访问。前面例题中的 main() 的访问权限都是 public，表示在任何地方都可以运行这个程序。

通过公有的域或方法，可以使对象与其他对象进行信息交换，公有的方法可以看作是对象与外界的接口。

5.4.4　保护的域和保护的方法

在定义域或方法时，在域或方法前加关键字 protected，表示域或方法的访问权限是保护的。定义形式是：

```
protected 数据类型 域;
protected 方法类型 方法名（[参数]）{//方法体}
```

保护的成员可以被所在类的其他方法访问；被子类继承后，可以被子类中的其他方法直接访问；在同一个包中，可以通过对象名直接访问；不是同一包中的非子类，不能通过对象名直接访问（子类的概念参见第 6 章）。

5.4.5　默认访问权限的域和方法

如果在定义域或方法时，在域或方法前不加任何访问限定词，则域或方法的访问权限是默认的。例如例 5.5 和例 5.6 中，域和方法名前都没有访问限定词，它们的访问权限都是默认的。

默认访问权限的域或方法可以被类中的其他方法直接访问；在这个类所在的包中，可以在类体之外通过对象名直接访问。默认的域或方法具有包的访问权限，利用包的访问权限，可以提高访问的灵活性。下表列出了访问权限的作用范围。

访问权限的作用范围

	同一个类	同一个包	不同包的子类	不同包的非子类
private	√			
默认的	√	√		
protected	√	√	√	
public	√	√	√	√

使用访问权限时，一般应该将域定义为 private（因为数据是重要的），以防止对象的域值被随意改写。

方法一般定义为 public，让公有方法成为对象和外界进行数据交换的窗口（接口）。如果将方法也定义为 private，则对象就会成为一个与外界无任何接触的孤立对象，而孤立的对象是没有存在的意义的。

如果类中的成员不希望被类体外其他的类通过对象被访问，而又希望能够被子类直接访问（可提高访问的方便性），成员的访问权限应该定义为 protected。

【例 5.7】将例 5.6 中 Circle 类的域定义为 private，方法定义为 public。

【问题分析】将域的访问权限定义为私有的，则域 x 和 y 在类体外不能通过对象名访问，所以在类中需要增加公有的方法 getX() 和 getY() 以便获得私有域 x 和 y。程序如下，程序运行结果如图 5.10 所示。

```
class Circle
{
    private double radius;            //私有域
    private int x,y;

//下面的方法都是公有
    public void setRadius(double radius)
    {
```

```
        this.radius=radius;                //同一类访问私有域无限制
    }
    public void setXY(int x,int y)         //方法，设置圆心坐标
    {
        this.x=x;                          //同一类访问私有域无限制
        this.y=y;
    }
    public void move(int offsetX,int offsetY)
    {
        x+=offsetX;                        //同一类访问私有域无限制
        y+=offsetY;
    }
    //定义公有的方法 getX()，以便在类外可以获得私有域 x
    public int getX()
    {
        return x;
    }
    //定义公有的方法 getY()，以便在类外可以获得私有域 Y
    public int getY()
    {
        return y;
    }
    public double area()
    {   //同一类访问私有域无限制
        return Math.PI*radius*radius;
    }
    public double perimeter()              //方法，求圆的周长
    {   //同一类访问私有域无限制
        return 2*Math.PI*radius;
    }
}
public class Example5_07
{
    public static void main(String args[])
    {
        Circle 圆1=new Circle();

        圆1.setRadius(10);
        圆1.setXY(15,20);                  //设置圆的位置

        System.out.printf("圆1面积: %.2f,",圆1.area());      //计算面积并直接输出
        System.out.printf("圆1周长: %.2f\n", 圆1.perimeter());
        //例【5.6】中的下面语句在本例中访问不合法
        //System.out.println("圆1位置: "+圆1.x+","+圆1.y);
        //应写成下面语句，类体外对象访问公有成员，不能访问私有成员
        System.out.println("圆1位置: "+圆1.getX()+","+圆1.getY());

        圆1.move(10,15);                   //移动圆
        //同样访问不合法
        //System.out.println("圆1移动后的位置: "+圆1.x+","+圆1.y);
```

```
                //应写成下面语句
                System.out.println("圆 1 移动后的位置："+圆
1.getX()+","+圆 1.getY());
        }
    }
```

```
圆1面积：314.16,圆1周长：62.83
圆1位置：15,20
圆1移动后的位置：25,35
```

图 5.10　例 5.7 运行结果

5.4.6　public 类

关键字 public 还可以修饰类，使类成为公共类。

公共类可以被任何其他包中的类访问，公共类中的公有成员也可以被任何其他包中的类访问。

一个 Java 源程序文件中可以定义多个类，但是最多只能有一个类是 public 类。一般地，main()方法应该定义在 public 类中，如前面章节中的例题。main()方法本身是公有的，所以在任何地方都可以直接运行程序，这也是把 main()的访问权限声明为 public，并且定义在 public 类中的原因。

5.5　构造方法

实例初始化器与构造方法

5.5.1　构造方法的作用

在 5.3.2 节中讲对象的创建时，提到了构造方法（Constructor），构造方法用于创建对象。如果一个类中没有定义适合的构造方法，相应的对象是不能创建的。所以，构造方法的作用就在于创建对象。

当对象创建时，构造方法就会被调用，所以可以利用构造方法对对象中的域进行初始化。

构造方法的作用是创建对象，其次是初始化对象。

5.5.2　实例初始化器

除了在创建对象时可以利用构造方法对域进行初始化外，还可以在类中定义实例初始化器，利用实例初始化器对域进行初始化。实例初始化器也是一个方法，但它只有方法体，没有方法头部。实例初始化器的定义形式是：

```
    {
        //实例初始化器方法体
        //……
    }
```

实例初始化器在构造方法调用之前被调用。也就是说，每一次调用构造方法创建对象时，都要先调用实例初始化器，然后才能调用相应的构造方法。

一个类中最多只能定义一个实例初始化器。根据需要，可以定义，也可以不定义。

5.5.3　构造方法的定义与使用

构造方法是类中的方法，但与一般的方法定义有所不同。构造方法没有类型，没有返回值，方法名与所在类的类名相同，参数和方法体与一般的方法定义一样，可以重载，多数情况下访问权限定义为 public，以便在类外可以创建该类的对象。构造方法定义形式是：

```
        方法名([形式参数表列])
```

```
    {
        //构造方法的方法体
    }
```

其中的"方法名"与所在类的类名相同。

【例 5.8】重写例 5.7 中的 Circle 类，在类中定义必要的构造方法。

程序如下，程序运行结果如图 5.11 所示。

```
class Circle
{
    private double radius;                      //私有域
    private int x,y;

    {//实例初始化器
        x=-100;
        y=-200;
        radius=-12;                             //注意：负值
        System.out.println("实例初始化器被调用! ");
    }
    //重载的构造方法
    public Circle()                             //构造方法 1，方法体为空，没有对域初始化
    {
        System.out.println("构造方法 1 被调用! ");
    }

    public Circle(double radius)                //构造方法 2，只对 radius 域初始化
    {
        this.radius=radius;
        System.out.println("构造方法 2 被调用! ");
    }
    public Circle(double radius,int x,int y)    //构造方法 3，可以对 3 个域初始化
    {
        this.radius=radius;
        this.x=x;
        this.y=y;
        System.out.println("构造方法 3 被调用! ");
    }
    //设置半径，有了构造方法，可以有或无
    public void setRadius(double radius)
    {
        this.radius=radius;
    }
    //设置圆心坐标，可以有或无
    public void setXY(int x,int y)
    {
        this.x=x;
        this.y=y;
    }
    public int getX()
    {
        return x;
    }
    public int getY()
    {
        return y;
    }
```

例 5.8 编程视频

图 5.11　例 5.8 运行结果

```
        double area()                           //方法，求圆的面积
        {
            return Math.PI*radius*radius;
        }
        double perimeter()                      //方法，求圆的周长
        {
            return 2*Math.PI*radius;
        }
    }
    public class Example5_08
    {
        public static void main(String args[])
        {
            Circle 圆1=new Circle(10,15,20);    //调用第3个构造方法，3个域先被
                                                //实例初始化器初始化，后又被构造方法初始化
            System.out.printf("圆1面积：%.2f,",圆1.area());
            System.out.printf("圆1周长：%.2f\n", 圆1.perimeter());
            System.out.println("圆1位置："+圆1.getX()+","+圆1.getY());

            System.out.println("-----------------------------");
            Circle 圆2=new Circle();            //调用第1个构造方法，3个域都被实例初始化器初始化
            System.out.println("圆2刚创建时：");
            System.out.printf("圆2面积：%.2f,",圆2.area());
            System.out.printf("圆2周长：%.2f\n", 圆2.perimeter());
            System.out.println("圆2位置："+圆2.getX()+","+圆2.getY());
            //重新设置圆2的域值
            System.out.println("重新设置圆2的3个域值后：");
            圆2.setRadius(15);                  //重新设置radius域
            圆2.setXY(-15, -20);                //重新设置x、y域
            System.out.printf("圆2面积：%.2f,",圆2.area());
            System.out.printf("圆2周长：%.2f\n", 圆2.perimeter());
            System.out.println("圆2位置："+圆2.getX()+","+圆2.getY());

            System.out.println("-----------------------------");
            Circle 圆3=new Circle(20);          //调用第2个构造方法，3个域都被
                                                //初始化器初始化，构造方法又重新初始化了radius域
            System.out.println("圆3刚创建时：");
            System.out.printf("圆3面积：%.2f,",圆3.area());
            System.out.printf("圆3周长：%.2f\n", 圆3.perimeter());
            System.out.println("圆3位置："+圆3.getX()+","+圆3.getY());
            System.out.println("重新设置圆3的x、y域值后：");
            圆3.setXY(11,22);                   //重新设置x、y域
            System.out.printf("圆3面积：%.2f,",圆3.area());
            System.out.printf("圆3周长：%.2f\n", 圆3.perimeter());
            System.out.println("圆3位置："+圆3.getX()+","+圆3.getY());
        }
    }
```

第1次计算圆2的周长是负值，因为在实例初始化器中radius初始化为负值。圆2和圆3创建时的位置是一样的，因为域x和y也是由实例初始化器初始化的。

如果类中不定义构造方法，则编译器在编译时会添加一个无参数、空方法体的构造方法，类似例 5.8 中的第 1 个构造方法，使用这个构造方法也可以创建对象。在例 5.6 和例 5.7 中 Circle 类都没有定义构造方法，但是也能创建对象，就是使用了系统提供的这个构造方法。这个构造方法也称默认的构造方法。

如果在类中定义了构造方法，则编译器不会再提供默认的构造方法。在例 5.8 中，如果 Circle 类中不定义第一个构造方法（无参构造方法），则对象"圆 2"无法创建，编译时会出现语法错误，因为在类中无对应的构造方法。所以，为了创建有任何初始状态的对象，在类中应该定义足够多的构造方法。

从例 5.8 中还可以看到，每次创建对象时，实例初始化器首先被调用，其后才调用构造方法。

5.6　参数的传递

参数的传递

定义方法时，如果方法有参数，则调用方法时必须向被调用方法传递数据。数据传递时，是将实际参数的值传递给方法的参数，如果实际参数是一个表达式，要将表达式的值计算出来之后再传递给方法的参数。

根据被调用方法是否能改变实际参数的值（前提是实际参数是一个变量，而不是常量或表达式），可以将参数传递分为基本类型的参数和非基本类型的参数，参数类型不同，方法调用后实际参数变量的值会发生改变。数组和对象类型的参数属于非基本类型。

5.6.1　基本类型数据作方法的参数

定义方法时，方法中的参数是基本数据类型。当方法被调用时，Java 虚拟机为形式参数开辟内存空间，将实际参数的值存入形式参数的内存空间。

实际参数（变量）与方法参数分别占用不同的内存空间，所以，当方法参数的值发生改变，并不影响实际参数的值。

【例 5.9】定义一个方法改变平面上一个点的位置。

【问题分析】平面上的点用(x,y)表示，再定义一个方法，方法中有两个参数分别接受 x 和 y 的值。再在这个方法中改变 x 和 y 的值，当方法调用结束后，看主调方法中的 x 和 y 的值是否发生了改变。程序如下。

```
public class Example5_09
{
    public static void main(String args[])
    {
        int x=15,y=25;                              //一个点的坐标

        System.out.printf("%35s","调用 move 方法前点的坐标：");
        System.out.println("("+x+","+y+")");        //调用前输出点的坐标

        move(x,y);                                  //调用 move 方法试图改变点的位置

        System.out.printf("%35s","调用 move 方法后点的坐标：");
        System.out.println("("+x+","+y+")");        //调用后输出点的坐标
```

例 5.9 编程视频

```
}
       //move 方法，对一个点进行移动，有两个基本类型参数
       static void move(int x,int y)
       {
           x=x+10;                                    //改变点的坐标
           y=y+10;
           System.out.printf("%19s","在 move 方法中改变坐标后点的坐标: ");
           System.out.println("("+x+","+y+")");       //输出点坐标，看是否变了
       }
    }
```

程序运行结果如图 5.12 所示。

从程序运行结果看，在 move 方法中，点的坐标确

图 5.12　例 5.9 运行结果

实发生了改变。但是，当 move 方法调用结束返回到 main
方法后，点的坐标并没有发生改变。当 move 方法被调用时，main 方法中的 x 和 y 将值传递给 move
方法中的参数 x 和 y，虽然参数的名字一样，但是 main 方法的 x 与 move 方法中的 x 是两个完全
不同的变量，它们分别有自己的内存空间，move 中的 x 发生改变，main 中的 x 不是必然要随着
改变的，变量 y 也是如此。

所以，基本数据类型的数据作方法参数，在被调用方法中形式参数的值改变了，并不影响实
际参数的值。

5.6.2　引用类型作方法的参数

引用类型（非基本数据类型数据）作方法的参数可分为数组类型的数据与对象类型的数据。

1. 数组类型的数据作方法的参数

数组名是数组的引用，是数组的别名。当用数组名作方法的参数时，是将数组的引用传递给
被调用方法。当被调方法接收到数组的引用后，它所访问的数组与主调方法中的数组是同一个数
组，所以，被调方法改变了数组元素的值，当方法返回后，在主调方法中就可以得到元素值改变
后的数组。在例 4.2 中，sort 方法就是数组名作方法的参数，sort 方法中的参数 x 与 main 方法中
的参数 a，虽然名字不同，当发生调用时，它们表示的是同一个数组，所以 sort 方法排序后在 main
方法中也可以得到排序后的数组。

【例 5.10】定义一个方法改变平面上若干个点的位置。

【问题分析】平面上的若干个点可以用一个二维数组来表示，改变点位置的方法的参数也用一
个二维数组。当调用这个方法时，主调方法用二维数组名作参数。程序如下。

```
public class Example5_10
{
    public static void main(String args[])
    {
        int p[][]={{10,20},{30,40},{50,60}};        //二维数组，表示 3 个点
        int i,counter=p.length;                     //counter 点数

        System.out.printf("%36s:","调用 move 前的坐标");
        for(i=0;i<counter;i++)                       //输出调用 move 前点的坐标
            System.out.print("("+p[i][0]+","+p[i][1]+")");
        System.out.println();
```

```
        move(p);                                 //调用 move 方法，二维数组名作实际参数

        System.out.printf("%36s:","调用 move 后的坐标");
        for(i=0;i<counter;i++)                   //输出调用 move 后点的坐标
            System.out.print("("+p[i][0]+","+p[i][1]+")");
        System.out.println();
    }

    static void move(int p[][])                  //数组作方法的参数
    {
        int i,len=p.length;

        for(i=0;i<len;i++)
        {//所有点移动相同的距离
            p[i][0]=p[i][0]+3;
            p[i][1]=p[i][1]+7;
        }

        System.out.printf("%16s:","在 move 方法中改变点后的坐标");
        for(i=0;i<len;i++)                       //在 move 方法中输出移动后点的坐标
            System.out.print("("+p[i][0]+","+p[i][1]+")");
        System.out.println();
    }
}
```

程序运行结果如图 5.13 所示。

从运行结果看，move 方法确实改变了点的位
置。main 方法中的 p 与 move 方法中的 p 虽然名字

```
调用move前的坐标: (10,20) (30,40) (50,60)
在move方法中改变点后的坐标: (13,27) (33,47) (53,67)
调用move后的坐标: (13,27) (33,47) (53,67)
```

图 5.13　例 5.10 运行结果

一样，但是是两个完全不同的变量，分别占用不同的内存空间。当 move 方法被调用时，main 方法中的 p 会将数组的引用传递给 move 方法中的 p，两个方法中的 p 指的是同一个数组。所以，当在 move 方法中改变了数组元素的值，返回到 main 方法后也会得到值改变后的数组。

2. 对象作方法的参数

对象名是对象的引用，是对象的别名。当用对象名作方法的参数时，是将对象的引用传递给被调用方法。当被调方法接收到对象的引用后，它所访问的对象与主调方法中的对象是同一个对象，所以，被调方法改变了对象的属性的值，当方法返回后，在主调方法中就可以得到属性值改变后的对象。

【例 5.11】定义一个点类描述平面上的点，定义一个方法可以改变点的位置。

【问题分析】所定义的方法用一个点的对象作方法的参数。当这个方法被调用时，对象的引用传递给方法，在方法中改变点的坐标值。程序如下，程序运行结果如图 5.14 所示。

```
class Point
{
    int x,y;                        //坐标，默认访问权限，move 方法中可直接访问

    public Point(int x,int y)  //构造方法
    {
        this.x=x;
        this.y=y;
    }
```

例 5.11 编程视频

```
        public void print()                    //输出点并换行
        {
                System.out.println("("+x+","+y+")");
        }
}
public class Example5_11
{
        public static void main(String args[])
        {
                Point p=new Point(10,20);          //声明并创建一个 Point 对象

                System.out.printf("%36s:","调用 move 前的坐标");
                p.print();                         //输出调用 move 前点的坐标

                move(p);                           //调用 move 方法，对象 p 作参数

                System.out.printf("%36s:","调用 move 后的坐标");
                p.print();                         //输出调用 move 后点的坐标
        }
        static void move(Point p)
        {
                p.x=p.x+5;                         //改变坐标值
                p.y=p.y+8;
                System.out.printf("%16s:","在 move 方法中改变点后的坐标");
                p.print();                         //move 方法中输出改变后的坐标值
        }
}
```

```
调用 move 前的坐标:(10,20)
在 move 方法中改变点后的坐标:(15,28)
调用 move 后的坐标:(15,28)
```

图 5.14　例 5.11 运行结果

从程序运行结果看，对象作方法参数也能改变对象的属性值。

 开动脑筋

　　无论是基本数据类型作方法的参数，还是非基本类型作方法的参数，都是将实际参数的值传递给形式参数。这句话对不对，为什么？

5.7　对象组合

对象的组合

5.7.1　对象组合的概念

　　如果一个对象中的域是其他类的对象，则称这个对象是组合对象，组合对象所在类称为组合类。
　　日常生活中很多事物（对象）都是组合对象，如计算机是由其他部件（对象）组装而成的，汽车、飞机等是由零、部件（对象）组装而成的。通过组合的方式，可以简化对象的创建过程，提高对象的创建效率。从程序设计角度看，组合对象可以做到代码重用，提高编程效率。
　　编写程序时，尽可能将一个较复杂的对象分解成若干个容易表示的对象，每个对象所对应的类都是较为简单的类，以便于问题的解决。

5.7.2　组合类的定义与使用

组合类的定义与一般类的定义方式一样，只不过类的部分域或全部域不是基本数据类型数据，而是由其他类所定义的对象。

在使用组合对象时，需要初始化组合类中的对象域。

【例 5.12】改写例 5.7，定义一个点类，将圆的圆心用点类的对象表示，仍然能计算圆的面积和周长，并能对圆进行移动。

【问题分析】圆的圆心用点类的对象表示，则圆类成为一个组合类。计算圆的面积和周长，则根据圆的半径就可以计算出来。对圆进行移动，实际上就是改变圆的圆心坐标，而圆心坐标是用点的对象表示的，所以这个圆心对象的坐标改变了，圆的位置就会改变。在定义点类时，在点类中定义一个可以改变点位置的方法，然后在圆类中直接利用这个方法改变圆的位置，从而实现代码重用。程序如下，程序运行结果如图 5.15 所示。

```
class Point                           //点类
{
    private int x,y;                  //域，点的位置

    public Point(int x,int y)         //构造方法，用一对坐标值构造
    {
        this.x=x;
        this.y=y;
    }
    public Point(Point p)             //构造方法，用一个本身类对象构造
    {
        x=p.x;
        y=p.y;
    }
    public int getX()                 //获取 x 分量
    {
        return x;
    }
    public int getY()                 //获取 y 分量
    {
        return y;
    }
    //移动点的方法，x 和 y 向的增量分别是 offsetX 和 offsetY
    public void move(int offsetX,int offsetY)
    {
        x=x+offsetX;
        y=y+offsetY;
    }
}
class Circle                          //组合类
{
    private double radius;
    private Point center;             //Point 类的对象

    //构造方法，用点坐标(x,y)构造圆对象
    public Circle(double radius,int x,int y)
```

例 5.12 编程视频

```
        {
                this.radius=radius;
                center=new Point(x,y);
        }
        //构造方法，用点类的对象构造圆对象
        public Circle(double radius,Point p)
        {
                this.radius=radius;
                center=new Point(p);
        }
        public double area()                        //计算圆面积
        {
                return Math.PI*radius*radius;
        }
        public double perimeter()                   //计算圆周长
        {
                return 2*Math.PI*radius;
        }
        public int getCenterX()                     //获取圆心 x 坐标
        {
                return center.getX();               //直接调用点类中的方法获取，重用 Point 中的代码
        }
        public int getCenterY()                     //获取圆心 y 坐标
        {
                return center.getY();               //直接调用点类中的方法获取，重用 Point 中的代码
        }
        public void move(int offsetX,int offsetY)   //移动圆
        {
                center.move(offsetX, offsetY);      //直接调用点类中的方法移动，重用 Point 中的代码
        }
}
public class Example5_12
{
        public static void main(String args[])
        {
                int x=15,y=25;
                double radius=10;

                Circle 圆1=new Circle(radius,x,y); //用第 1 个构造方法创建圆对象
                System.out.printf("圆1 的面积: %.2f,", 圆1.area());
                System.out.printf("圆1 的周长: %.2f\n", 圆1.perimeter());

                System.out.print("移动前圆 1 的位置: ");
                System.out.println("("+圆1.getCenterX()+","+圆1.getCenterY()+")");
                圆1.move(11, 12);                   //移动圆
                System.out.print("移动后圆 1 的位置: ");
                System.out.println("("+圆1.getCenterX()+","+圆1.getCenterY()+")");

                Point p=new Point(-15,-25);         //创建 1 个点类的对象
                radius=15;
```

圆1的面积：314.16,圆1的周长: 62.83
移动前圆1的位置：(15,25)
移动后圆1的位置：(26,37)
圆2的面积：706.86,圆2的周长: 94.25
移动前圆2的位置：(-15,-25)
移动后圆2的位置：(-26,-37)

图 5.15　例 5.12 运行结果

```
Circle 圆 2=new Circle(radius,p);     //用第 2 个方法创建圆对象
System.out.printf("圆 2 的面积: %.2f,", 圆 2.area());
System.out.printf("圆 2 的周长: %.2f\n", 圆 2.perimeter());

System.out.print("移动前圆 2 的位置: ");
System.out.println("("+圆 2.getCenterX()+","+圆 2.getCenterY()+")");
圆 2.move(-11,-12);                   //移动圆
System.out.print("移动后圆 2 的位置: ");
System.out.println("("+圆 2.getCenterX()+","+圆 2.getCenterY()+")");
    }
}
```

从上述程序中可以看到，采用组合的方式可以实现代码重用。被组合对象是组合对象的属性，当需要对被组合对象操作时，直接调用被组合类中的相应方法即可，不必在组合类中重新定义相应的方法，从而提高程序的开发效率，提高程序运行的稳定性。

5.8　package 和 import

package 和 import

package 语句和 import 语句都是与包和类操作有关的语句，使用 package 和 import 语句可以合理、有效地管理和使用类。

5.8.1　package 语句

包是对类进行管理的一种方法。在实际软件开发过程中，可以将功能相近或相关的类放在一个包中，其他的功能相近或相关的类再放到其他包中。一个 Java 程序中可以定义若干个包，每个包中包含类，还可以再包含包（子包），组织和管理类时就可以像管理文件一样管理类。从操作系统看，Java 程序中的包就是文件夹。

采用包管理类还可以避免重名问题。一个较大型的程序由多个程序员开发，类重名的问题不可避免。如果每个程序员都将自己开发的程序放在单独的包中，即使与他人的类重名也不会有问题，因为通过包可以有效地区分同名的类。

1. 定义包

定义包用 package 语句。package 语句的使用形式是：

```
package 包名[.子包名 1[.子包名 2[…]]];
```

包名命名规则与标识符命名规则相同，包名区分大小写，建议包名用小写字母。

package 语句必须是程序中的第一条语句，而且最多只能有一条 package 语句。如果一个源文件中没有 package 语句，则将当前源文件所在的文件夹当作包（默认包）。

2. 使用包中的类

如果想使用某一个包中的类，需要在类的前面加上包名，表示是这个包中的类。使用方法是：

```
包名[.子包名 1[.子包名 2[…]]].类名  对象名;
```

【例 5.13】定义日期类和学生类，并将其放到包 myClasses 中。写一个应用程序使用 myClasses 包中的类。程序运行结果如图 5.16 所示。

Student.java 文件定义如下。

```
package myClasses;                              //包语句

class Date                                      //日期类
{
    private int year,month,day;                 //域，表示日期

    public Date(int year,int month,int day)     //构造方法
    {
        this.year=year;
        this.month=month;
        this.day=day;
    }
    public int getYear()                        //获取年
    {
        return year;
    }
    public int getMonth()                       //获取月
    {
        return month;
    }
    public int getDay()                         //获取日
    {
        return day;
    }
    public String toString()                    //日期形成一个字串
    {
        return year+","+month+","+day;
    }
}
public class Student                            //学生类，组合类
{
    private String number;                      //学号
    private String name;                        //姓名
    private char gender;                        //性别
    private Date birthday;                      //出生日期，用Date类的对象表示

    //构造方法
    public Student(String number,String name,char gender,int year,int month,int day)
    {
        this.number=number;
        this.name=name;
        this.gender=gender;
        birthday=new Date(year,month,day);
    }
    public String toString()                    //学生信息形成一个字串
    {
        String mess=number+","+name+","+gender+","+birthday.toString();

        return mess;
    }
}
```

例 5.13 编程视频

0001,张军,m,2005,8,22

图 5.16　例 5.13 运行结果

Example5_13.java 文件如下。

```
public class Example5_13                          //测试程序
{
    public static void main(String args[])
    {   //Student 在包 MyClasses 中，需要加包名前缀
        MyClasses.Student stu=new MyClasses.Student("0001","张军",'m',2005,8,22);

        System.out.println(stu.toString());
    }
}
```

在 Eclipse 中运行这个程序时，应先在当前工程中建立一个包 myClasses，然后在这个包中建立程序 Student.java，程序 Example5_13 在包 myClasses 的上一层包中。建立 myClasses 包时，在相应的工程名处单击鼠标右键，单击菜单"New→Package"，如图 5.17 所示。接着输入包名，如图 5.18 所示。

图 5.17　新建包操作

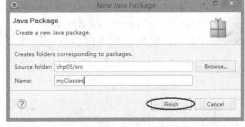

图 5.18　新建包对话框

建立完 myClasses 包后，在包 myClasses 处单击鼠标右键，单击菜单"New→Class"建立程序文件 Student.java。可以看到，Student.java 框架程序的第一行就是语句"package myClasses;"。在 myClasses 包的上一层包中再新建 Example5_13.java，该文件编写完成后就可以运行了。

用 JDK 编写这个程序时，先开一个命令窗口，在命令窗口下建立一个工作文件夹 chp05，在这个文件夹下再建一个子文件夹 myClasses。操作如下所示：

```
C:\>md chp05
C:\>md chp05\myClasses
```

md 是命令窗口（DOS）中创建文件夹的命令。也可以在 Windows 环境中建文件夹。

用编辑器建立文件 Student.java 并保存在 myClasses 中，可以编译，也可以不编译。如果不编译，当编译主类时会自动对这个程序进行编译。如果编译，可以转换到在子文件夹 myClasses 中编译。操作如下所示：

```
C:\>cd chp05\myClasses
C:\chp05\myClasses>javac Student.java
```

cd 是命令窗口改变文件夹的命令。也可以在 myClasses 上一层编译，在上一层编译的方法如下：

```
C:\>cd chp05
C:\chp05>javac myClasses\Student.java
```

建立文件 Example5_13.java 保存在 chp05 中并编译运行。

5.8.2　import 语句

import 语句用于导入已定义的类，已定义的类包括 Java 基础类和用户自定义的类。由于所有的类并不都在一个包中，所以要想使用其他包中定义的类，就需要将其他包中的类引入到当前程序文件中。import 语句用法是：

```
import [包名[.子包名1[.子包名2[….子包n]]].*;
import [包名[.子包名1[.子包名2[….子包n]]].类名;
```

第1种形式将"子包 n"中的所有类引入到当前程序文件中，但不包括"子包 n"中的子包。第2种形式只将"子包 n"的"类名"类引入到当前程序文件中。

一个程序文件中可以有多条 import 语句，这些语句应位于 package 语句后和第一个类定义之前。例如在程序中引入 Java 的日历类 Calender：

```
import java.util.Calendar;
```

有需要的时候，就可以在程序中创建 Calendar 的对象表示时间和日期。引入自定义包 myClasses 中的类，可以写成：

```
import myClasses.*;
```

或

```
import myClasses.Student;
```

把 Student 类引入之后，就可以直接使用这个类了，而不必再在类名前加上包名。

使用 import 语句引入相应的类后，就可以直接在当前程序文件中使用引入的类了，相当于当前程序文件中定义了该类一样。

【例 5.14】改写例 5.13，使用系统的日期类 Date 的对象表示日期，在主程序中用 import 语句将学生类引入进来，并生成学生类的对象。在包中 myClasses 的 Student1.java 程序如下，程序运行结果同例 5.13。

```
package myClasses;

import java.util.Calendar;              //引入系统定义的日期类 Calendar

public class Student1
{
    private String number;              //学号
    private String name;                //姓名
    private char gender;                //性别
    private Calendar birthday;          //出生日期，用 Calendar 类的对象表示

    //构造方法
    public Student1(String number,String name,char gender,int year,int month,int day)
    {
        this.number=number;
        this.name=name;
        this.gender=gender;
        //Java 早期版本用 Date 类的对象表示时间和日期
        //版本更新后用 Calendar 类的对象表示时间和日期，Date 类最好不用
        //必须调用类方法 getInstance()得到 Calendar 实例
        birthday=Calendar.getInstance();
        birthday.set(year, month,day);          //设置出生日期
```

```
    }
    public String toString()                    //学生信息形成一个字串
    {
        String dateMess=birthday.get(Calendar.YEAR)+",";              //年
        dateMess=dateMess+(birthday.get(Calendar.MONTH))+',';         //月
        dateMess=dateMess+birthday.get(Calendar.DAY_OF_MONTH);        //日

        String mess=number+","+name+","+gender+","+dateMess;

        return mess;
    }
}
```

Example5_14.java 程序如下。

```
import myClasses.Student1;                    //引入 myClasses 包中的 Student1 类

public class Example5_14
{
    public static void main(String args[])
    {   //引入后直接使用类，不必在类名前加包名
        Student1 stu=new Student1("0001","张军",'m',2005,9,22);
        {

            System.out.println(stu.toString());
        }
    }
}
```

使用了 import 语句引入相应的类后，再使用类就很方便了。

5.9　对象数组

5.9.1　对象数组的概念

如果一个数组中的元素是对象类型，则称该数组为对象数组。

当需要一个类的多个对象时，应该用该类的对象数组来表示，通过改变下标值就可以访问到不同的对象。

5.9.2　对象数组的定义与使用

对象数组的定义与一般的数组定义类似，但是需要为每一个元素实例化。对象数组的声明形式是：

对象数组的定义与使用

　　类名 对象数组名[];

为对象数组分配内存空间：

　　对象数组名=new 类名[数组长度];

可以将对象数组的声明与创建用一条语句来完成。例如，定义一个学生类对象数组，可以用下面的语句定义：

　　Student stu[]=new Student[30];

stu 是对象数组名，它所表示的数组一共有 30 个元素，每一个元素都是 Student 类的对象名，但是还没有实例化，所以还必须为每一个元素实例化。比如如下的过程：

```
for(int i=0;i<stu.length;i++)
    stu[i]=new Student();
```

实例化以后就可以使用每一个元素对象了。

【例 5.15】设计一个雇员类，并创建雇员类的对象数组，输出每个雇员的信息。

程序如下，程序运行结果如图 5.19 所示。

```
class Employee                              //雇员类
{
    private String id;                      //编号
    private String name;                    //姓名
    private int age;                        //年龄
    private String vocation;                //职务

    public Employee(){}                     //构造方法 1
    public Employee(String id,String name,int age,String vocation)     //构造方法 2
    {
        set(id,name,age,vocation);
    }
    //设置属性的方法
    public void set(String id,String name,int age,String vocation)
    {
        this.id=id;
        this.name=name;
        this.age=age;
        this.vocation=vocation;
    }
    public String toString()                //雇员信息形成一个字符串
    {
        String mess=id+","+name+","+age+","+vocation;

        return mess;
    }
}
public class Example5_15
{
    public static void main(String args[])
    {
        Employee 雇员[]=new Employee[3];     //声明对象数组名并创建对象数组
        int i;

        for(i=0;i<雇员.length;i++)            //为对象数组中的每一个元素实例化
            雇员[i]=new Employee();           //用构造方法 1 实例化

        //每一个对象元素分别初始化
        雇员[0].set("0001", "张文军", 50, "总经理");
        雇员[1].set("0001", "李奇", 45, "副经理");
        雇员[2].set("1016", "张丽", 28, "秘书");
```

```
        for(Employee employee:雇员)              //输出每一个雇员的信息，增强型 for 循环
            System.out.println(employee.toString());
    }
}
```

图 5.19 例 5.15 运行结果

对象数组还可以采用初始化的方法创建。创建形式是：

    类名 对象数组名[]={对象表列};

【例 5.16】设计一个雇员类，创建雇员类的对象数组并初始化，输出每个雇员的信息。

雇员类仍然用上一例的 Employee 类，主程序如下，程序运行结果如图 5.20 所示。

```
public class Example5_16
{
    public static void main(String args[])
    {
        //先创建 3 个雇员对象
        Employee employee1=new Employee("0001", "张文军", 50, "总经理");
        Employee employee2=new Employee("0001", "李奇", 45, "副经理");
        Employee employee3=new Employee("1016", "张丽", 28, "秘书");

        //声明对象数组并直接初始化
        Employee 雇员 1[]={employee1,employee2,employee3};

        output(雇员 1);                               //输出雇员信息

        System.out.println("--------------------");        //分隔线
        //声明对象数组并直接初始化，初始化元素直接调用构造方法创建对象
        Employee 雇员 2[]={new Employee("0001", "张文军", 50, "总经理"), //构造方法 2
                    new Employee("0001", "李奇", 45, "副经理"),
                    new Employee("1016", "张丽", 28, "秘书")};
        output(雇员 2);                               //输出雇员信息
    }
    //定义方法用于输出雇员信息，注意方法是 private、static
    private static void output(Employee 雇员[])
    {
        for(Employee employee:雇员)
            System.out.println(employee.toString());
    }
}
```

图 5.20 例 5.16 运行结果

5.10 static 与 static 修饰成员

每一个对象都有自己的属性和行为。但是有的时候，一个类的所有对象有相同的属性或行为，在这种情况下，就可以用关键字 static 修饰类的域或方法。使用 static 还可以定义静态初始化器。

5.10.1 static 修饰域

static 修饰域和
静态初始化器

关键字 static 修饰域的形式如下：

    [访问限定词] static 数据类型 域名[=初值];

用 static 修饰的域称为类域或静态域。

当一个类的所有对象的某个域或某几个域都有相同的值时，应该将这样的域声明为类域。比如，某公司的雇员出勤情况，可以用一个变量 counter 记录，每个雇员签到就使 counter 值增加 1。counter 是雇员的属性，应该定义在雇员类中，但是如果每个雇员自己都有一个 counter，则 counter 无法正确记录出勤人数，解决的办法是将 counter 域声明为类域（static），则无论创建多少个雇员类的对象，这些对象的 counter 域都是同一个域。无论哪一个雇员对象改变 counter 的值，其他对象都可以得到改变后的 counter 值，因为只有一个 counter。

静态域可以通过对象名访问（假如可以访问），可以被方法访问，更多的是通过类名访问，因为它属于这个类的所有对象。访问形式是：

    类名.静态域名

例如例 5.5 中的表达式 "Math.PI"，其中的 PI 就是 Math 类的静态域。无论创建多少个 Math 类的对象，其圆周率的值都是一样的，没有必要生成 Math 类的对象，所以应该定义成类域。

【例 5.17】设计一个雇员类，创建雇员类的对象，统计雇员的出勤情况。

【问题分析】雇员的出勤情况可以用一个静态域表示，因为它是表示一个类所有对象的共同属性。程序如下，程序运行结果如图 5.21 所示。

```java
class Employee                              //雇员类
{
    private String id;                      //编号
    private String name;                    //姓名
    private int age;                        //年龄
    private String vocation;                //职务
    static int counter=0;                   //静态成员，初始化为 0，无访问限定词

    public Employee(){}                     //构造方法 1
    public Employee(String id,String name,int age,String vocation)   //构造方法 2
    {
        set(id,name,age,vocation);
    }
    //设置属性的方法
    public void set(String id,String name,int age,String vocation)
    {
        this.id=id;
        this.name=name;
        this.age=age;
        this.vocation=vocation;
    }
    public String toString()                //雇员信息形成一个字符串
    {
        String mess=id+","+name+","+age+","+vocation;

        return mess;
```

```
    }
    public void 签到()                    //方法，用于雇员签到
    {
        System.out.println(name+"签到");
        counter++;                        //每签到一人，计数器增加 1
    }
    public int 出勤人数()                  //方法，用于得到出勤的人数
    {
        return counter;
    }
}
public class Example5_17
{
    public static void main(String args[])
    {
        //声明对象数组并直接初始化，初始化元素直接调用构造方法创建对象
        Employee 雇员[]={new Employee("0001", "张文军", 50, "总经理"), //构造方法2
                        new Employee("0001", "李奇", 45, "副经理"),
                        new Employee("1016", "张丽", 28, "秘书")};

        for(Employee employee:雇员)
            employee.签到();

        System.out.println("今日出勤总人数（通过不同的途径得到）：");
        //可以通过任一个雇员访问方法得到
        System.out.println("今日共有"+雇员[0].出勤人数()+"人出勤");  //通过第 0 个雇员得到
        System.out.println("今日共有"+雇员[2].出勤人数()+"人出勤");  //通过第 2 个雇员得到
        //也可以通过对象直接访问静态域
        //声明 counter 时无访问限定词，所以同一包中可用对象名访问
        System.out.println("今日共有"+雇员[1].counter+"人出勤");    //通过第 1 个雇员得到
        //也可以通过类名访问静态域
        System.out.println("今日共有"+Employee.counter+"人出勤");   //通过类名得到
    }
}
```

从上例可以看到，静态域可以通过方法、对象名或类名访问得到，因为它属于这个类的每个对象。访问静态域的更好方法是在类中定义静态方法，用静态方法访问静态域。

图 5.21 例 5.17 运行结果

5.10.2 static 修饰方法

关键字 static 还可以修饰方法，它所修饰的方法称为类方法或静态方法。定义类方法的形式是：

```
static 方法类型 方法([形式参数表列])
    {//方法体}
```

静态方法一般用于访问静态域。与非静态方法一样，可以通过对象名调用静态方法，更多的情况下是通过类名调用方法。通过类名调用静态方法的形式是：

```
类名.方法名([实际参数表列])
```

【例 5.18】改写例 5.17，在类中定义静态方法用于访问静态域。

程序如下，程序运行结果如图 5.22 所示。

```
class Employee                          //雇员类
{
    private String id;                  //编号
    private String name;                //姓名
    private int age;                    //年龄
    private String vocation;            //职务
    private static int counter=0;       //静态成员，初始化为 0，私有域（与上例不同）

    public Employee(){}                 //构造方法 1
    public Employee(String id,String name,int age,String vocation)    //构造方法 2
    {
        set(id,name,age,vocation);
    }
    //设置属性的方法
    public void set(String id,String name,int age,String vocation)
    {
        this.id=id;
        this.name=name;
        this.age=age;
        this.vocation=vocation;
    }
    public String toString()            //雇员信息形成一个字符串
    {
        String mess=id+","+name+","+age+","+vocation;

        return mess;
    }
    public void 签到()                   //方法，用于雇员签到
    {
        System.out.println(name+"签到");
        counter++;                      //每签到一人，计数器增加 1
    }
    public static int 出勤人数()          //静态方法，用于得到出勤的人数
    {
        return counter;
    }
}
public class Example5_18
{
    public static void main(String args[])
    {
        //声明对象数组并直接初始化，初始化元素直接调用构造方法创建对象
        Employee 雇员[]={new Employee("0001", "张文军", 50, "总经理"),  //构造方法 2
                        new Employee("0001", "李奇", 45, "副经理"),
                        new Employee("1016", "张丽", 28, "秘书")};

        for(Employee employee:雇员)
```

```
        employee.签到();

        System.out.println("今日出勤总人数（通过不同的途径得到）: ");
        //可以通过任一个雇员访问静态方法得到，不提倡
        System.out.println("今日共有"+雇员[0].出勤人数()+"人出勤");    //通过第 0 个雇员得到
        System.out.println("今日共有"+雇员[2].出勤人数()+"人出勤");    //通过第 2 个雇员得到
        //可以通过类名访问静态方法，提倡
        System.out.println("今日共有"+Employee.出勤人数()+"人出勤");//通过类名调用
        //不可以通过对象直接访问静态域，因为它是私有的
        //System.out.println("今日共有"+雇员[1].counter+"人出勤");
        //不可以通过类名访问静态，因为它是私有的
        //System.out.println("今日共有"+Employee.counter+"人出勤");
    }
}
```

图 5.22　例 5.18 运行结果

一般情况下，如果类中定义了静态域，就应该定义与之对应的静态方法。

5.10.3　静态初始化器

静态域在使用前应该进行初始化，如例 5.17 和例 5.18 中的静态域在定义时都初始化为 0。更好的初始化静态域的方法是用静态初始化器。静态初始化器也是一个方法，但是它没有方法名。当静态初始化器所在的类第 1 次被使用时，静态初始化器首先被调用，而且仅此一次而已，以后不管这个类被使用多少次，静态初始化器都不会再被调用。静态初始化器定义形式是：

```
static
{
    //静态域初始化语句
}
```

【例 5.19】改写例 5.18，在类中定义静态初始化器用于对静态进行初始化。

程序如下，程序运行结果如图 5.23 所示。

```
class Employee                          //雇员类
{
    private String id;                  //编号
    private String name;                //姓名
    private int age;                    //年龄
    private String vocation;            //职务
    private static int counter;         //静态成员，没有赋初值，私有域

    static                              //静态初始化器
    {
        counter=10;                     //初始化为 10
        //非静态域不能在静态初始化器中初始化
        //age=1001;
    }

    public Employee(){}                 //构造方法 1
    public Employee(String id,String name,int age,String vocation)    //构造方法 2
```

例 5.19 编程视频

```
{
    set(id,name,age,vocation);
}
//设置属性的方法
public void set(String id,String name,int age,String vocation)
{
    this.id=id;
    this.name=name;
    this.age=age;
    this.vocation=vocation;
}
public String toString()                    //雇员信息形成一个字符串
{
    String mess=id+","+name+","+age+","+vocation;

    return mess;
}
public void 签到()                          //方法，用于雇员签到
{
    System.out.println(name+"签到");
    counter++;                              //每签到一人，计数器增加 1
}
public static int 出勤人数()                //静态方法，用于得到出勤的人数
{
    return counter;
}
}
public class Example5_19
{
    public static void main(String args[])
    {
        //声明对象数组并直接初始化，初始化元素直接调用构造方法创建对象
        Employee 雇员[]={new Employee("0001", "张文军", 50, "总经理"),  //构造方法2
                        new Employee("0001", "李奇", 45, "副经理"),
                        new Employee("1016", "张丽", 28, "秘书")};

        for(Employee employee:雇员)
            employee.签到();

        System.out.print("今日出勤总人数：");
        //可以通过类名访问静态方法，提倡
        System.out.println("今日共有"+Employee.出
勤人数()+"人出勤");                          //通过类名调用
    }
}
```

```
张文军签到
李奇签到
张丽签到
今日出勤总人数：今日共有13人出勤
```

图 5.23　例 5.19 运行结果

5.11　其他类型的类

多数情况下，在一个程序中定义的所有类都是相互独立的，彼此之间没有隶

其他类型的类

属关系，只有使用与被使用的关系。但是在有些情况下，需要将类定义在一个比较小的范围内，这个类的使用只限于这个小范围，就可以将类定义成内部类或匿名类。

5.11.1 内部类

如果一个类定义在另外一个类的内部，成为这个类的一个成员，这个类就称为内部类。包含内部类的类称为外部类。内部类的定义与非内部类的定义基本一样，只不过要将其放到另一个类的内部。

定义内部类时可以用访问限定词 public、protected 和 private 修饰，其可访问性与外部类中的其他成员相同。

【例 5.20】设计一个圆类，能计算圆的面积和周长，能表示圆的位置，并能对其进行平移变换。用内部类的方式实现（例 5.12 的另一种实现方式）。

【问题分析】在圆中定义一个点类，用这个内部点类的对象表示圆的位置。程序如下，程序运行结果如图 5.24 所示。

```
class Circle6                              //圆类，外部类
{
    private double radius;
    private InnerPoint center;             //内部类的对象表示圆心

    public Circle6(double radius,int x,int y)  //构造方法
    {
        this.radius=radius;
        center=new InnerPoint(x,y);
    }
    public int getX()                      //获得 x 分量
    {
        return center.getX();
        //也可通过下面语句直接获得，尽管 x 在内部类中是私有的，但是同一个类中
        //return center.x;
    }
    public int getY()                      //获得 y 分量
    {
        return center.getY();
        //也可通过下面语句直接获得，尽管 y 在内部类中是私有的，但是同一个类中
        //return center.y;
    }
    public double area()                   //计算面积
    {
        return Math.PI*radius*radius;
    }
    public double perimeter()              //计算周长
    {
        return 2*Math.PI*radius;
    }
    public void move(int offsetX,int offsetY)  //移动圆
    {
        //调用内部点的方法实现移动
        center.move(offsetX, offsetY);
```

```
            //也可通过下面 2 条语句实现移动，尽管 x 和 y 在内部类中是私有的，但是同一个类中
            //center.x=center.x+offsetX;
            //center.y=center.y+offsetY;
        }
    //内部类，用 private 修饰，只能在当前类中被使用
    private class InnerPoint
    {
        private int x,y;                            //表示位置

        public InnerPoint(int x,int y)              //构造方法
        {
            this.x=x;
            this.y=y;
        }
        public int getX()                           //获得点的 x 分量
        {
            return x;
        }
        public int getY()                           //获得点的 y 分量
        {
            return y;
        }
        public void move(int offsetX,int offsetY)   //移动点
        {
            x=x+offsetX;
            y=y+offsetY;
        }
    }
}
public class Example5_20
{
    public static void main(String args[])
    {
        Circle6 circle=new Circle6(10,15,25);          //生成一个圆对象

        System.out.printf("面积：%.2f,周长：%.2f\n",circle.area(),circle.perimeter());

        System.out.println("移动前圆心位置：("+circle.getX()+","+circle.getY()+")");
        circle.move(11, 22);                           //移动
        System.out.println("移动后圆心位置：("+circle.getX()+","+circle.getY()+")");

        //内部类 InnerPoint 用 private 修饰，所以下面的语句不能用
        //先声明一个内部类对象名 p
        //Circle6.InnerPoint p;
        //在外部类外创建一个内部类的方法：
        //外部类对象名.new 内部类构造方法([实际参数])
        //p=circle.new InnerPoint(11,22);
        //System.out.println(p.getX()+","+p.getY());  //p.getX()和 p.getY()不能访问
        //p.move(100,200);                            //内部类中的 move 方法不能访问
        //System.out.println(p.getX()+","+p.getY());
        //如果将内部类 InnerPoint 用 public 修饰，则上一组语句可用
    }
}
```

图 5.24　例 5.20 运行结果

内部类使程序结构更紧凑。如果一个类只在某一个类中使用，则将该类定义为内部类是比较合适的。

5.11.2　匿名类

匿名类即无名类，使用时直接用匿名类生成一个对象。

【例 5.21】使用匿名类描述一架运行的飞机和一艘航行的轮船。

程序如下，程序运行结果如图 5.25 所示。

```
class 交通工具                        //交通工具类
{
    public void running()            //交通工具运行
    {
        System.out.println("一个交通工具在运行! ");
    }
}

public class Example5_21
{
    public static void main(String args[])
    {
        //声明一个交通工具类的对象 aPlane, 实际是一架飞机
        交通工具 aPlane;
        //实例化, 但是没有定义飞机类, 所以定义一个匿名飞机类
        aPlane=new 交通工具()           //匿名飞机类
        //从上一行开始直到第 6 行是一条语句, 分多行写
        //第 1 行至第 6 行是类体
        {                                               //1
            public void running()                       //2 定义飞行方法
            {                                           //3
                System.out.println("一架飞机正在空中飞行! "); //4
            }                                           //5
        };                                              //6
        //可以写成一行, 但不提倡
        交通工具 aShip=new 交通工具() //下一行可以接在此处续写
        {public void running(){System.out.println("一艘轮船正在水中航行! ");}};

        aPlane.running();            //飞机飞行
        aShip.running();             //轮船航行
    }
}
```

例 5.21 编程视频

一架飞机正在空中飞行!
一艘轮船正在水中航行!

图 5.25　例 5.21 运行结果

在上面的程序中，一架飞机和一艘轮船都是交通工具，但是是具体的交通工具，所以程序应该给出具体交通工具的实际运行状态。由于在程序中没有定义飞机类和轮船类，所以临时定义相应的匿名类并同时创建该类的对象，从而表现出具体交通工具的运行状态。

匿名类实际上是某一个类的子类，如上述程序中的两个匿名类都是交通工具类的子类。如果一个类在一个程序中只使用一次，则定义成匿名类比较合适。

5.11.3　局部类

如果一个类定义在方法体中，或者定义在语句中，则该类称为局部类。它的使用范围仅限于所在的方法体或语句。

5.12　小　　结

面向对象技术有三个特征，分别是数据封装、继承和多态。

类是对一类具有相同属性和行为的对象的封装。定义类之前必须先进行抽象，一般地，应该先抽象出属性，再根据属性的变化定义相应的方法。

如果某一类对象本身比较复杂，可以将其分解为若干相对简单的对象，简单对象根据需要还可以再分解，有了简单对象后，再将简单对象进行组合形成较复杂的对象，所以需要定义组合类。

每一个对象都有自己的属性。有些情况下，一个类的所有对象都有共同的一个或多个属性值，则可以将这样的属性声明为类属性或静态属性。类属性一般通过类方法访问，所以还需要定义相应的类方法。

封装时要考虑属性和方法的特点，使用必要的访问限定词限制对属性和方法的访问，以便对对象起到保护作用。定义类时可以用包对类进行管理，需要时可以将包中的类引入到当前程序中。

定义一个类后就相当于在程序中定义了一个新的数据类型，有了新的数据类型就可以定义这个类型的变量了，由类所定义的变量就称为对象。创建对象时必须调用构造方法，类中没有适当的构造方法则不能创建相应的对象，所以定义类时应该在类中定义足够多的构造方法。如果类中定义了静态域，则可以定义静态初始化器对静态域进行初始化。静态初始化器只在它所在的类第一次被使用时调用一次。

如果需要一个类中的多个对象，则可以定义对象数组。定义对象数组时，除了创建对象数组外，还需要为每一个数组元素实例化。

对象中的域或方法是通过对象进行访问的。也可以定义静态域或方法，如果是静态域或方法，可以通过类名访问，也可以通过对象名访问。

定义方法时如果有参数，则调用方法时应该向方法传递数据。数据传递时是将实际参数的值传递给形式参数。如果实际参数是一个表达式，则先将表达式的值计算出来后再传递给形式参数。如果实际参数是一个对象类型或数组类型，传递时也是传递值，但这个值是数组或对象在内存中的地址，所以当地址值传递后，被调方法可以通过这个地址访问数组中的元素或对象，可以读其值，也可以写其值。如果重写数组元素的值或对象属性值，则方法调用结束后在主调方法中可以得到改变后的数组或对象。

5.13　习　　题

1. 面向对象技术有哪几个特征？
2. 什么是数据封装？
3. 什么是构造方法？构造方法有什么作用？

4. 什么是访问权限？叙述每种访问权限的作用。

5. 设计一个学生类，学生信息有身份证号、学号、专业、姓名、性别、年龄及数学、英语、Java 程序设计三门课程的成绩。创建学生类的对象并输出对象的信息。

6. 设计一个教师类，教师信息有身份证号、教师号、专业、姓名、性别、年龄及授课的学时数。创建教师类的对象并输出对象的信息。

7. 设计一个线段类，每一个线段用两个端点的坐标表示，类中定义计算线段长度的方法、对线段进行平移的方法和对线段绕原点旋转的方法。定义线段类对象并进行相应的操作。

8. 设计一个自然数类，该类的对象能表示一个自然数。类中定义方法能计算 1 到这个自然数的各个数之和，能够判断该自然数是否是素数。定义自然数的对象并进行相应的操作。

9. 设计一个三角形类，每一个三角形由三个顶点的坐标表示。类中定义方法能计算三角形的周长和面积，能对三角形进行平移和绕原点旋转。定义三角形类的对象并进行相应的操作。

10. 设计一个分数类，分数的分子和分母用两个整型数表示，类中定义方法能对分数进行加法、减法、乘法和除法运算。定义分数类的对象、运算并输出运算结果。

11. 设计一个复数类，复数类的实部和虚部都是实型数，类中定义方法能对复数进行加法、减法和乘法运算。定义复数类的对象、运算并输出结果。

12. 求 1000 以内的所有完数。完数是指一个整数的所有因子之和等于该数本身，如 6=1+2+3。

13. 找出所有的水仙花数。所谓水仙花数是一个三位数，其各位数的三次方和与该数相等，如 153 是一个水仙花数，因为 $153=1^3+5^3+3^3$。

14. 设计一个矩阵类，类中的方法能够对矩阵进行加法、减法和乘法运算。定义矩阵类的对象并输出结果。

第6章

继承与多态

本章要点

- 子类及其对象
- 域的隐藏和方法的重写
- 对象的赋值兼容规则
- 多态

在人们认识世界的过程中，习惯将世界中的事物按规则分类，便于人们理解、认识和掌握世界。一般地，先抽象、归纳一个一般的类，然后再对这个一般的类进行细分得到多个相对特殊的类，每一个特殊的类如果有必要，还可以再分成多个相对特殊的类。可以一直分类下去，直到没有必要再分类为止。在面向对象技术中，这种分类方法就可以称为继承（或派生），即在一般类的基础上派生出特殊类。

虽然特殊类的事物也是一般类事物的一种，但是特殊类事物还是与一般类事物有所不同，与同一个一般类的其他特殊类的事物也有所不同。在面向对象技术中，这种不同就可以称为多态性。

本章要讲解面向对象技术中的继承和多态。

6.1　子类及其对象

定义新类时，可以在已有类的基础上再定义新类，则新类可以拥有已有类中的所有属性和行为。这样定义类的方式称为继承或派生。

通过继承可以实现代码重用，提高软件开发效率，还可以实现对象的多态性。

继承过程中，已有的类称为基类、父类或一般类，新生成的类称为派生类、子类或特殊类。有了子类后就可以定义子类对象了。

6.1.1　子类定义

子类定义实际上就是定义类的过程，只不过是在父类的基础上定义，所以定义子类时需要指明其父类。子类的定义形式是：

```
class 子类名 extends 父类名
{//子类类体
    //……
}
```

子类定义与子类
成员的可访问性

用关键字 extends 说明父类（子类对父类的扩展）。子类类体中增加了子类中有、父类中无的域和方法，因为子类与父类不完全相同，增加新成员可以表示出子类相对于父类的特殊之处。

Java 语言只支持单重继承，也就是一个类最多只能有一个父类，而且除了 Object 类之外每个类都有一个父类。Java 基础类中有一个类 Object，它是所有类的直接父类或间接父类。如果在定义一个类时没有说明该类继承自哪一个类，则该类的父类是 Object，在前面几章的例子中定义的所有类的父类都是 Object。

6.1.2　子类成员的可访问性

子类继承自父类的成员，其访问权限在子类中与在父类中相同。

子类的可访问性指的是子类继承自父类的成员是否可以被子类中的方法直接访问，在子类类体外是否可以通过子类对象访问继承自父类的成员。

通过继承，子类可以将父类中的所有域和方法继承下来，成为自身的域和方法。但是，由于访问限制，继承自父类的域或方法不一定都能被子类中的方法直接访问，在子类类体外继承自父类的成员不一定都能通过子类对象直接访问，如表 5.1 所示的访问权限。子类成员的可访问性具体体现在以下 6 个方面：

- 父类的私有成员可以被子类继承，但在子类中不能被子类的方法直接访问，在子类类体外也不能通过子类对象访问，只能通过继承自父类的并且子类可以访问的方法间接访问。
- 父类中的公有成员可以被子类中的方法直接访问，在子类类体外可以通过子类对象访问。
- 父类与子类在同一个包中，则父类中的保护成员可以被子类中的方法直接访问，在子类类体外可以通过子类对象访问。
- 父类与子类不在同一个包中，则父类中的保护成员可以被子类中的方法直接访问，但在子类类体外不可以通过子类对象访问。
- 父类与子类在同一个包中，则父类中的友好成员可以被子类中的方法直接访问，在子类类体外可以通过子类对象访问。
- 父类与子类不在同一个包中，则父类中的友好成员不可以被子类中的方法直接访问，在子类类体外不可以通过子类对象访问，只能通过继承自父类的并且子类可以访问的方法间接访问。

【例 6.1】设计一个圆类，该类能够表示圆的位置和大小，能够计算圆的面积和周长，能够对圆进行平移。定义圆类的对象并进行相应的操作，输出操作后的结果。

【问题分析】本题与例 5.12 是同一问题。例 5.12 中是用组合类的方法实现的，本例采用继承的方式来实现。同样，先定义一个点类，在点类基础上派生出圆类。通过派生，利用点类的坐标属性表示圆的位置，利用点类的方法实现对圆的平移操作。程序如下，程序运行结果如图 6.1 所示。

```
class Point                         //点类，父类
{
    protected int x,y;      //保护，可以被子类访问，本例中也可以无访问修饰词

    public Point(){}            //构造方法
    public Point(int x,int y)   //构造方法
    {
        this.x=x;
```

例 6.1 编程视频

```
            this.y=y;
        }
        //下面的方法都是公有的，可以被子类继承并直接访问
        public int getX()                    //获得 x 分量
        {
            return x;
        }
        public int getY()                    //获得 y 分量
        {
            return y;
        }
        public void move(int offsetX,int offsetY)    //对点平移
        {
            x=x+offsetX;
            y=y+offsetY;
        }
    }
    class Circle extends Point            //Circle 是子类，继承自父类 Point
    {
        private double radius;            //圆的尺寸

        public Circle(){}                 //构造方法
        public Circle(double radius,int x,int y)     //构造方法
        {
            this.radius=radius;           //本身域初始化
            this.x=x;                     //继承自父类的域 x 和 y 初始化
            this.y=y;
        }
        public double area()              //计算面积
        {
            return Math.PI*radius*radius;
        }
        public double perimeter()         //计算周长
        {
            return 2*Math.PI*radius;
        }
        /*
         * 本类中无需再定义下面的方法，因为本类对象可以
         * 直接使用继承自 Point 类中的相应方法
        public int getX(){}
        public int getY(){}
        public void move(int offsetX,int offsetY){}*/
    }
    public class Example6_01
    {
        public static void main(String args[])
        {
            Circle aCircle=new Circle(10,15,25);          //生成派生类对象

            System.out.printf("面积:%.2f,周长:%.2f\n",aCircle.area(),aCircle.perimeter());
```

面积: 314.16,周长: 62.83
移动前圆的位置: (15,25)
移动后圆的位置: (26,47)

图 6.1 例 6.1 运行结果

```
System.out.println("移动前圆的位置: ("+aCircle.getX()+","+aCircle.getY()+")");
aCircle.move(11, 22);
System.out.println("移动后圆的位置: ("+aCircle.getX()+","+aCircle.getY()+")");
    }
}
```

在例 6.1 中，Circle 是子类，Point 是父类，通过继承，Circle 类拥有 Point 类中的所有域和方法，可以利用 Point 类中的域 x 和 y 作为圆心坐标，同时继承来的所有方法都可以对圆心进行操作。但是，圆类不是点类，圆类需要描述圆的大小、计算圆面积和周长等不同于点类的属性和操作，所以在定义派生类时需要增加新的成员。派生类也属于基类，但又有别于基类，所以称派生类为特殊类。

 开动脑筋

组合与继承有什么区别？哪一种方式更好一些？

6.1.3 instanceof 运算符

instanceof 运算符用于判断一个对象是否是某一个类的实例对象，或者是否是某一个类的子类的实例对象。instanceof 的语法形式是：

对象名 instanceof 类名

表达式的值是逻辑值。如果一个对象是一个类或其子类的实例对象，则表达式的值为 true；如果一个对象是某一个类或其子类的对象，但没有实例化，则表达式的值为 false。

【例 6.2】instanceof 的用法。

程序如下，程序运行结果如图 6.2 所示。

```
class Base{}                        //定义基类
class Derived extends Base{}        //定义派生类

public class Example6_02
{
    public static void main(String args[])
    {
        Base base=null;             //对象 base 没有表示 Base 类的实例对象
        Derived derived=null;       //对象 derived 没有表示 Derived 类的实例对象

        if(base instanceof Base)    //判断 base 是否是 Base 类实例对象
            System.out.println("对象 base 是 Base 类的实例。");
        else
            System.out.println("对象 base 不是 Base 类的实例。");

        if(derived instanceof Base)   //判断 derived 是否是 Base 类或其子类的实例对象
            System.out.println("对象 derived 是 Base 类或其子类的实例。");
        else
            System.out.println("对象 derived 不是 Base 类或其子类的实例。");

        base=new Base();             //实例化
        derived=new Derived();       //实例化
```

```
        System.out.println("对象 base 和对象 derived 都实例化后：");

        if(base instanceof Base)        //再判断
            System.out.println("对象 base 是 Base 类的实例。");
        else
            System.out.println("对象 base 不是 Base 类的实例。");

        if(derived instanceof Base)      //再判断
            System.out.println("对象 derived 是 Base 类或其子类的实例。");
        else
            System.out.println("对象 derived 不是 Base
类或其子类的实例。");
    }
}
```

图 6.2　例 6.2 运行结果

6.2　域的隐藏和方法的重写

通过继承，子类可以把父类中的所有域和方法都继承下来成为自身的域和方法。但是，子类根据需要也可以定义与继承自父类同名的域，则在子类中只能访问到子类中定义的域而不能访问到继承自父类的同名域，这种情况称为域的隐藏。子类根据需要可以将继承自父类的方法重新定义以适合子类对象的需要，这种情况称为方法的重写。

6.2.1　域的隐藏

子类中定义的域的名字与继承自父类的域的名字相同，则在子类中隐藏了继承自父类的域，子类中的方法不能访问到父类中的被隐藏的域。

【例 6.3】域隐藏举例。

程序如下，程序运行结果如图 6.3 所示。

域的隐藏和方法
的重写

```
class A                              //父类
{
    int var;                         //整型域，无访问属性，可被子类直
接访问

    public void setVarA(int v)       //设置域值
    {
        var=v;
    }
    public int getVarA()             //获得域值
    {
        return var;
    }
}
class B extends A                    //子类，继承自 A
{
    //长整型域，私有，与继承自父类的域同名，
```

例 6.3 编程视频

```
        //本类中隐藏了继承自父类的同名域
        private long var;

        public void setVarB(long v)          //设置域值
        {
            var=v;                           //访问的 var 是本身类定义的, 不是继承自父类
        }
        public long getVarB()                //获得域值
        {
            return var;                      //访问的 var 是本身类定义的, 不是继承自父类
        }
}
public class Example6_03
{
    public static void main(String args[])
    {
        B b=new B();                         //创建对象 b, b 中有两个同名域 var

        b.setVarA(1234567890);               //调用继承自父类的方法设置继承自父类的 var
        b.setVarB(12345678900L);             //调用本身的方法设置本身类定义的 var

        System.out.println(b.getVarA());  //输出继承自父类的 var
        System.out.println(b.getVarB());  //输出本身类定义的 var
    }
}
```

```
1234567890
12345678900
```

图 6.3　例 6.3 运行结果

由于子类与父类的域同名, 则子类中定义的方法只能访问子类本身定义的域, 而不能访问到继承自父类的域; 子类继承自父类的方法访问同名域时, 只能访问到父类的域。一般地, 如果父类中定义的域表示的数据的范围或者是数据类型不能满足子类的需要, 子类中就需要重定义同名的域。

6.2.2　方法的重写

子类对象与父类对象是同一类对象, 但子类对象不完全与父类对象相同, 子类有自己的特殊性, 所以, 当子类继承父类的方法后, 子类根据自身的需要可以对继承的方法重新定义, 以便使子类对象表现出与父类不同的行为。这种重新定义的过程称为方法的重写 (Override)。

【例 6.4】某公司给雇员发工资。雇员中有经理、技术人员和一般雇员, 该公司给雇员定的工资标准是: 一般雇员工资是固定工资, 经理工资在一般雇员工资基础上加本月津贴, 技术人员的工资在一般雇员工资基础上加技术津贴, 技术津贴为工作小时数 × 单位津贴/小时。

【问题分析】经理和技术人员都是公司职员, 但是工资的计算方法不同, 所以应该在一般雇员类的基础上派生经理类和技术人员类, 在这两个类中对工资的计算方法再分别定义, 以便能正确计算出每类人员的工资。程序如下, 程序运行结果如图 6.4 所示。

```
class Employee                           //雇员类, 父类
{
    protected String name;               //姓名
    protected double 工资;

    public Employee(){}                  //构造方法
```

```java
        public Employee(String name,double 工资)                    //构造方法
        {
            this.name=name;
            this.工资=工资;
        }
        public double 领工资()                      //给雇员发工资
        {
            return 工资;
        }
        public String getName()
        {
            return name;
        }
    }
class Manager extends Employee                 //定义经理子类，Employee 是父类
{
        private double 津贴;

        public Manager(String name,double 工资,double 津贴)     //构造方法
        {
            this.name=name;
            this.工资=工资;
            this.津贴=津贴;
        }
        public double 领工资()                          //对继承自父类的方法重写，因为工资计算方法不同
        {
            return 工资+津贴;
        }
    }
class Technician extends Employee              //定义技术人员子类，Employee 是父类
{
        private int 工作小时数;
        private double 单位津贴;

        public Technician(String name,double 工资,int 工作小时数,double 单位津贴)
        {
            this.name=name;
            this.工资=工资;
            this.工作小时数=工作小时数;
            this.单位津贴=单位津贴;
        }
        public double 领工资()                          //对继承自父类的方法重写，因为工资计算方法不同
        {
            return 工资+工作小时数*单位津贴;
        }
    }

public class Example6_04
{
    public static void main(String args[])
    {
        //创建三个雇员对象
```

```
Employee 秘书=new Employee("张秘书",2800.00);
Manager 经理=new Manager("王经理",2800.00,2600.00);
Technician 工程师=new Technician("刘工",2800.00,160,15.00);

//雇员领工资
System.out.printf("%s 工资:%.2f\n",秘书.getName(),秘书.领工资());
System.out.printf("%s 工资:%.2f\n",经理.getName(),经理.领工资());
System.out.printf("%s 工资:%.2f\n",工程师.getName(),工程师.领工资());
    }
}
```

图 6.4　例 6.4 运行结果

6.2.3　super 关键字

super 表示当前类的直接父类。

父类中的域可能被子类隐藏，父类中的方法可能被子类重写。如果父类中的域被隐藏或方法被重写，则在子类中就访问不到这样的父类成员了。但是，在有些情况下，还想访问被隐藏的域或被重写的方法，这种情况下则可以通过关键字 super 实现相应的访问。

super 关键字

如果想明确地访问继承自父类中的域，可以通过下面形式访问：

　　super.域名

这表示访问当前类直接父类中的域。如果想明确地调用继承自父类中的方法，可以通过下面形式访问：

　　super.方法名([实际参数])

这表示调用当前类直接父类中的方法。

super 还可以用于调用直接父类的构造方法。当创建子类对象时，继承自父类的域也要初始化。如果继承自父类的域可以被子类直接访问，则在子类的构造方法中可以直接对继承的域进行初始化（如例 6.1 中，子类 Circle 中的构造方法直接继承自父类的 x 和 y 进行初始化）。如果继承自父类的域不能被子类直接访问，或不方便直接初始化，则可以用 super 调用父类的构造方法对继承自父类的域进行初始化。调用形式是：

　　super([实际参数]);

该条语句在子类的构造方法中必须是第一条语句。

调用父类的构造方法有如下规则：

- 在构造子类对象时，父类的构造方法一定会被调用。
- 如果子类的构造方法使用了 super 调用父类的构造方法，则按给定的参数调用父类中相应的构造方法。
- 如果在子类的构造方法中没有使用 super 调用父类的构造方法，则父类中的没有参数的构造方法会被自动调用。
- 如果子类没有使用 super 调用父类构造方法并且父类中也没有定义没有参数的构造方法，则编译不能通过。
- 如果父类和子类中都定义了实例初始化器，则构造子类对象时，调用顺序为"父类的实例初始化器→父类的构造方法→子类的实例初始化器→子类的构造方法"。

在 5.3.5 节中讲过关键字 this，this 表示的是当前类的对象，super 表示的是当前类的直接父类。

一般地，this 和 super 配合使用，以明确地区别子类和父类。

【例 6.5】平面上有若干条线段，已知每条线段两个端点的坐标。设计线段类并创建线段类的对象表示线段。要求用继承的方式实现。

【问题分析】因为已知线段两个端点的坐标，所以可以设计一个点类，内有域 x 和 y 表示位置，点类的对象可以表示端点。本题要求用继承的方式实现，所以定义的线段类继承自点类，点类中的域 x 和 y 可以表示线段的一个端点。线段的另一个端点再单独定义域 x 和 y 表示另一个端点。这样的定义方法会造成域的隐藏和方法的重写，所以在线段类中要使用 super 关键字访问父类的域和方法（包括构造方法）。程序如下。

```java
class Point                             //父类
{
    private int x,y;                    //位置，私有域

    {                                   //实例初始化器
        x=y=0;
        System.out.println("父类 Point 中的实例初始化器被调用! ");
    }
    public Point()                      //无参构造方法
    {
        System.out.println("父类 Point 中无参数构造方法被调用! ");
    }
    public Point(int x,int y)           //有参构造方法
    {
        this.x=x;
        this.y=y;
        System.out.println("父类 Point 中有参数构造方法被调用! ");
    }
    public int getX()                   //获取 x 坐标
    {
        return x;
    }
    public int getY()                   //获取 y 坐标
    {
        return y;
    }
    public void move(int offsetX,int offsetY)    //对点平移
    {
        x=x+offsetX;
        y=y+offsetY;
    }
    public String toString()            //点的位置形成一个字符串
    {
        return "("+x+","+y+")";
    }
}
class Line extends Point                //子类 Line 继承 Point 类
{
    //本身再定义域表示线段的一个端点的坐标
    //另一个端点的坐标用继承自父类的 x 和 y 表示，但子类中不能直接访问
    private int x,y;
```

```
    {                                        //实例初始化器
        x=y=0;                               //本身定义的域初始化
        System.out.println("子类 Line 中的实例初始化器被调用! ");
    }
    public Line()                            //无参构造方法, 方法中没有调用父类构造方法的语句
    {                                        //但父类的无参构造方法一定被调用
        System.out.println("子类 Line 中无参数构造方法被调用! ");
    }
    public Line(int x1,int y1,int x2,int y2)//有参构造方法
    {
        super(x1,y1);                        //调用父类的构造方法为继承自父类的 x 和 y 初始化
                                             //不能用 super.x=x1;, 因为父类中的 x 是 private
        this.x=x2;                           //本身类定义的域初始化, this 可不用
        this.y=y2;
        System.out.println("子类 Line 中有参数构造方法被调用! ");
    }
    int getStartX()                          //获取起点的 x 坐标
    {
        return super.getX();                 //明确地调用继承自父类的方法
    }
    int getStartY()                          //获取终点的 y 坐标
    {
        return getY();                       //明确地调用继承自父类的方法, 可以不用 super
    }
    int getEndX()                            //获取终点的 x 坐标
    {
        return this.x;
    }
    int getEndY()                            //获取终点的 y 坐标
    {
        return this.y;
    }
    public void move(int offsetX,int offsetY)    //对线段平移
    {
        super.move(offsetX, offsetY);  //调用父类中的 move, 必须加 super
                                       //如果不加 super, 则调用自身, 形成无限递归调用
        x+=offsetX;
        y+=offsetY;
    }
    public double length()                   //计算线段长度
    {
        int dx=this.x-super.getX();
        int dy=y-getY();                     //this 和 super 都可以没有

        return Math.sqrt(dx*dx+dy*dy);
    }
    public String toString()                 //线段位置形成一个字符串
    {
        String mess=super.toString();
```

```
                mess+="-("+x+","+y+")";

                return mess;
            }
        }
    public class Example6_05
    {
        public static void main(String args[])
        {
            //生成一个线段对象，要分别调用父类、子类中的实例初始化器和构造方法
            Line aLine=new Line(5,8,16,20);

            System.out.printf("线段的长度：%.2f\n",aLine.length());

            System.out.println("线段移动前位置："+aLine.toString());

            aLine.move(15, 10);              //移动线段
            System.out.println("线段移动后位置："+aLine.toString());
            System.out.println("--------------------------");
            Line newLine=new Line();        //用无参构造方法创建对象
            System.out.println("新线段的位置："+newLine.toString());
        }
    }
```

程序运行结果如图 6.5 所示。

在本例中和前面的一些例子中都有方法 toString()，它的作用一般是将对象的信息形成一个字符串。实际上，toString() 是类 Object 中定义的方法，由于除 Object 类之外的所有类都是 Object 的子类，所以每一个子类都可以访问方法 toString()。但是由于每一个类都不同于其他类，所以在子类中应该对 toString() 方法重写以获得子类对象的正确信息。

图 6.5　例 6.5 运行结果

 开动脑筋

Line 类还可以用另外两种方式定义。

第一种定义采用继承和组合的方式：
```
class Line extends Point
{
    private Point p;                    //被组合的对象
    //……
}
```

第二种定义只采用组合的方式：
```
class Line
{
    private Point p1,p2;                //被组合的对象
    //……
}
```

请思考，三种方式中哪一种方式更好呢？

6.3　对象的赋值兼容规则

在有继承关系的类中，可以用父类对象表示子类的对象，称为赋值兼容规则。

例如，类 B 是类 A 的子类，则下面的赋值是正确的：

```
A a=new B();
```

对象 a 是 A 类的对象名，但是它实际上表示的是子类 B 的对象，符合赋值兼容规则。当用父类对象表示子类对象时，父类对象称为子类对象的上转型对象，如对象 a 是 B 类对象的上转型对象。

当一个父类对象表示的是子类对象时，还可以将该父类对象强制转换成子类对象。例如：

```
B b=(B)a;
```

父类对象 a 实际上表示的是子类对象 b，所以可以将 a 强制转换成 B 类型 "(B)a"，再用一个 B 类的对象名表示。将上转型对象转换为子类对象称为下转型对象，如 "(B)a" 是一个下转型对象。

当用一个父类对象表示子类对象后，父类对象：

- 可以访问子类继承自父类的域或被子类隐藏的域；
- 可以调用子类继承自父类的方法或被子类重写的方法；
- 不能访问子类相对于父类新增加的域或方法。

所以，通过父类访问的域或方法一定是继承自父类的域或方法、隐藏继承自父类的域，或者是重写继承自父类的方法。

使用赋值兼容规则主要是为了实现多态性。

6.4　final 关键字

关键字 final 可以修饰类、方法，还可以修饰域。

6.4.1　final 修饰类

final 修饰的类称为最终类。修饰的形式是：

```
final class 类名
{
    //……
}
```

最终类不能派生子类。定义最终类的目的是不希望父类中的域被子类隐藏，以及方法被子类重写，可以对类起到保护作用。典型的最终类就是 String 类。

6.4.2　final 修饰方法

final 修饰的方法称为最终方法。修饰的形式是：

```
[访问限定词] [static] final 方法类型 方法名([参数])
{
```

```
    //……
}
```

最终方法可以被子类继承，但不能被子类重写，从而对父类的方法起到保护作用。

6.4.3 常量

final 修饰的域称为最终域，又称为常量。修饰的形式是：

> [访问限定词] [static] final 数据类型 域名=初值；

常量名一般都使用大写字母。定义常量时必须给出初值，不能用默认值。在程序运行过程中，常量的值不能改变。如果采用赋值的方式试图改变常量的值则会产生编译错误。

如果类中定义了常量，则该类的所有对象都有相同的常量值。因为没有必要让每一个对象都有一个相同的、单独的常量，所以应该让常量成为类常量，用 static 修饰。因为常量的值不能改变，即使在类之外能够访问这个常量也不改变其值，所以其访问限定词应该为 public，则在类之外的其他地方都能够使用常量。例如：

> public static final MAX=1024；

用圆周率时可以使用表达式"Math.PI"，Math 是 Java 定义的数学类，PI 是其中定义的常量。

6.5 多 态

多态

6.5.1 多态概念

同一类对象表现出的不同行为称为多态。

多态的实现一定得在有继承关系的对象中。例如，有一个类 Base，它派生出多个子类，子类下面还派生子类，这些子类的对象都可以称为 B 类的对象（赋值兼容规则），但是，每一个子类的对象的行为都与其他子类对象或 Base 类对象的行为不同，这种行为上的不同称为多态性。

程序设计语言本身必须支持多态性，编程时才能够实现多态性。

6.5.2 多态的实现

经过下面 4 步可以实现多态性：

- 定义一个基类，在此基类基础上再派生出若干个子类。
- 子类要重写父类中的方法，使子类对象能够表现出子类的行为。
- 用父类对象名表示子类对象（赋值兼容规则）。
- 通过父类对象名调用被子类重写的方法。

根据赋值兼容规则，当父类对象名表示的是子类对象时，父类对象所调用的方法一定是继承自父类或重写父类的方法，从而使子类对象的行为正确表示出来。每一个子类对象都能正确地表现出不同于其他子类对象的行为，就会体现出对象行为的多态性或多样性。

在程序运行过程中，Java 虚拟机能够判断父类对象表示的是哪一个子类的对象，不需要程序员判断，从而提高编程效率，提高程序运行的正确性。

【例 6.6】有多种交通工具，利用多态性表现出每种交通工具的正确运行状态。

【问题分析】要表现出多态性，就应该定义父类和子类。先定义一个交通工具 Transport 类，类中定义一个表示交通工具运行的方法 run。在交通工具类的基础上，派生出汽车、飞机、轮船类，类中重写父类 Transport 中的方法 run。用父类 Transport 类的对象表示每一个具体交通工具的对象，然后调用方法 run，使每种交通工具表现出自身的行为。程序如下。

```java
class Transport                                    //交通工具类
{
    int speed;
    String name;
    public Transport(){}                           //构造方法
    public Transport(String name,int speed)        //构造方法
    {
        this.speed=speed;
        this.name=name;
    }
    public void run()                              //交通工具运行
    {
        System.out.println("交通工具在运行! ");
    }
}
class Plane extends Transport                      //飞机子类
{
    public Plane(String name,int speed)            //构造方法
    {
        super(name,speed);                         //调用父类构造方法
    }
    public void run()                              //重写父类方法
    {
        System.out.println(name+"飞机以"+speed+"km/h 的速度在空中飞行。");
    }
}
class Ship extends Transport                       //轮船子类
{
    public Ship(String name,int speed)
    {
        super(name,speed);
    }
    public void run()                              //重写父类方法
    {
        System.out.println(name+"轮船以"+speed+"节的速度在水中航行。");
    }
}
class Rocket extends Transport                     //火箭子类
{
    public Rocket(String name,int speed)
    {
        super(name,speed);
    }
    public void run()                              //重写父类方法
    {
        System.out.println(name+"火箭以"+speed+"km/h 的速度在太空中穿行。");
    }
```

例 6.6 编程视频

```
    }
class Vehicle extends Transport                    //汽车子类
{
    public Vehicle(String name,int speed)
    {
        super(name,speed);
    }
    public void run()                              //重写父类方法
    {
        System.out.println(name+"汽车以"+speed+"km/h 的公路上行驶。");
    }
}
class Car extends Vehicle                          //汽车类派生小轿车子类
{
    public Car(String name,int speed)
    {
        super(name,speed);
    }
    public void run()                              //重写父类方法
    {
        System.out.println(name+"轿车以"+speed+"km/h 的速度在公路上飞驰。");
    }
}
class Truck extends Vehicle                        //汽车类派生卡车子类
{
    public Truck(String name,int speed)
    {
        super(name,speed);
    }
    public void run()                              //重写父类方法
    {
        System.out.println(name+"卡车以"+speed+"km/h 的公路上行驶。");
    }
}
public class Example6_06
{
    public static void main(String args[])
    {
        Transport aTransport;                      //声明一个交通工具类的对象

        aTransport=new Rocket("长征 4 号",2200);   //赋值兼容规则，表示火箭对象
        aTransport.run();                          //调用 run 方法

        aTransport=new Car("红旗",120);            //表示轿车对象
        aTransport.run();

        aTransport=new Plane("空客 A320",800);     //表示飞机对象
        aTransport.run();

        aTransport=new Ship("辽宁舰",23);          //表示轮船对象
        aTransport.run();
```

```
        aTransport=new Truck("东风",80);     //表示卡车对象
        aTransport.run();

        aTransport=new Vehicle("金龙",70);   //表示汽车对象
        aTransport.run();
    }
}
```

程序运行结果如图 6.6 所示。

例 6.6 程序中的类的类图如图 6.7 所示。

图 6.6　例 6.6 运行结果

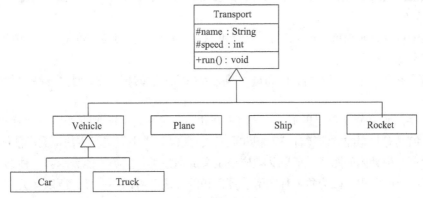

图 6.7　例 6.6 程序中类的类图

在例 6.6 程序中，语句"aTransport.run();"出现了多次，同样的语句，执行结果却不同——体现出交通工具工作状态的多态性。aTransport 是 Transport 类的对象名，Transport 是其他类的父类，根据类型兼容规则，可以用对象 aTransport 表示任何一个子类的对象。当执行语句"aTransport.run();"时，运行时系统要判断对象 aTransport 表示的是哪一类的对象，从而调用这个对象所在类中的 run() 方法。不是由程序员判断，而是运行时由系统进行判断。

利用语言的多态性能力，可以极大地简化程序设计，提高编程效率和程序运行的稳定性，如例 6.6 直接调用方法而不用判断，尤其当某一个类的派生层次较深时，更能体现出多态性的优越性。

6.6　abstract 关键字

关键字 abstract 可以修饰类，也可以修饰类中的方法。

abstract 关键字

6.6.1　abstract 修饰类

关键字 abstract 修饰的类称为抽象类。抽象类定义的形式是：

```
abstract class 类名
{
    //……
}
```

类是对具有相同属性和行为的对象的抽象。抽象类中也可以定义属性和行为，但是所描述的对象是不存在的、抽象的，所以抽象类不能生成对象实例。抽象类不能用关键字 final 修饰。

使用抽象类可以将原来零散的、无关系的类归为一类，便于管理。根据类型兼容规则，可以用抽象类的对象统一表示零散的、无关系类的对象，可以利用语言的多态性容易地使对象表现出自身的行为。

6.6.2 abstract 修饰方法

关键字 abstract 修饰的方法称为抽象方法。抽象方法定义的形式是：

> [访问限定词] abstract 数据类型 方法名([[参数表列]]);

抽象方法只有方法的头部，没有方法体。抽象方法应该定义在父类中，便于为子类提供统一的行为，父类派生出子类后，子类再对继承自父类的抽象方法进行定义。抽象方法一定不能用关键字 final 修饰。

抽象类中可以有非抽象（实例）方法，也可以有抽象方法。但是，如果一个类中有抽象方法，该类必须定义成抽象类。

【例 6.7】有若干个圆和矩形，已知每个圆的半径和矩形的长、宽，计算这些圆和矩形的面积和周长。

【问题分析】圆和矩形都是图形，应该用一个共同的父类表示这两种图形。这两种图形没有共同的属性，但是有共同的方法（计算面积和周长），所以父类中只定义方法。父类能够表示图形，但不能表示哪一种具体的图形，所以父类应该定义成抽象类。父类不能表示哪一种具体的图形，也无法计算图形的面积，因为每一种图形计算面积的方法都可以不一样，所以父类中的方法应该定义成抽象方法。程序如下，程序运行结果如图 6.8 所示。

```
abstract class Shape                              //抽象图形父类
{
    public abstract double area();               //抽象方法
    public abstract double perimeter();
}
class Circle extends Shape                        //子类圆
{
    private double radius;                        //半径

    public Circle(double radius)                  //构造方法
    {
        this.radius=radius;
    }
    public double area()                          //重写父类的抽象方法计算面积
    {
        return Math.PI*radius*radius;
    }
    public double perimeter()                     //重写父类的抽象方法计算周长
    {
        return 2*Math.PI*radius;
    }
}
class Rectangle extends Shape                     //子类矩形
{
    private double width,height;                  //矩形宽和高
```

例 6.7 编程视频

```
    public Rectangle(double width,double height)      //构造方法
    {
        this.width=width;
        this.height=height;
    }
    public double area()                       //重写父类的抽象方法计算面积
    {
        return width*height;
    }
    public double perimeter()                  //重写父类的抽象方法计算周长
    {
        return 2*(width+height);
    }
}
public class Example6_07
{
    public static void main(String args[])
    {
        Shape shape;                     //父类对象名
        double area,perimeter;

        shape=new Circle(10);            //类型兼容，表示圆类的对象
        area=shape.area();               //利用多态性，计算面积
        perimeter=shape.perimeter();     //利用多态性，计算周长
        System.out.printf("圆的面积：%.2f，周长：%.2f\n",area,perimeter);

        shape=new Rectangle(20,10);      //类型兼容，表示圆矩形的对象
        area=shape.area();
        perimeter=shape.perimeter();
        System.out.printf("矩形的面积：%.2f，周长：%.2f\n",area,perimeter);

        //---------再计算一次-------------
        shape=new Circle(1.25);
        area=shape.area();
        perimeter=shape.perimeter();
        System.out.printf("圆的面积：%.2f，周长：%.2f\n",area,perimeter);

        shape=new Rectangle(3.36,2.17);
        area=shape.area();
        perimeter=shape.perimeter();
        System.out.printf("矩形的面积：%.2f，周长：%.2f\n",area,perimeter);
    }
}
```

```
圆的面积：314.16，周长：62.83
矩形的面积：200.00，周长：60.00
圆的面积：4.91，周长：7.85
矩形的面积：7.29，周长：11.06
```

图 6.8　例 6.7 运行结果

　　程序中多次出现语句 "area=shape.area();" 和 "perimeter=shape.perimeter();"，shape 是父类对象名，每一时刻表示的都可能是不同类的对象，运行时系统要判断 shape 表示的哪一个子类的对象，然后调用该子类中的相应方法计算面积或周长。这也是利用语言的多态性，不需要程序员判断。

6.7　小　　结

类是具有相同属性和行为的对象的抽象。通常情况下，并不直接定义每一个类，而是先定义一个公共的父类，这个父类包括所有子类对象的共同属性和行为。因为每一个子类还有自己特殊的属性和行为，所以在父类基础上再定义子类自己的属性和行为。虽然子类中并没有对所有的属性和行为进行定义，但是通过继承也完整地定义了子类应该具有的属性和行为。

通过继承，可以实现代码重用，提高编程效率，提高程序运行的稳定性。继承是实现多态性的前提。

继承过程中，子类可以定义与父类同名的域，则在子类中隐藏了父类的域，子类还可以将继承自父类的方法重写。在子类对象中，如果想访问父类中被隐藏的域或调用父类中被重写的方法，可以用关键字 super。this 和 super 可以配合使用。

父类对象可以表示子类对象，称为类型兼容规则。

多态性指的是同一类对象具有的不同行为，具体指的是有共同父类的子类对象的不同行为。实现时用父类对象表示子类对象，运行时系统能够判断父类对象表示的是哪一个子类的对象，然后调用子类对象所在类中的方法，这个调用过程不需要程序员判断，提高编程的效率。

为了实现多态性，可以将原本不相关的类抽象出一个共同的父类，用这个父类对象表示子类对象。如果这个父类没有必要创建实例，则可以声明为抽象类。如果不希望一个类有子类，则可以将该类声明为最终类。

6.8　习　　题

1. 什么是继承？
2. 什么是域的隐藏和方法的重写？
3. this 和 super 有什么作用？
4. 什么是多态性？如何实现多态性？
5. 在一个学校中有教师和学生两类人员。学生信息有身份证号、学号、专业、姓名、性别、年龄及数学、英语、Java 程序设计三门课程的成绩。教师信息有身份证号、教师号、专业、姓名、性别、年龄及授课的学时数。创建学生和教师的对象并输出对象的信息。
6. 有若干个直柱体（底面与柱面垂直），其底面可能是圆形、矩形或三角形。已知柱体的高度、圆的半径、矩形的宽度和高度及三角形的三边长（一定能构成三角形），计算柱体的体积和表面积（包括两个底的面积）。
7. 某学校教师的工资=基本工资+课时补贴。教授的基本工资为 5000 元，每学时补贴 70 元；副教授的基本工资为 3500 元，每学时补贴 60 元；讲师的基本工资 2600 元，每学时补贴 55 元。已知每个教师的学时数，计算每个教师的每月工资数。
8. 某家庭有电视机、洗衣机、电冰箱和微波炉。编程序显示家用电器的工作状态：电视机在播放节目，洗衣机在洗衣服，电冰箱在制冷及微波炉在加热食物。

第7章
接口和枚举

本章要点
- 接口的定义
- 接口与抽象类的区别
- 接口的实现
- 面向接口编程技术
- 枚举

接口，是 Java 提供的一个重要的类型，是对抽象类的进一步抽象。通过接口的继承和接口回调技术，可以实现"多重继承"，并实现"行为"上的多态。面向接口编程是一种十分重要的编程思想和技术，需要在学习中不断深入领会。

枚举可以将对象的所有值一一列举出来，提高程序的可读性和健壮性。

7.1 接 口

7.1.1 接口的概念与定义

接口的概念与定义

1. 接口的概念

Java 接口是由若干常量和方法声明组成的集合。接口中的方法只有声明没有实现，因此这些方法可以在不同的地方被不同的类实现，而这些实现可以具有不同的行为（功能）。

在接口中只给出方法的声明而没有给出方法的实现，目的是规范对象的行为，告诉接口的实现者必须做什么，但不要求怎么做，由实现者根据自身情况决定怎么做。接口中定义的常量是接口的特征属性，用于规范接口要求。

由于接口中的方法都是抽象的，所以接口只能被继承，不能用 new 实例化。

2. 接口的定义

接口的定义格式如下：

```
[修饰符] interface 接口名称 [extends 父接口名列表]
{
        [public] [static] [final] 数据类型 变量名=常量值;
        [public] [abstract] 返回值类型 方法名（参数列表）;
}
```

其中，接口的修饰符是可选项，用于指定接口的访问权限，可为 public，如果省略，则使用默认的访问权限，即允许为同一个包下的类所继承；接口名用于指定接口的名称，必须是合法的 Java 标识符，一般要求首字母大写；extends 用于指定要定义的接口继承于哪些接口；接口中的变量均用 public static final 修饰，即均为常量，所以前面的修饰符可省略；接口中的方法均用 public abstract 修饰，即均为抽象方法，只有定义而没有被实现，所以前面的修饰符也可省略。

例如，定义一个接口 Cubage，实现计算物体的体积：

```
public interface Cubage
{
    public static final double PI=3.1415926;
    public abstract double doCubage();
}
```

这个接口中定义了一个常量 PI，表示圆周率，定义了一个方法 doCubage()，用于计算物体的体积。

为什么要把体积的计算抽象成为一个接口呢？因为，很多物体都需要计算体积，但是不同物体计算体积的公式各不相同，例如圆柱、圆锥、立方体，甚至一些不规则物体等。所以当需要求得这类物体的体积时，只要继承这个接口并重写相应方法就实现了体积的计算，从而实现了行为的多态性。

7.1.2　接口与 abstract 类

在 Java 语言中，abstract class 和 interface 是支持抽象类定义的两种机制。这两种方式有一定的相似性，均可以定义抽象方法，实现面向抽象编程，所以在使用过程中经常出现混淆的情况。实际上，两者有很大的区别。

1. 语法上的不同

（1）抽象类中既可以包含抽象方法，也可以包含非抽象的普通方法，而接口中所有的方法必须是抽象方法。

（2）抽象类中的抽象方法的访问类型可以是 public、protected 和默认类型，但接口中的抽象方法只能是 public 类型。

（3）抽象类中可以有普通成员变量，而接口中的所有变量均为 public static final 修饰，即均为常量。

（4）抽象类里可以有构造方法，而接口内不能有构造方法。

（5）一个类可以实现多个接口，但只能继承一个抽象类。

2. 设计思想上的不同

（1）抽象类是对一类事物的抽象，包括属性和行为；而接口是对行为的抽象，是对类局部（行为）进行抽象。例如，灯和计算机是不同类的两种事物，但它们都有两个行为，即开、关（这里的开关指的是动作）。因此在设计的时候，可以将灯设计为一个类 Lamp，将计算机设计为一个类 Computer。但是不能将开关这个特性设计成为类，因为它是一个行为特征，是个动作，而不是一类事物的抽象描述。这时，就可以把"开关"设计为一个接口 OnOff，其中包含方法 on() 和 off()。Lamp 和 Computer 继承并实现接口 OnOff 中的方法 on() 和 off()。

如果有不同类别的灯，比如台灯、壁灯等，可以直接继承 Lamp，而笔记本计算机、工作站等可以直接继承 Computer。这种继承是对类的继承，即子类一定是抽象类的种类，所以是一种"is-a"（是不是）关系，比如，台灯是灯；而接口的继承是完成一种行为，所以是一种"like-a"（能不能）关系，比如，灯能开关，则可以实现这个接口，而杯子不能开关，就不实现这个接口。

（2）从可扩展性方面，两者也有很大区别。抽象类作为子类的父类，相当于是一个模板。子类可以在这个模板基础上进一步修饰和处理。如果要对抽象类功能进行修改或扩充，如增加一个新的方法，只要修改抽象类本身，在抽象类中增加具体的实现就可以，而不需要修改子类。而接口是一种行为规范，如果接口进行了变更，则所有实现这个接口的类都必须进行相应的改动，这种改动将是巨大的。（需要注意的是，在最新的 1.8 版本中，对接口做了调整，新增了默认方法，可以对默认方法进行具体的实现，这种改变无疑使得接口的性能更强了。）

7.2　实现接口

实现接口

7.2.1　用类实现接口

对接口的实现是通过类的继承来完成的。类使用关键字 implements 来继承接口，具体格式为：

```
[修饰符] class 类名[extends 父类名] [implements 接口A,接口B,…]
{
    类成员变量和成员方法；
    为接口A中的所有方法编写方法体，实现接口A；
    为接口B中的所有方法编写方法体，实现接口B；
}
```

定义类时，如果该类需要使用接口，则通过 implements 关键字来声明要实现的接口。如果继承某一父类时，使用关键字 extends。一个类只能继承自一个父类，但可以同时继承多个接口。

在类体中，需要对继承接口的所有方法进行实现，除非该类是 abstract 类。例如：

```
class Cylinder implements Cubage
{}//建立一个圆柱体类，继承Cubage接口，实现求体积计算
class Cone implements Cubage
{}//建立一个圆锥体类，继承Cubage接口，实现求体积计算
```

7.2.2　定义接口中的方法

如果一个非抽象类实现了某个接口，那么这个类就要重写接口中的所有方法。而且，接口中的方法均用 public abstract 修饰，所以在类重写这些方法时也一定要用 public 进行修饰，因为访问权限不允许降低。

例如，在类 Cylinder 中重写 doCubage()方法。

```
double doCubage()
{
    return (Cubage.PI*r*r*h);
}
```

在类 Cone 中重写 doCubage()方法。

```
double doCubage()
{
    return (Cubage.PI*r*r*h/3);
}
```

【例 7.1】定义接口并实现接口计算圆柱和圆锥的体积。

```
interface Cubage                              //声明接口
{
    public static final double PI=3.14;       //常量
    public double doCubage();                 //抽象方法
    public void showMessage(String s);        //抽象方法
}

class Cylinder implements Cubage
{//创建圆柱类，实现 Cubage 接口
    double r;                                 //圆柱底半径
    double h;                                 //圆柱高

    public Cylinder(double r,double h)
    {//圆柱构造方法
        this.r=r;
        this.h=h;
    }
    public void showMessage(String s)
    {//重写接口的 showMessage()方法
        System.out.println("这是"+s);
    }
    public double doCubage()
    {//重写接口的 doCubage()方法，实现多态
        return(Cubage.PI*r*r*h);
    }
}

class Cone implements Cubage
{//创建圆锥类，实现 Cubage 接口
    double r;                                 //圆锥底半径
    double h;                                 //圆锥高
    public Cone(double r, double h)
    {//圆锥构造方法
        this.r = r;
        this.h = h;
    }
    public void showMessage(String s)
    {//重写接口的 showMessage()方法
        System.out.println("这是"+s);
    }
    public double doCubage()
    {//重写接口的 doCubage()方法，实现多态
        return(Cubage.PI*r*r*h/3);
    }
}

public class Example7_01
{//实现 Cubage 接口举例
    public static void main(String[] args)
```

例 7.1 编程视频

```
    {
        Cylinder cylinder=new Cylinder(2.5,4);          //创建圆柱对象
        Cone cone=new Cone(3,4);                        //创建圆锥对象
        System.out.println("圆柱的体积是: "+cylinder.doCubage());
        System.out.println("圆锥的体积是: "+cone.doCubage());
    }
}
```

圆柱的体积是: 78.5
圆锥的体积是: 37.68

程序运行结果如图 7.1 所示。　　　　　　　　　　　　　　图 7.1　例 7.1 运行结果

7.3　接口与多态

接口与多态

7.3.1　接口多态的概念

接口多态是指不同的类在实现同一个接口时具有不同的实现过程，当接口变量进行回调接口方法时就具有多种不同的形态。实现接口的多态性通常会使用到 Java 的接口回调技术。

接口回调本质上与继承中的上转型相同，不同之处在于：接口回调是用接口句柄来获得并调用实现这个接口的子类的引用，而上转型是用父类句柄来获得并调用实现此父类的子类的引用。

7.3.2　通过接口实现多态

在接口定义时，将不同类的相同行为抽象出来成为接口，每个类对接口中的方法给出具体的行为实现。这样，当通过接口句柄调用方法时，系统会根据具体的子类对象决定执行哪个类中相应的方法，从而实现行为多态。下面看一个例子。

【例 7.2】一个公司的员工，每天上班后打开桌上的工作灯，打开计算机开始工作。下班前，关闭计算机和台灯，然后下班。请进行编程描述这一过程。

【问题分析】根据问题描述，可以确定有员工、台灯和计算机三个类。它们之间的相互关系是员工使用台灯和计算机，产生的行为是开、关台灯和计算机，并且这个行为对台灯和计算机产生的结果不相同，灯是打开、熄灭，计算机是启动系统、关闭系统。另外，台灯和计算机都要有开、关行为，然而，这两类完全不同，因此考虑将开、关行为抽象成接口来实现。程序如下，程序运行结果如图 7.2 所示。

```
interface On_Off
{//定义一个可"开关"的行为接口
    int ON=1;                        //常量 ON 为"开"状态
    int OFF=0;                       //常量 OFF 为"关"状态
    void on();                       //定义"开"方法
    void off();                      //定义"关"方法
}

class Lamp implements On_Off
{//定义一个 Lamp 类, 该类继承 On_Off 接口,
//可实现"开关"行为
    int on=On_Off.OFF;               //开关状态
    public void on()
```

```
    {//重写接口方法
    //进行开灯操作，如果灯关闭，则打开，否则提示已开灯
        if(on==On_Off.OFF)
        {
            System.out.println("开灯! ");
            on=On_Off.ON;
        }
        else
            System.out.println("灯已经开了");
    }
    public void off()
    {//重写接口方法
     //进行关灯操作，如果灯打开，则关闭，否则提示已关灯
        if(on==On_Off.ON)
        {
            System.out.println("关灯");
            on=On_Off.OFF;
        }
        else
            System.out.println("灯已经关了");
    }
}
class Computer implements On_Off
{//定义一个Computer类，该类继承On_Off接口，可实现"开关"行为
    String logo;                        //标识
    int on=On_Off.OFF;                  //初始开关状态
    Computer(){}
    Computer(String logo)
    {//带有参数的构造方法
        this.logo=logo;
    }
    public String getLogo()
    {
        return logo;
    }
    public void setLogo(String logo)
    {
        this.logo = logo;
    }
    public void on()
    {//重写On_Off接口的on()方法
     //实现开机行为，如果计算机关闭则进行开机操作，否则提示已开机
        if(on==On_Off.OFF)
        {
            System.out.println("计算机正在开机...开机成功");
            on=On_Off.ON;
        }
        else
            System.out.println("计算机已开机");
    }
    public void off()
```

```
    {//重写 On_Off 接口的 off()方法
     //实现关机行为，如果计算机已开机，则进行关机操作，否则提示已关机
        if(on==On_Off.ON)
        {
            System.out.println("计算机正在关机...关机成功");
            on=On_Off.OFF;
        }
        else
            System.out.println("计算机已关机");
    }
}
class Person
{//操作者
    String name;
    public Person(String s)
    {
        name=s;
        System.out.println("创建一个操作者: "+s);
    }
    public void doOn(On_Off o)
    {//操作者进行开操作
        System.out.println(name+"正在进行开操作: ");
        o.on();                          //接口回调
    }
    public void doOff(On_Off o)
    {//操作者进行关操作
        System.out.println(name+"正在进行关操作: ");
        o.off();                         //接口回调
    }
}
public class Example7_02
{
    public static void main(String[] args)
    {//生成实例，完成具体操作
        Person zhangsan=new Person("张三");         //创建一个员工"张三"
        Computer computer=new Computer("lenovo");    //创建一个计算机对象
        Lamp lamp=new Lamp();              //创建一个灯对象
        zhangsan.doOn(lamp);               //开灯
        zhangsan.doOn(computer);           //开计算机
        zhangsan.doOn(computer);           //开计算机
        zhangsan.doOff(computer);          //关计算机
        zhangsan.doOff(lamp);              //关灯
    }
}
```

张三正在进行开操作：
开灯！
张三正在进行开操作：
计算机正在开机...开机成功
张三正在进行开操作：
计算机已开机
张三正在进行关操作：
计算机正在关机...关机成功
张三正在进行关操作：
关灯

图 7.2 例 7.2 运行结果

开动脑筋

如果员工每天上班先开门，再开灯和计算机，下班先关计算机和灯，然后关门。如何修改本程序以满足要求？

127

7.4　接口的设计与使用

接口主要是对不同类型的对象所具有的相同行为进行统一和规范，重点在于"行为"，而与类型无关，所以更适于功能扩展。

【例 7.3】编写程序，模拟计算机使用 USB 设备的过程。

【问题分析】根据题意，首先定义一个 USB 接口，然后定义若干个 USB 设备实现 USB 接口的读写功能。最后，通过一个带有 USB 接口的计算机对象完成 USB 设备的接入、读写、移除等操作。程序如下，程序运行结果如图 7.3 所示。

```
interface USB
{//定义一个 USB 接口
    String read();                    //定义"读"方法
    void write(String s);             //定义"写"方法
}
class Flash implements USB
{//定义 Flash 类，该类继承 USB 接口，可以实现"读写"方法
    String id;                        //Flash 标识
    String memory;                    //Flash 存储内容
    public Flash(String id)
    {//Flash 构造方法
        this.id=id;
    }
    public String read()
    {//重写接口方法，实现读操作
        System.out.println("读取 U 盘中的内容: ");
        System.out.println(memory);
        return memory;
    }
    public void write(String s)
    {//重写接口方法，实现写操作
        memory=s;
        System.out.println("向 U 盘中写操作成功! ");
    }
}
class HardDisk implements USB
{//定义 HardDisk 类，该类继承 USB 接口，可以实现"读写"方法
    String id;
    String memory=null;
    public HardDisk(String s)
    {//HardDisk 构造方法
        id=s;
    }
    public String read()
    {//重写接口方法，实现读操作
        System.out.println("读取硬盘中的内容: ");
        System.out.println(memory);
        return memory;
```

```
    }
    public void write(String s)
    {//重写接口方法,实现写操作
        memory=s;
        System.out.println("向硬盘中写操作成功! ");
    }
}
class Mobile implements USB
{//定义 Mobile 类,该类继承 USB 接口,可以实现"读写"方法
    String id;                          //Mobile 标识
    String number;                      //Mobile 号码
    String memory=null;                 //Mobile 存储内容
    public Mobile(String id)
    {//Mobile 构造方法
        this.id=id;
    }
    public String read()
    {//重写接口方法,实现读操作
        System.out.println("读取手机中的内容: ");
        System.out.println(memory);
        return memory;
    }
    public void write(String s)
    {//重写接口方法,实现写操作
        memory=s;
        System.out.println("向手机存储中写操作成功! ");
    }
}
class Computer1
{
    String logo;                        //标识
    USB USB;
    String content;
    Computer1(String logo)
    {//带有参数的构造方法
        this.logo=logo;
    }
    public String getContent()
    {
        return content;
    }
    public void setContent(String content)
    {
        this.content = content;
    }
    public boolean insertUSB(USB u)
    {
        boolean flag=false;
        if(USB==null)
        {
            USB=u;
            flag=true;
```

```
                System.out.println("USB 设备连接成功!");
            }
            else
                System.out.println("USB 设备连接失败!");
            return flag;
        }
        public boolean removeUSB(USB u)
        {
            boolean flag=false;
            if(USB!=null)
            {
                USB=null;
                flag=true;
                System.out.println("USB 设备卸载成功!");
            }
            else
                System.out.println("USB 设备卸载失败!");
            return flag;
        }
        public void readUSB(USB u)
        {
            content=u.read();
        }
        public void writeUSB(USB u,String content)
        {
            u.write(content);
        }
}

public class Example7_03
{
    public static void main(String[] args)
    {
        Computer1 computer=new Computer1("lenovo"); //创建一个 Computer 对象
        Mobile mobile=new Mobile("apple");          //创建一个 Mobile 对象
        HardDisk hard_disk=new HardDisk("sumsung"); //创建一个 HardDisk 对象
        String content;

        if(computer.insertUSB(mobile))
        {//computer 接入一个 USB 设备: mobile
            computer.readUSB(mobile);                   //computer 读取 mobile 内容
            System.out.println("从手机中读取的内容是: ");
            if (computer.getContent()==null)
                System.out.println("哈, 是新手机, 没有内容! ");
            else
                System.out.println(computer.getContent());
        }

        content="这个手机是我的了！！！";
        computer.writeUSB(mobile, content);             //向 mobile 写入内容
        computer.removeUSB(mobile);                     //从 computer 移除 USB 设备: mobile
        if(computer.insertUSB(hard_disk))
```

```
        {//接入另一个 USB 设备：hard_disk
            content="这个硬盘也是我的啦！！";
            computer.writeUSB(hard_disk, content);
                                //向 hard_disk 写入内容
        }
        computer.removeUSB(hard_disk);
                                //移除 USB 设备
    }
}
```

图 7.3　例 7.3 运行结果

7.5　枚　　举

如果一个对象的所有值可以一一列举出来，则称为枚举。例如一个星期 7 天的名字都可以列举出来，一年十二个月的月份名字都可以列举出来。

在 Java 中，枚举类型也是一个类，用枚举类的变量表示枚举值。在程序中可以定义枚举类，用枚举类声明枚举类的变量，再用枚举类的变量表示枚举常量。

Java 定义了一个基础枚举类 Enum，任何枚举类都是这个类的子类。使用枚举可以提高程序的清晰性和可读性。

7.5.1　简单的枚举类

简单枚举类定义的语法形式是：

```
enum 枚举名
{枚举常量表列}
```

枚举概念与简单的枚举

"enum" 是声明枚举的关键字，枚举常量一般全用大写字母表示，也可以用汉字。

定义枚举类后，就可以定义枚举变量了。枚举变量的定义形式是：

```
枚举名 枚举变量表列；
```

定义枚举变量后就可以给枚举变量赋值了。但赋的值必须是枚举类中的枚举常量，不能是其他数据。赋值形式是：

```
枚举变量=枚举常量；
```

也可以在声明枚举变量的同时初始化。

【例 7.4】显示一个星期中每一天的工作效率。

【问题分析】定义一个表示星期的枚举类，将一个星期中的各天定义成枚举常量。判断给定的枚举常量值显示该天的工作效率。程序如下。

```
enum Weekday                        //定义一个枚举类
{
    MON,TUE,WED,THU,FRI,SAT ,SUN    //枚举常量，最后不需加";"
}
public class Example7_04
{
    public static void main(String args[])
    {
        Weekday thisDay=Weekday.MON;   //声明一个枚举常量同时初始化
        System.out.println(thisDay+":"+WorkingStatus(thisDay));
```

例 7.4 编程视频

131

```
            //也可以直接使用枚举常量
            System.out.println(Weekday.SUN+":"+WorkingStatus(Weekday.SUN));
            System.out.println(Weekday.THU+":"+WorkingStatus(Weekday.THU));

            //枚举变量的值只能是枚举常量之一，不能是其他的值
            //下面两条语句给枚举变量赋了非枚举常量值，编译不能通过
            //thisDay=Weekday.Friday;
            //thisDay=0;
        }
        private static String WorkingStatus(Weekday day)    //枚举变量作方法参数
        {
            String status=null;

            switch(day)
            {
            case MON:status="还没休息够，不想上班！";break;
            case TUE:status="渐渐进入工作状态！";break;
            case WED:status="一个星期中这天工作效率最高！";break;
            case THU:status="快到周末了...！";break;
            case FRI:status="快把活干完，回家！";break;
            case SAT:
            case SUN:
                status="Relax!Relax!";break;
            }
            return status;
        }
    }
```

程序运行结果如图 7.4 所示。

图 7.4　例 7.4 运行结果

7.5.2　复杂的枚举类

实际上，枚举类可以像类或接口一样定义。枚举类中除了枚举常量外，还可以定义域、方法、构造方法，main 方法也可以定义在枚举类中。

枚举常量还可以有值，而且可以不止一个。如果把例 7.4 中的枚举类放到 C 或 C++程序中，则每一个常量都有一个对应的整数值，如 MON 的值是 0，SUN 的值是 6。Java 中枚举常量有域，枚举常量的域表示枚举常量的值，并且通过枚举构造方法可以对枚举常量的域进行初始化。枚举中的构造方法必须是私有的，因为只需要定义枚举变量即可，不需定义枚举对象。

如果在枚举类中定义了域和方法，则枚举常量必须放在枚举体内的第一行，而且最后一个枚举常量后要加一个 "；"。

定义枚举类后，编译器会在类中增加几个方法，典型的如 "values()" 方法，调用它可以得到一个枚举变量数组，数组中的每一个元素表示一个枚举常量值。

【例 7.5】根据学生的百分成绩，显示学生的成绩是优秀、良好等。

【问题分析】定义一个枚举类，"优秀" "良好" 等作为枚举类中的常量，同时常量中定义成绩的上限和下限。类中定义相应的域表示每一成绩的上、下限，并定义构造方法对常量进行初始化。程序如下，程序运行结果如图 7.5 所示。

```
import java.util.Scanner;

enum 考察成绩                          //定义枚举类
```

```
{
    优秀(100,90),                        //枚举常量，因为下面还有域和方法，
    良好(89,80),                         //所以必须放在枚举类的第 1 行
    中等(79,70),                         //每一个枚举常量都有两个值，它们是枚举常量的实际参数
    及格(69,60),
    不极格(59,0);                         //此处必须加";"

    private int 成绩上限;                 //两个域，每一个常量都分别有这两个域
    private int 成绩下限;
```

例 7.5 编程视频

```
    //构造方法。当枚举类第 1 次被装入时，为枚举常量调用该方法
    //初始化每一个常量，如"优秀"的两个域初始化为 100 和 90
    private 考察成绩(int 成绩上限,int 成绩下限)          //构造方法
    {
        this.成绩上限=成绩上限;
        this.成绩下限=成绩下限;
    }
    //setter 和 getter
    public void set 成绩上限(int 成绩上限)
    {
        this.成绩上限=成绩上限;
    }
    public int get 成绩上限()
    {
        return 成绩上限;
    }
    public void set 成绩下限(int 成绩下限)
    {
        this.成绩下限=成绩下限;
    }
    public int get 成绩下限()
    {
        return 成绩下限;
    }
    //枚举类中还可以定义 main 方法。把类 Example7_21 中的 main 方法
    //复制过来，在命令行中输入"java 考察成绩"，运行结果一样
    public static void main(String args[])
    {
    }
}

public class Example7_05
{
    public static void main(String args[])
    {
        Scanner reader=new Scanner(System.in);

        System.out.print("输入一个百分制成绩: ");
        int score=reader.nextInt();      //读入一个成绩
```

图 7.5　例 7.5 运行结果

```
//声明一个枚举类的数组，调用方法 values 得到数组
//数组中的每一个元素都"考察成绩"类型，表示一个枚举常量
考察成绩 成绩[]=考察成绩.values();
for(int i=0;i<成绩.length;i++)
    //判断分数是否在某一个分数段内，枚举常量中包含分数段
    if(score<=成绩[i].get成绩上限() && score>=成绩[i].get成绩下限())
    {
        System.out.println("考察成绩是："+成绩[i].name());
        break;
    }
//也可以用下面程序扩展 for 循环
for(考察成绩 成绩1:考察成绩.values())          //判断
    if(score<=成绩1.get成绩上限() && score>=成绩1.get成绩下限())
    {
        System.out.println("考察成绩是："+成绩1);
        break;
    }
    }
}
```

7.6 小   结

本章主要介绍了接口和枚举。

首先，介绍了接口的基本概念和定义方法，然后讨论了接口和抽象类之间的区别，最后通过多个实例详细介绍了面对接口设计的原则和方法。面向接口编程是程序设计中比较难以掌握的部分，关键在于能否理解面向接口的设计思想，这就需要多进行分析和练习。

枚举是将对象的所有值一一列举出来，使用枚举能够提高程序的可读性。Java 中的枚举不仅仅表示出常量，而且常量本身还可以有属性值，枚举类中还可以定义方法。

7.7 习   题

1. 什么是接口？与抽象类有哪些区别？

2. 在接口体中可以定义哪些内容？

3. 有一个类 Door，可以实现基本的开、关行为，现在要扩展其功能，增加报警行为。如何对类 Door 进行修改更合理？

4. 试编写程序实现第 3 题功能。

5. 设计一季节枚举类表示季节。根据给定的月份显示该季节气候情况：春季——春暖花开，感觉合适；夏季——天气有点热；秋季——秋风扫落叶，天气渐渐转凉；冬季——太冷了。

第8章
异常处理

本章要点

- 异常
- 异常分类
- 异常处理机制
- 常用的程序调试方法

在程序设计过程中，经常会出现程序错误的情况。如果是语法性错误，在编译时就可以检查出来并加以解决。而一些错误是在程序运行中出现的，Java 将这样的错误定义成异常，并提供了检测与处理方法。本章将围绕着 Java 的异常进行详细介绍。

8.1 异　　常

异常

8.1.1　异常的概念

程序在运行过程中，有时会出现一些错误，这些错误会中断当前程序的执行。Java 把这类导致程序中断运行的错误称为异常。Java 中提供了一系列的方法用于捕获、处理这些异常。

8.1.2　异常的类型

在 Java 中，所有的异常均当作对象来处理，即当发生异常时产生了异常对象。

java.lang.Throwable 类是 Java 中所有错误类或异常类的根类，其两个重要子类是 Error 类和 Exception 类。

1. Error 类

java.lang.Error 类是程序无法处理的错误，最常见的是 JVM 虚拟机错误，如 OutOfMemoryError、StackOverflowError 等。这些错误通常发生在 Java 虚拟机中，属于不可查的错误，主要用于表示系统错误或底层资源的错误，都需交由系统进行处理。

2. Exception 类

java.lang.Exception 类是程序本身可以处理的异常。这类异常分为可查（checked）异常和不可查（unchecked）异常。

不可查异常是指在运行中可能出现的异常。这种异常无法在编译时检查出来，在运行过程中有可能出现，也有可能不出现，所以这类异常在程序中可以选择捕获处理，也可以不处理。这类异常通常是由程序逻辑错误引起的，所以程序应该从逻辑角度尽可能避免这类异常的发生。不可查异常都是 RuntimeException 类及其子类异常。

可查异常是指在编译时被强制检查的异常，这种异常是可以预见的，所以必须在程序中进行处理，即或者进行捕获并处理，或者明确抛出给上一级主调方法进行处理，否则编译无法通过。RuntimeException 以外的异常都属于可查异常。图 8.1 给出了 Java 异常类之间的关系，这里只列出其中的一小部分。

图 8.1　Java 的异常分类

3. Throwable 类中的常用方法

Throwable 类是所有异常类的根类，其提供了 3 种方法用来获取异常的相关信息：

（1）public Throwable getCause()：返回此 Throwable 对象的 cause（原因）。如果 cause 不存在或未知，则返回 null。

（2）public String getMessage()：返回此 Throwable 对象的详细信息。

（3）public void printStackTrace()：将此 Throwable 对象的堆栈跟踪输出至错误输出流，作为字段 System.err 的值。

8.1.3　程序中的常见异常

Java 中提供的异常类很多，这里介绍 13 种常见的异常，其他异常请查看 Java 的相关文档。

1. ArithmeticExecption 异常

java.lang.ArithmeticException 异常是指数学运算异常。例如程序中出现了除数为 0 的运算，就会抛出该异常。

2. NullPointerException

java.lang.NullPointerException 异常是指空指针异常。例如当应用试图在要求使用对象的地方使用了 null 时，就会抛出该异常。

3. NegativeArraySizeException

java.lang.NegativeArraySizeException 异常是指数组大小为负值异常。例如当使用负数大小值创建数组时，就会抛出该异常。

4. ArrayIndexOutOfBoundsException 异常

java.lang.IndexOutOfBoundsException 异常是指数组下标越界异常。例如当访问某个序列的索引值小于 0 或大于等于序列大小时，就会抛出该异常。

5. NumberFormatException 异常

java.lang.NumberFormatException 异常是指数字格式异常。当试图将一个 String 转换为指定的数字类型，而该字符串却不满足数字类型要求的格式时，就会抛出该异常。

6. InputMismatchException 异常

java.util.InputMismatchException 异常是指输入类型不匹配异常。它由 Scanner 抛出，当读取的数据类型与期望类型不匹配，就会抛出该异常。

7. NoSuchMethodException 异常

java.lang.NoSuchMethodException 异常是指方法不存在异常。当无法找到某一特定方法时，就会抛出该异常。

8. DataFormatException 异常

java.util.zip.DataFormatException 异常是指数据格式错误异常。当数据格式发生错误时，就会抛出该异常。

9. NoClassDefFoundError 错误

java.lang.NoClassDefFoundError 错误是指未找到类定义错误。当 Java 虚拟机或者类装载器试图实例化某个类，而找不到该类的定义时，就会抛出该错误。

10. OutOfMemoryError 错误

java.lang.OutOfMemoryError 错误是指内存不足错误。当可用内存不足以让 Java 虚拟机分配给一个对象时，就会抛出该错误。

11. StackOverflowError 错误

java.lang.StackOverflowError 错误是指堆栈溢出错误。当一个应用递归调用的层次太深而导致堆栈溢出时，就会抛出该错误。

12. ThreadDeath 错误

java.lang.ThreadDeath 错误是指线程结束。当调用 Thread 类的 stop 方法时就会抛出该错误，用于指示线程结束。

13. UnknownError 错误

java.lang.UnknownError 错误是指未知错误，用于指示 Java 虚拟机发生了未知严重错误的情况。

8.2 异常处理

处理异常

8.2.1 Java 异常处理机制

在 Java 应用程序中，对异常的处理机制分为抛出异常和捕获异常。

1. 抛出异常

如果一个方法在数据处理过程中产生了异常,这时该方法会创建一个异常对象交给 JVM 进行处理。在这个异常对象中包含了该异常的类型和异常出现时的程序状态等信息。JVM 接到这个异常对象后从这个方法开始按调用栈回溯查找合适的处理程序并执行。

2. 捕获异常

当方法抛出异常之后, JVM 从发生异常的方法开始, 首先查找该方法中是否有处理该异常的代码,如果有,则处理该异常。如果没有,则查找调用该方法的方法中是否有处理该异常的代码,依次回溯, 直至找到含有合适的处理代码并执行异常处理。如果查找到最后仍没有找到, 则 JVM 终止程序的运行。

3. 异常的处理方法

对于不可查异常、错误或可查异常, Java 对相应的异常处理方式有所不同。

RuntimeException 异常属于不可查异常, 其通常发生在程序运行期间。为了更合理、更容易地编写应用程序（异常处理过多, 会增加程序结构的复杂性）, Java 规定运行时异常可由 Java 运行时系统自动抛出, 允许应用程序忽略这类异常。

对于方法运行中可能出现的 Error, 如果此方法不对其进行捕获, Java 也允许该方法不做任何抛出声明。

对于所有的可查异常, 一个方法必须捕捉异常, 或者声明抛出该异常到方法之外。也就是说,如果一个方法不对可查异常进行捕获, 它必须声明抛出此异常。

如果一个方法能够捕获异常, 就必须提供处理该异常的代码。该方法捕获的异常, 可能是方法本身产生并抛出的异常, 也可能是由某个调用的方法或者 Java 虚拟机等抛出的异常, 即所有的异常一定是先被抛出再被捕获的。

任何 Java 代码都可以抛出异常, 其可以使用 throw 语句抛出异常。如果一个方法不想对自己产生的异常进行捕获和处理, 则在方法声明时使用 throws 子句抛出该异常。

捕获异常是通过 try-catch 语句或者 try-catch-finally 语句实现的。

总之, Java 要求所有的可查异常必须被捕获或者声明抛出, 而对于不可查异常 RuntimeException 和错误异常 Error 可以忽略。

8.2.2 try-catch-finally 处理异常

1. 语句结构

在 Java 中使用 try-catch 语句来捕获和处理异常。语句格式为:

```
try
{
    //正常数据处理但可能会发生异常的程序代码
}
catch (异常类型1 e)
{
    // 捕获并处理 try 抛出的异常类型 1
}
catch (异常类型2 e)
{
    //捕获并处理 try 抛出的异常类型 2
}
```

```
…
catch(异常类型 n e)
{
       //捕获并处理 try 抛出的异常类型 n
}
finally
{
           //对 try 语句块进行的后续处理
}
```

其中的 try 部分用于监视可能产生异常的语句，其后可接零个或多个 catch 块，如果没有 catch 块，则必须跟一个 finally 块。catch 语句块用于处理 try 捕获到的异常，按照顺序优先的条件进行匹配和处理。finally 可以让程序员在数据处理或异常处理后做一些清理工作。无论是否捕获或处理异常，finally 块里的语句都会被执行。当在 try 块或 catch 块中遇到 return 语句时，finally 语句块将在方法返回之前被执行。有 catch 时，finally 可以没有。

【例 8.1】捕获并处理算术运行异常。

```
import java.util.InputMismatchException;
import java.util.Scanner;
public class Example8_01
{
    public static void main(String[] args)
    {
        Scanner scanner=new Scanner(System.in);
        System.out.println("输入两个整数完成除法运算：");

        try
        { // 异常的捕获区域
            int a=scanner.nextInt();
            int b=scanner.nextInt();
            System.out.println("a/b 的值是: " + a/b);
        }
        catch (ArithmeticException e)
        { // catch 捕捉 ArithmeticException 异常
            System.out.println("程序出现异常，除数 b 不能为 0。");
        }
        catch(InputMismatchException e)
        { // catch 捕捉 InputMismatchException 异常
            System.out.println("输入数据类型错误，请输入整型数据! ");
        }

        System.out.println("程序结束。");
    }
}
```

例 8.1 编程视频

运行例 8.1 时，从键盘读取两个整数并且第 2 个整数不为 0，则正常运算，程序运行结果如图 8.2（a）所示。如果第 2 个数为 0，则会抛出 ArithmeticException 异常，该异常被 catch 语句捕获后显示"程序出现异常，除数 b 不能为 0"，运行结果如图 8.2（b）所示。如果输入的数据不合法，则会产生 InputMismatchException 异常，该异常被第 2 个 catch 捕获，运行结果如图 8.2（c）所示。

（a）　　　　　　（b）　　　　　　（c）

图 8.2　例 8.1 运行结果

2. try-catch-finally 语句执行过程

首先，try 语句块中的语句会逐一被执行，如果没有产生任何异常，则程序会跳过所有 catch 语句块，执行 finally 语句块和其后的语句。

如果 try 语句块中产生了异常，则不会再执行 try 语句块中的后续程序，而是跳到 catch 语句块，并与 catch 语句块逐一匹配，找到对应的异常处理程序并执行完后，会继续执行 finally 语句块以及后续的程序语句，其他的 catch 语句块将不会被执行。

如果 catch 语句块中没有匹配该异常的程序代码，则将该异常抛给 JVM 进行处理，finally 语句块中的语句仍会被执行，但 finally 语句块后的其他语句不会被执行。

3. try-catch-finally 语句的使用规则

必须在 try 之后添加 catch 或 finally 块，try 块后可同时接 catch 和 finally 块，但至少有一个块。若同时使用 catch 和 finally 块，则必须将 catch 块放在 try 块之后。

可嵌套 try-catch-finally 结构，在 try-catch-finally 结构中，可重新抛出异常。

8.2.3　throw 抛出异常

throw 抛出异常

throw 是出现在方法中的一条语句，用来抛出一个 Throwable 类型的异常。程序会在 throw 语句后立即终止，它后面的语句执行不到，然后在包含它的所有 try 块中（包括在上层调用方法中）从里向外寻找含有与其匹配的 catch 子句。

throw 语句的语法格式为：

```
throw 异常类对象;
```

例如抛出一个 IOException 类的异常对象。

```
throw new IOException();
```

需要注意的是 throw 语句抛出的只能够是类 Throwable 或其子类的实例对象。下面的操作是错误的。

```
throw new String("exception");
```

因为 String 不是 Throwable 类的子类。

如果抛出的是可查异常，则还应该在方法头部进行声明方法可能抛出的异常类型。该方法的调用者也必须检查处理抛出的异常。

如果抛出的是 Error 或 RuntimeException，则该方法的调用者可选择性地处理该异常。

【例 8.2】使用 throw 语句抛出异常。

```
import java.util.InputMismatchException;
import java.util.Scanner;
public class Example8_02
{
    public static void main(String[] args)
    {
        Scanner scanner=new Scanner(System.in);
        System.out.println("输入两个整数完成除法运算: ");
```

例 8.2 编程视频

```
    try
    {
        int a=scanner.nextInt();
        int b=scanner.nextInt();
        if(b==0)
            throw new ArithmeticException();        //抛出异常
        System.out.println "a/b 的值是: " + a/b);
    }
    catch (ArithmeticException e)
    {
        System.out.println("程序出现异常，除数 b 不能为 0。");
    }
    catch(InputMismatchException e)
    {
        System.out.println("输入数据类型错误，请输入整型数据！");
    }

    System.out.println("程序结束。");
    }
}
```

从该例中我们看到，对于可能产生的异常，使用 throw 语句主动抛出了这个异常对象。对于这样的异常需要进行捕获并处理。

开动脑筋

为什么例 8.1 没有主动抛出该异常，也没有出现错误？

8.2.4 自定义异常类

自定义异常类

Java 中虽然提供了许多异常类，但并不可能满足编程的所有需求。有时需要自定义异常类，自定义异常类必须继承自 Exception 类。自定义异常类的使用与系统定义的异常类的使用方法完全一样。

【例 8.3】从键盘录入用户的姓名和年龄信息，要求年龄不能是负数。试用异常处理机制完成程序设计。

【问题分析】根据题意，该题目主要是要求使用异常完成年龄的检测和处理，所以需要定义一个异常类来实现这一功能。程序如下。

```
import java.util.Scanner;
class MyException extends Exception        //自定义异常类，必须基于 Exception 派生
{
    String message;                        //定义 String 类型变量，用于提示信息
    public MyException(String error)
    {
        message = error;
    }
    public String getMessage()
    { // 重写 getMessage()方法
        return message;
```

```
        }
    }

public class Example8_03
{
    public static void main(String[] args)
    {
        try
        {
            Scanner scanner=new Scanner(System.in);
            System.out.println("请输入用户的姓名、年龄: ");
            String name=scanner.next();
            int age=scanner.nextInt();

            if(age<0)                                      //如果年龄为负数，则抛出异常
                throw new MyException("年龄不能为负");      //抛出 MyException 异常对象

            System.out.println("该用户的基本信息是: ");
            System.out.println("姓名: "+name+", 年龄: "+age);
        }
        catch (MyException e)
        {//捕获并处理 MyException 异常
            System.err.println(e.getMessage());
        }
    }
}
```

程序运行两次。第 1 次年龄输入正数，运行结果如图 8.3（a）所示；第 2 次年龄输入负数，运行结果如图 8.3（b）所示。

（a）　　　　　　　　　　（b）

图 8.3　例 8.3 运行结果

8.2.5　方法声明抛出异常

1. throws 关键字

如果一个方法可能会出现异常，但该方法不想或不能处理这种异常，可以在方法声明时用 throws 关键字来声明抛出异常。throws 语句的语法格式为：

```
类型 方法名([参数表列]) throws 异常类1,异常类2,...
{//...方法体}
```

方法声明后的 throws Exception1,Exception2,...，是该方法可能产生的异常的类型。当方法抛出异常列表中的异常时，方法将不对这些类型及其子类的异常做处理，而是抛给调用该方法的主调方法，由主调方法来进行异常处理。如果抛出的是 Exception 异常类型，则该方法被声明为可以抛出所有的异常类型。

【例 8.4】方法声明抛出异常与处理。

```
public class Example8_04
{
```

```
int [] arrays;//声明一个数组
public static void main(String[] args)
{
    Calculator aCalculator=new Calculator();

    try
    {
        System.out.println(aCalculator.div(25, 6));
        System.out.println(aCalculator.div(25,0));
    }
    catch(CalculatorException e)
    {
        System.out.println(e.getMessage());
    }
}
```

例 8.4 编程视频

```
class CalculatorException extends Exception              //自定义异常类
{
    private String errorMess;

    public CalculatorException(String mess)
    {
        errorMess=mess;
    }
    public String getMessage()
    {
        return errorMess;
    }
}
class Calculator
{
    //方法声明抛出异常
    /*产生异常后，该方法没用 try-catch 处理异常。该方法也无法处理异常
       因为该方法处理异常后，意味着该方法在处理数据过程中没有产生异常
       没有产生异常，则必须返回一个正确的计算结果——显然无法返回
       所以只有抛出异常，交给它的主调方法处理该异常*/
    //抛出异常，就不需要 return 返回值了
    public int div(int x,int y)throws CalculatorException
    {
        if(y==0)
            throw new CalculatorException("被 0 除了！");       //异常产生了

        return x/y;
    }
}
```

2. Throws 抛出异常的规则

如果产生的异常是不可查异常，即 Error、RuntimeException 或它们的子类，那么可以不使用 throws 关键字来声明要抛出的异常，编译仍能顺利通过，但在运行时会被系统抛出。

如果方法中产生的异常是可查异常，那么或者用 try-catch 语句捕获，或者用 throws 子句声明将它抛出，否则会导致编译错误。

只有抛出了异常，该方法的调用者才能处理或者重新抛出该异常。当方法的调用者无法处理该异常时，应该继续向上抛出，而不应放弃。

8.2.6　finally 和 return

finally 子句作为 try-catch-finally 的第三部分，无论是否捕获或处理异常，finally 子句中的语句都会被执行。但如果在 try 子句中出现了 return 语句，则情况复杂一些。

如果 try 子句中没有产生异常，则一直执行到 return 语句，包括 return 语句中的表达式，并在返回值已经确定的情况下先跳转至 finally 子句中的语句，执行完毕再返回。

如果 try 子句中产生了异常，则异常之后的 try 语句都不再执行，直接跳转到 catch 子句中继续执行。如果 catch 中有 return 语句，则与上述相似，一直执行到 return 语句，包括 return 语句中的表达式，在返回值已经确定的情况下先跳转至 finally 子句中的语句，执行完毕再返回。

如果在 finally 子句中有 return 语句，则一定会从该 return 语句返回，其他所有 return 语句都不会被执行。Java 不建议在 finally 中放置 return 语句，因为会产生一个 warning。

8.3　用断言调试程序

用断言调试程序

断言语句（assert）是专用于代码调试的语句，通常用于程序不准备使用捕获异常来处理的错误。在程序调试时，加入断言语句可以发现错误，而在程序正式执行时可以不去除该语句，只要关闭断言功能即可。断言语句的语法格式有两种：

```
assert 布尔表达式；
assert 布尔表达式:字符串表达式；
```

在 assert 后面的布尔表达式结果为 true 时，程序继续执行；如果是 false，则程序立即结束执行。对于第二种形式还会输出"字符表达式"的值，提示出现的问题。

一般地，在程序中可能会出现错误的地方加上断言语句，以便于调试。

【例 8.5】读入一个班级的学生成绩并计算总分。要求成绩不能为负数，使用断言语句进行程序调试。

例 8.5 编程视频

```java
import java.util.Scanner;
public class Example8_05
{
    public static void main(String[] args)
    {
        Scanner scanner=new Scanner(System.in);
        int score;
        int sum=0;
        System.out.println("请输入成绩,键入任意字符结束: ");

        while(scanner.hasNextInt())
        {
            score=scanner.nextInt();            //读入成绩
            //如果成绩为负数，则终止执行，显示"成绩不能为负"
            assert score>=0:"成绩不能为负! ";
            //如果成绩大于 100 分，则终止执行，显示"成绩满分为 100 分"
            assert score<=100:"成绩满分为 100 分! ";
            sum+=score;
        }
        System.out.println("班级总成绩为: "+sum);
    }
}
```

在命令行运行程序时，使用带有"–ea"参数的 java 命令就可启用断言。程序调试通过，不需要断言语句时，则运行时不用"–ea"参数。命令行的运行过程及结果如图 8.4 所示。

如果在 Eclipse 中运行并启用断言，则运行前需要设置属性值。在 Eclipse 中，选择菜单"Project→Properties"，出现属性对话框后，在属性对话框中选择"Run/Debug Settings→Example8_05→Edit"，出现如图 8.5 所示的编辑对话框。在编辑对话框中选择"Arguments"，在"VM arguments"编辑框中输入"-ea"，单击"OK"键完成参数设置。设置参数后再运行程序就可以启用断言；想禁用断言，则将参数"-ea"去掉即可。

图 8.4　例 8.5 运行结果

图 8.5　编辑对话框

8.4　小　　结

本章主要对 Java 的异常处理机制及使用方法进行了讲解和介绍。

首先，介绍了异常的概念及其分类。Java 把异常分为了两大类：错误 Error 和异常 Exception。通常错误由 JVM 引起，程序可以不用考虑；而异常会影响程序的运行，所以尽量在程序设计时对其进行处理。

其次，介绍了 Java 程序常见的异常类，包括常用的几种 Exception 类和 Error 错误。

然后，重点介绍了 Java 的异常处理机制和 try-catch-finally 语句的使用规则和使用方法。这部分也是进行异常处理的核心。

最后，简要介绍了程序调试过程中断言的功能和使用。

异常处理是一个程序完整性设计的重要体现，也是使得程序能正常运行的保证。会用、善用异常才能设计出一个好的程序。

8.5　习　　题

1. 什么是异常？分为哪几类？
2. 简述 Java 的异常处理机制。
3. 哪类异常可以不进行捕获和处理？
4. throw 和 throws 有何不同？
5. 断言 assert 的作用？
6. 编写程序，实现银行的存取款操作。在定义银行类时，若取钱数大于余额时需要做异常处理。

第二篇
Java 常用基础类

第9章
常用实用类

本章要点
- 字符串类
- 正则表达式
- 数学类
- 日期日历类
- 包装类

设计 Java 程序时会用到各种不同的类。这些类有的来自于 Java 的标准库，有的来自第三方库。以这些类为工具，可编写解决不同问题的应用程序。因此，掌握尽可能多的类和方法也是程序员之所需。JDK1.7 包含 3600 多个类，可以说数量巨大。当然其中常用的类没有这么多，本书所讲解的就是部分常用类的用法。

本章介绍类的方法，采用从需求出发、寻找适合的类和方法的思维方式。目的有三：一是对所学内容加深印象，二是为了学以致用，三是为了引导学习者主动查阅类文档研究类。

9.1　字符串处理与字符串类

Java 中没有字符串数据类型，字符串可以用 String 和 StringBuffer 类的对象表示。这两个类中封装了大量的方法，使字符串的保存和处理非常方便。

9.1.1　字符串处理问题

字符串处理

【例 9.1】编写一个用于统计给定字符串中大写字母数的方法。

【问题分析】本例中对字符串的统计过程：①确定字符串长度；②循环地取出字符；③判断字符是否为大写字母；④若为大写字母，令计数变量增 1；⑤返回结果值，即大写字母数。

用 String 类的对象表示字符串，String 类中有返回串长度的方法 length()、从串中取字符的方法 charAt（int index）和判断字母是否大写的方法 Character.isUpperCase（char c）。用这些方法就可以统计出大写字母的个数了。程序如下。

```
public class Example9_01
{
    public static void main(String agrs[])
```

```
    {
        String str="People's Republic of China";

        String result="字符串"+str+"中有";
        result=result+countUpperCase(str)+"个大写字母。";

        System.out.println(result);
    }
    private static int countUpperCase(String str)     //静态方法
    {
        int count = 0;
        for(int i = 0;i < str.length(); i++)          //方法 length()测字串长度
        {
            char ch = str.charAt(i);                  //获取 str 中第 i 个字符
            if(Character.isUpperCase(ch))             //用 Character 类方法判断 ch 是否为大写
                count++;
        }
        return count;
    }
}
```

例 9.1 编程视频

字符串People's Republic of China中有3个大写字母。

图 9.1 例 9.1 的运行结果

程序运行结果如图 9.1 所示。

这个程序中用到了两个类，字符串类 String 和字符类 Character。String 类中封装了字符串常用方法如 length()、indexOf()、charAt()、substring()、startsWith()等，这些方法可以用来获取字符串某方面的特性。

【例 9.2】编写一个方法从一个给定字符串中删去指定子串。

【问题分析】为简化问题，假设给定字符串中要么不包含指定子串，要么只包含一个。问题求解思路：①确定子串在字符串中位置 index；②若 index 值为-1，说明不包含子串，否则说明包含；③求子串长度；④取出子串之前部分；⑤取出子串之后部分；⑥合并两部分构成新串；⑦返回结果值，即删除子串后的新串。

```
public class Example9_02
{
    public static void main(String args[])
    {
        String str="This is ana book.";
        String subStr="an";

        String result="从+str+中删除"+subStr;
        result=result+"后的字串"+delChars(str,subStr);

        System.out.println(result);
    }
    private static String delChars(String str,String chars)          //静态方法
    {
        int index = 0;
        int len = 0;
        String s1,s2;
        index = str.indexOf(chars);                 //chars 在 str 中出现的位置
    if(index != -1)                                 //str 中有子串 chars
```

```
        {
            len = chars.length();                //chars 的长度
            s1 = str.substring(0,index);         //在 str 中提取从 0 到 index-1 位置中的子串
            s2 = str.substring(index+len);       //在 str 中提取从 index+len 后的所有子串
            s1 = s1 + s2;                        //两个子串连接
        }
        else                                     //str 中没有有子串 chars
            s1 = "No"+chars+"found.";

        return s1;
    }
}
```

程序运行结果如图 9.2 所示。

从This is ana book.中删除an后的字串This is a book.

图 9.2　例 9.2 的运行结果

 开动脑筋

　　你是否了解网易公开课？关于 Java 字符串处理，你可以试听一下斯坦福的 Mehran Sahami 老师的讲课内容。

　　http://open.163.com/movie/2010/1/6/G/M6LDTAPTU_M6LFSAF6G.html

9.1.2　字符串类

1. String 类常用方法

String 类的对象表示的字符串不可以改变。类中定义的方法可实现对字符串的所有操作，表 9.1 所示的是 String 类中的常用方法。

表 9.1　　　　　　　　　　　　　　　　String 类常用方法

返 回 类 型	方 法 名	功　　能
	String()	创建一个空字符串的对象
	String(char value[])	用字符数组 value 创建一个字符串对象
	String(String original)	用字符串对象创建一个新的字符串对象
char	charAt(int index)	返回指定索引处的字符
int	compareTo(String another)	按字典序比较两个字符串
String	concat(String str)	将字符串 str 连接到当前字符串的末尾
boolean	contains(CharSequence s)	此字符串包含 char 值序列 s 时返回 true
boolean	equals(Object obj)	当前字符串与对象比较
int	hashcode()	返回当前字符串的哈希码
int	indexOf(String str)	返回当前串第一次出现 str 的索引
int	length()	返回当前字符串的长度
boolean	matches(String regex)	判断当前串是非匹配正则表达式
String	replace(char old, char new)	将字符串中所有字符 old 替换为 new
String[]	split(String regex)	按给定正则表达式的匹配拆分字符串
boolean	startsWith(String prefix)	判断当前串是否以 prefix 开头

返 回 类 型	方 法 名	功　　能
String	substring(int begin, int end)	返回当前字符串的一个子字符串
String	trim()	删除前导空格和尾部空格
static String	valueOf(Object obj)	返回 Object 参数的字符串表示形式

可以用一个字符串对象创建另一个新的字符串。例如：

```
String str=new String("Beijing");
```

则 str 表示字符串"Beijing"。上述语句可以简化为：

```
String str="Beijing";
```

可以用一个字符数组中的元素创建一个 String 对象，例如：

```
char value[]={'S', 'h', 'a', 'n', 'g', 'h', 'a', 'i'};
String s=new String(value);
```

2. StringBuffer 类常用方法

StringBuffer 类中有些方法与 String 类的方法相同，它的大多数方法都与如何改变字符串操作有关。另外，StringBuffer 类的构造方法也有特别之处，请看表 9.2。

表 9.2　　　　　　　　　　StringBuffer 常用方法

返 回 类 型	方 法 名	功　　能
	StringBuffer()	构造一个 16 字符的字符串缓冲区
	StringBuffer(int capacity)	构造一个指定容量的字符串缓冲区
	StringBuffer(String str)	构造一个指定串 str 另加 16 字符的缓冲区
	StringBuffer(CharSequence s)	构造一个字符序列 s 另加 16 字符的缓冲区
String	append(String str)	当前串末尾追加串 str
int	capacity()	返回当前缓冲区容量
StringBuffer	delete(int start, int end)	从当前串删除指定索引范围的子串
StringBuffer	insert(int offset,String str)	在当前串中指定偏移处插入子串
StringBuffer	replace(int i,int j,String str)	将字符串中指定字符序列替换为 str
StringBuffer	reverse()	将当前字符串用其倒序串替代

3. String 与 StringBuffer 的区别

二者区别可归结为下面两点。

（1）构造方法不同：String 创建的字符串是常量，创建后不能改变；而 StringBuffer 创建的是缓冲区，其字符串可以改变。

（2）成员方法不同：String 类的成员方法以只读数据为主，而 StringBuffer 的成员方法则可以读写字串。

关于第一点，可能有产生模糊认识的地方。例如：

```
String str = "abc";
str = str + "def";
```

输出 str，结果是 abcdef。如何理解 String 是固定长度字符串类呢？用图 9.3 说明在内存中发生的事情。

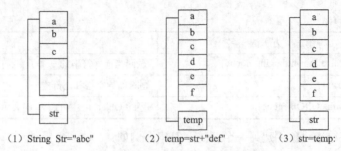

（1）String Str="abc"　　　（2）temp=str+"def"　　　（3）str=temp:

图 9.3　String 字符串合并操作的内存模型

字符串 "abc" 一直保持不变，在执行 str + "def" 时产生了一个新的字符串对象 "abcdef"，赋值后 str 指向这个新的对象，而 "abc" 作为垃圾被 GC（Gargage Collection）回收。

和构造方法相比，其成员方法间的区别就清晰得多。譬如 append 在末尾追加，很显然是直接就改变了当前字符串的内容和长度。在初始化时即为其设置缓冲区，在需要时还可以扩展缓冲区。

4．StringTokenizer

有时需要将一个英文句子中的各个单词分别提取出来，Java 中的 StringTokenizer 类的对象可以很容易地将一个句子中的各个单词分解出来。StringTokenzier 的主要方法如表 9.3 所示。

表 9.3　　　　　　　　　　　　StringTokenizer 的主要方法

返回类型	方　法　名	功　　能
	StringTokenizer(String str)	构造方法，以" \t\n\r\f"中的某一个字符作为单词分隔符分析 str
	StringTokenizer(String str, String delim)	构造方法，以"delim"中的某一个字符作为单词分隔符分析 str
int	countTokens()	统计剩余单词个数
boolean	hasMoreTokens()	是否还有可读的单词
String	nextToken()	

【例 9.3】使用 StringTokenizer 类的对象将一个英文句子中的各个单词提取出来。

程序如下。

```
import java.util.*;
public class Example9_03
{
    public static void main(String args[])
    {
        //被分解的字符串可以有若干空格和逗号
        String s="I am Jame  ,,,  you are Jerry,and he is Tom";
        //对 s 分解，以空格或逗号作为分隔符
        StringTokenizer fenxi=new StringTokenizer(s," ,");
        int number=fenxi.countTokens();        //获取单词总数
        while(fenxi.hasMoreTokens())           //是否还有单词
        {
            String str=fenxi.nextToken();      //有，获得下一个单词
            System.out.print(str+",");
            //获得并输出剩余单词数
            System.out.println("还有"+fenxi.countTokens()+"个单词。");
```

例 9.3 编程视频

```
        }
        System.out.println("总共单词数: "+number);
    }
}
```

程序运行结果如图 9.4 所示。

5. StreamTokenizer

java.util.StringTokenizer 用于字符串的拆分有很大的局限性，主要问题是方法少，用于解析多行文本组成的文本文件时功能较弱。

java.io.StreamTokenizer 定义了几种基本的常量用于标识解析过程：TT_EOF（流结尾）、TT_EOL（行结尾）、TT_NUMBER（数字符号，0 1 2 3 4 5 6 7 8 9）、TT_WORD（一个单词）。

StreamTokenizer 的常用方法如表 9.4 所示。

表 9.4　　　　　　　　　　　　　　StreamTokenizer 的常用方法

返 回 类 型	方 法 名	功　　　能
int	lineno()	返回当前流所在的行号
int	nextToken()	从此输入流中解析下一个 token
void	ordinaryChar(int ch)	指定字符在这个 tokenizer 中保持原义，即只会把当前字符认定为普通的字符，不会有其他的语义。例如：ASCII 值为 46，即字符若设为普通字符，则可为小数点
void	ordinaryChars(int low, int hi)	指定范围内的字符保持原义
void	parseNumbers()	当 stream tokenizer 遭遇到一个单词为双精度的浮点数时，会把它当作一个数字，而不是一个单词
void	pushBack()	回退，会引起下一个 nextToken 方法返回当前值
void	whitespaceChars(int low, int hi)	字符 low 与 hi 之间的所有字符都被当作空格符，即被认识为 tokenzier 的分隔符
void	wordChars(int low, int hi)	字符 low 与 hi 之间的所有字符都被当作单词的要素

【例 9.4】StreamTokenizer 应用例程。

```java
import java.io.*;
import java.util.Scanner;
public class Example9_04
{
    public static void main (String args[])
    {
        try
        {
            System.out.print("请输入文件名: ");
            Scanner reader=new Scanner(System.in);
            String filename=reader.nextLine();

            FileInputStream fileIn=new FileInputStream(filename);
            StreamTokenizer in=new StreamTokenizer(fileIn);
            in.ordinaryChar(46);            // .为普通字符
            in.ordinaryChar(34);            // "为普通字符
            int wordCount=0,numCount=0,punctionCount=0,count=0;
            double token;

            while ((token=in.nextToken())!=StreamTokenizer.TT_EOF)
            {
```

```
            count++;
            if (token==StreamTokenizer.TT_WORD)
                wordCount++;
            else if (token==StreamTokenizer.TT_NUMBER)
                numCount++;
            else
                punctionCount++;
        }

        System.out.println("标记总数为: "+count);
        System.out.println("单词数为: "+wordCount);
        System.out.println("数字数为: "+numCount);
        System.out.println("标点符号数为: "+punctionCount++);
    }
    catch (IOException e)
    {
        System.out.println(e.getMessage());
    }
    }
}
```

运行这个程序前先建立的一个英文的文本文件，运行时根据提示输入文本文件名。

9.1.3 Scanner 类与字符串

2.2.3 节讲解了 Scanner 类的用法，利用 Scanner 类的对象可以从键盘（标准输入设备）输入基本数据类型的数据。利用 Scanner 类的对象还可以从字符串读取数据。如果从字符串中读数据，则应采用下面的形式实例化一个 Scanner 类的对象：

Scanner 类与字符串

```
Scanner input=new Scanner(字符串对象);
```

创建的 Scanner 类的对象仍然用表 2.3 中的方法即可从字符中读数据。读数据时以空格作为数据的分隔标记。

【例 9.5】有一个购物清单：

电视机 3200.00 元，智能手机 2200.00 元，笔记本 4200.00 元，午餐 120.25 元，统计该次购物共花费多少。

【问题分析】将购物清单中的所有数值数据提取出来再相加即可得到总花费。提取数据时，可以使用 Scanner 类的方法 nextDouble()顺序提取每一个数据。读数据前应先设置数据的分隔标记，分隔标记是除数字和"."以外的所有字符。程序如下，程序运行结果如图 9.5 所示。

```
import java.util.Scanner;
public class Example9_05

{
    public static void main(String args[])
    {
        String bill="电视3200.00元,手机2200.00元,笔记本4200.00元,午餐120.25元";
        Scanner reader=new Scanner(bill);          //用字符串作为输入设备
        double total=0;                            //总花销

        reader.useDelimiter("[^0-9.]+");           //正则表达式，数据分隔标记
```

例 9.5 编程视频

```
      while(reader.hasNextDouble())           //还有数?
          total+=reader.nextDouble();          //有, 则读出并累加

      System.out.println("总花费: "+total+"元");
    }
}
```

总花费：9720.25元

图 9.5　例 9.5 运行结果

9.2　正则表达式与字符串处理

9.2.1　正则表达式

1．正则表达式概念

正则表达式，又称正规表达法（Regular Expression），它使用一个字符串来
描述、匹配一系列符合某个句法规则的字符串，在很多应用程序中用来检索、
替换那些符合某个模式的文本。

正则表达式

2．正则表达式语法

正则表达式主要包括元字符、特殊字符和限定符。一个正则表达式就是用
这三种符号组成的。元字符如表 9.5 所示。

表 9.5　　　　　　　　　　　　正则表达式元字符

元 字 符	在正则表达式中的写法	意　义
.	"."	代表任何一个字符
\d	"\\d"	代表 0~9 的任何一个字符
\D	"\\D"	代表任何一个非数字字符
\s	"\\s"	代表空格类字符，'\t'、'\n'、'\x0B'、'\f'、'\r'
\S	"\\S"	代表非空格类字符
\w	"\\w"	代表可用于标识符的字符（不含美元符）
\W	"\\W"	代表不能用于标识符的字符
\p{Lower}	\\p{Lower}	小写字母 a-z
\p{Upper}	\\p{Upper}	大写字母 A-Z
\p{ASCII}	\\p{ASCII}	ASCII 字符
\p{Alpha}	\\p{Alpha}	字母
\p{Digit}	\\p{Digit}	数字 0~9
\p{Alnum}	\\p{Alnum}	字母或数字
\p{Punct}	\\p{Punct}	标点符号
\p{Graph}	\\p{Graph}	可视字符: \p{Alnum}\p{Punct}
\p{Print}	\\p{Print}	可打印字符: \p{Print}
\p{Blank}	\\p{Blank}	空格或制表符[\t]
\p{Cntrl}	\\p{Cntrl}	控制字符: [\x00-\x1F\x7F]

特殊字符如表 9.6 所示。

表 9.6   特殊字符

字　符	描　　述
$	匹配输入字符串的结尾位置
()	标记一个子表达式的开始和结束位置
*	匹配前面的子表达式零次或多次。要匹配 * 字符，应使用 *
+	匹配前面的子表达式一次或多次。要匹配 + 字符，应使用 \+
.	匹配除换行符 \n 之外的任何单字符。要匹配，应使用 \
[	标记一个中括号表达式的开始。要匹配 [，应使用\[
?	匹配前面的子表达式零次或一次，或指明一个非贪婪限定符。要匹配 ? 字符，应使用\?
\	将下一个字符标记为特殊字符、原义字符、向后引用或八进制转义符
^	匹配输入字符串的开始位置
{	标记限定符表达式的开始。要匹配 {，应使用 \{
|	指明两项之间的一个选择。要匹配 |，应使用 \\|

限定符如表 9.7 所示。

表 9.7   正则表达式限定符

带限定符号的模式	意　　义	带限定符号的模式	意　　义
X?	X 出现 0 次或 1 次	X{n}	X 出现 n 次
X*	X 出现 0 次或多次	X{n,}	X 出现至少 n 次
X+	X 出现 1 次或多次	X{n,m}	X 出现 n 次至 m 次

正则表达式中可以用方括号将多个字符括起来表示一个元字符，如[abc]表示 a、b、c 中的任何一个字符，[^abc]表示除 a、b、c 之外的任何字符，[a-c]表示 a 至 c 的任何一个字符，[a-c[m-t]]表示 a 至 c 或 m 至 t 中的任何字符，[a-j&&[i-k]]表示 i、j 之中的任何一个字符，[a-k&&[^ab]]表示 c-k 中任何一个字符。下面是几个常用的正则表达式：

    验证 Email 地址："\\w{1,}@\\w{1,}\56\\w{1,}"。

    验证电话号码："^(\\d{3,4})?-\\d{7,8}$"。

    验证身份证号（15 位或 18 位数字）："^\\d{15}|\\d{18}$"。

    只能输入数字："^[0-9]*$"。

    只能输入 n 位的数字："^\\d{n}$"。

【例 9.6】用正则表达式验证标识符的合法性。定义标识符的规则是第 1 个字符必须是字母、$、下划线或汉字，其后的字符可以是字母、数字、$、下画线或汉字。

【问题分析】符合规则的标识符有很多个。判断时可以将标识符中的每一个字符取出来按标识符的定义规则进行判断，更好的方法是定义一个表示标识符的正则表达式，用这个正则表达式去和每一个标识符匹配。程序如下。

```
public class Example9_06
{
    public static void main(String args[])
    {
        //第 1 个字符必须是$、_、字母或汉字
        String regex="[\\p{Alpha}$_\u4E00-\u9FFF]{1}";
        //其后的若干字符可以是$、_、字母、数字或汉字
```

例 9.6 编程视频

```
regex+="[$_\\p{Alnum}\u4E00-\u9FFF]*";

String id[]={"$$ab","姓名","-x","i+j","a_12$3",
    "6class","_123_","$年龄","25","a123x","i"};

for(String str:id)
    //matches 方法可以判断 str 是否与 regex 匹配
if(str.matches(regex))
        System.out.println(str+" 合法");
    else
        System.out.println(str+" 不合法");
}
}
```

图 9.6　例 9.6 运行结果

程序运行结果如图 9.6 所示。

9.2.2　Pattern 类和 Matcher 类

java.util.regex.Pattern 和 java.util.regex.Matcher 是用于模式匹配的类，模式对象封装了正则表达式。Matcher 对象方法则主要针对匹配结果进行处理，下面用代码段示例说明：

```
String regex = "[a-z]at";
String str = "a fat cat and a rat were eating oat in the vat.";
Pattern p = Pattern.compile(regex);
Matcher m = p.matcher(str);
while(m.find())                    //find()寻找 s 中按 regex 匹配的子序列
{
    String s = m.group();          //group()返回匹配的子序列
    System.out.println(s);
}
```

开动脑筋

你了解的以字符串处理为主的应用程序有哪些？你知道源程序编译的过程中进行什么操作吗？

9.3　数学计算与数学类

数学计算与数学类

数学计算是程序的基本任务。Java 中有几个类和数学计算有密切关系，包括 Math（数学类）、Random（随机数类）、BigInteger（大整型数类）、NumberFormat（数据格式类）、DecimalFormat（小数格式类）、Formatter（格式化器类）。用这些类可以完成一些数据的计算与格式化。

【例 9.7】计算 1!+2!+3!+4!+⋯　前 30 项之和。

【问题分析】阶乘计算的数据较大，为避免产生溢出，可采用大整数类计算。类 BigInteger 的成员方法主要包括 add(BigInteger)、subtract(BigInteger)、multiply(BigInteger)、divide(BigInteger)、remainder(BigInteger)、compareTo(BigInteger)等。程序如下。

```
import java.math.*;
public class Example9_07
{
```

```
       public static void main(String args[])
       {
            BigInteger sum = new BigInteger("0"),
                    item = new BigInteger("1"),
                    ONE = new BigInteger("1"),
                    i = ONE,
                    n = new BigInteger("30");
            while(i.compareTo(n)<=0)                    //两个大整数比较大小
            {
                //当前项 item=i!累加到 sum 中
                sum = sum.add(item);
                i = i.add(ONE);                         //i 增加 1
                //item 变成(i+1)!
                item = item.multiply(i);
            }
            System.out.println("sum= "+sum.toString());
       }
}
```

程序运行结果如图 9.7 所示。

```
sum=  274410818470142134209703780940313
```

图 9.7　例 9.7 运行结果

　　Math 类主要进行常用的数学计算，如取绝对值 abs()、求最大值 max()、求最小值 min()、产生随机数 random()、乘幂 pow()、平方根 sqrt()、对数 log()、三角函数运算等，此外，类中还定义了自然对数底数和圆周率两个常数。Math 类的所有属性和方法都是静态的，所以可直接通过 Math 类名访问相应的成员，如 Math.PI、Math.E、Math.sqrt(2)、Math.sin(Math.toRadians(30))（30 度的正弦值）等。

　　Random 类主要用于产生随机数，它的主要方法包括 nextBoolean()、nextBytes()、nextDouble()、nextInt()、nextInt(int n)、nextLong()、setSeed()等，其中 nextInt(int n)方法可以生成指定范围 0 到 n（包括 0 但不包括 n）的随机整数。

　　NumberFormat、DecimalFormat 和 Formatter 类主要用于控制数值数据的输出格式，其用法参考以下程序实例。

　　【例 9.8】用 NumberFormat 定义输出格式。程序如下。

```
import java.text.*;
import java.util.Random;
public class Example9_08
{
    public static void main(String args[])
    {
        Random random=new Random();
        NumberFormat nf = null ; // 声明一个 NumberFormat 对象
        nf = NumberFormat.getInstance() ; // 得到默认的数字格式化显示

        int i=random.nextInt(20000000);//得到[0,20000000)之间的一个随机整数
        long l=random.nextLong();//产生一个随机长整数
        double d1=Math.random()*3000000;//得到[0,300000)之间的一个随机浮点数
        double d2=random.nextDouble()*12000;//得到[0,12000)间的一个随机浮点数
```

```
            System.out.println(i+"格式化后: "+nf.format(i));
            System.out.println(l+"格式化后: "+nf.format(l));
            System.out.println(d1+"格式化后: "+nf.format(d1));
            System.out.println(d2+"格式化后: "+nf.format(d2));
        }
    }
```

程序运行结果如图 9.8 所示。

```
6744046格式化后: 6,744,046
1349755425606248411格式化后: 1,349,755,425,606,248,411
2947622.8801849927格式化后: 2,947,622.88
2421.2680432719712格式化后: 2,421.268
```

图 9.8　例 9.8 运行结果

此例中数据输出格式采用默认格式，也可以指定数字格式：

```
nf = NumberFormat.getInstance(inLcale);//例如 inLocale=Locale.FRENCH
```

DecimalFormat 是 NumberFormat 的子类，它通过一些标记符号控制数字输出格式。

【例 9.9】用 DecimalFormat 定义输出格式。

```
import java.text.* ;
public class Example9_09
{
    public static void main(String args[])
    {
        format("###,###.###",111222.34567);
        format("000,000.000",11222.34567);
        format("###,###.###￥",111222.34567);
        format("000,000.000￥",11222.34567);
        format("##.###%",0.345678);
        format("00.###%",0.0345678);
        format("###.###\u2030",0.345678);
    }
    private static void format(String pattern,double value)          //格式化方法
    {
        DecimalFormat df = null;                  // 声明一个 DecimalFormat 类的对象
        df = new DecimalFormat(pattern);          // 实例化对象，传入模板
        String str = df.format(value);            //格式化数字
        System.out.println("使用"+pattern+"格式化数据"+value+": "+str) ;
    }
}
```

程序运行如图 9.9 所示。

```
使用###,###.###格式化数据111222.34567: 111,222.346
使用000,000.000格式化数据11222.34567: 011,222.346
使用###,###.###￥格式化数据111222.34567: 111,222.346￥
使用000,000.000￥格式化数据11222.34567: 011,222.346￥
使用##.###%格式化数据0.345678: 34.568%
使用00.###%格式化数据0.0345678: 03.457%
使用###.###‰格式化数据0.345678: 345.678‰
```

图 9.9　例 9.9 运行结果

【例 9.10】用 Formatter 定义输出格式。JDK1.5 推出了 printf 方法和 Formatter 类用于实现数

字格式化输出。printf 已在第 2 章中做过介绍，不再赘述。Formatter 也是用控制符进行格式控制的。通过本例了解如何利用 Formatter 的方法实现输出数字格式控制。

```java
import java.util.Date;
import java.util.Formatter;
public class Example9_10
{
    public static void main(String[] args)
    {
        Formatter formatter =new Formatter(System.out);        //注意参数
        //格式化输出字符串和数字,%是引导格式串符号
        //-: 指定为左对齐，默认右对齐
        //10: 输出域宽为 10,实际数字占不满，则输出空格，若超过，则全部输出
        //.6: 在此表示输出参数 6 的最大字符数量，如果是浮点数字，则表示
        //小数部分显示的位数
        //s: 表示输入参数是字符串，1$: 取第一个参数，即 123
        System.out.println("数字输出格式化: ");
        formatter.format("%1$2s %2$10.6s\n", "123", "456.678");
        System.out.println("-----------------------");

        Date date = new Date();
        System.out.println("当前日期: "+date);
        //日期的格式化，并将格式化结果存储到一个字符串变量中
        //1$: 取第一个参数，即 date, t 日期, Y, m, e 分别为年、月、日
        String s = String.format("当前日期格式化:%1$tY-%1$tm-%1$te", date);
        System.out.println(s);
        System.out.println("-----------------------");

        //将格式化的结果存储到字符串
        String fs = String.format("当日开销(%.2f,%d)", 173.278, 65);
        System.out.println(fs);
    }
}
```

程序运行结果如图 9.10 所示。

图 9.10　例 9.10 运行结果

9.4　日期和日历类

在一般的程序中日期、日历数据并不多见,但是在电子商务、电子政务和各类管理系统中日期、日历数据变得非常普遍。比如网上购票系统要求用户输入出行日期，系统需进行日期格式验证，将输入的日期和当前日期比较确定是否在规定的售票日期区间之内。图书馆需要存储借阅日期和还书日期，计算是否超期。电子商务、电子政务系统中日期更是常用数据，因为涉及开具发票、商品配送、办事流程等。在 Java 中可以使用日期类 Date 和日历类 Calendar 表示时间和日期。

9.4.1 日期类 Date

Date 类在包 java.util 中，常用方法如表 9.8 所示。

表 9.8　　　　　　　　　　　Date 类的常用方法

返回类型	方法名	功能
boolean	after(Date d)	测试此日期是否在指定日期之后
boolean	before(Date d)	测试此日期是否在指定日期之前
int	compareTo(Date d)	比较两个日期的顺序
long	getTime()	返回自格林尼治 GMT1970 年 1 月 1 日 00:00:00 以来此 Date 对象表示的毫秒数

9.4.2 日历类 Calendar

日历类也在包 java.util 中，常用方法如表 9.9 所示。

表 9.9　　　　　　　　　　　Calendar 类的常用方法

返回类型	方法名	功能
int	get(int field)	返回给定日历字段的值
Date	getTime()	返回一个表示此 Calendar 时间值（从纪元至现在的毫秒偏移量）的 Date 对象
long	getTimeInMillis()	返回以毫秒为单位的此日历的时间值
void	set(int field, int value)	将给定的日历字段设置为给定值
void	setTime(Date date)	使用给定的 Date 实例设置此 Calendar 对象的时间

【例 9.11】俗话说，"三天打鱼，两天晒网"。某渔民从 2010 年 1 月 1 日起，连续打三天鱼，然后休息两天，再连续打三天鱼，再休息两天……一直重复这个劳作过程。问，从 2010 年 1 月 1 日起的某一天，该渔民是在打鱼，还是在休息？

【问题分析】先计算出某一天与 2010 年 1 月 1 日之间的天数，然后这个天数对 5 取余数。如果余数是 1、2 或 3，则表示打鱼；如果余数是 4 或 0，则表示休息。求天数时，用 getTimeInMillis() 函数得到对应的毫秒数，再转换成天数就可以了。程序如下，程序运行结果如图 9.11 所示。

```
import java.util.*;
public class Example9_11
{
    private static int days(int year,int month,int day)
    {
        Calendar start=Calendar.getInstance();         //获得日历类的实例
        start.set(2010,1,1,0,0,0);                      //设置日期和时间
        long milliSec1=start.getTimeInMillis();//对应的毫秒数

        Calendar oneDay=Calendar.getInstance();
        oneDay.set(year,month,day,0,0,0);
        long milliSec2=oneDay.getTimeInMillis();

        //转换成天数，2010.1.1也算一天，所以加1
```

```
            return (int)((milliSec2-milliSec1)/(24*3600*1000))+1;
        }
    private static String whatToDo(int year,int month,int day)
        {
            String doing=null;
            int intervals=days(year,month,day);           //获得相隔的天数

            switch(intervals%5)
            {
            case 1:
            case 2:
            case 3:
                doing="打渔";break;
            case 0:
            case 4:
                doing="晒网";
            }
            return doing;
        }

    public static void main(String args[])
        {
            String dateStr;

            int year=2015,month=1,day=5;
            dateStr=year+"."+month+"."+day;
            System.out.println(dateStr+whatToDo(year,month,day));

            year=2013;month=9;day=11;
            dateStr=year+"."+month+"."+day;
            System.out.println(dateStr+whatToDo(year,month,day));

            year=2010;month=1;day=6;
            dateStr=year+"."+month+"."+day;
            System.out.println(dateStr+whatToDo(year,month,day));
        }
    }
```

图 9.11　例 9.11 运行结果

9.5　包装类

　　Java 为其八个基本数据类型设计了一个对应的类统称为包装类（Wrapper Class），类中封装了基本类型数据运算所需的属性值和转换方法，弥补了基本类型数据没有面向对象特征之不足。

　　这八个包装类均位于 java.lang 包，包括 Byte、Short、Character、Integer、Long、Float、Double 和 Boolean。表 9.10 所示是 Integer 类的属性和常用方法，余类同，不重复。

包装类

表 9.10　　　　　　　　　　　　　　　　Integer 类的属性和常用方法

类　型	域　或　方　法	功　　能
static int	MAX_VALUE	保存 int 类型的最大值的常量，可取的值为 $2^{31}-1$
static int	MIN_VALUE	保存 int 类型的最小值的常量，可取的值为 -2^{31}

类　　型	域 或 方 法	功　　能
static int	SIZE	以二进制补码形式表示 int 值的位数
int	compareTo(Integer anotherInteger)	在数字上比较两个 Integer 对象
int	intValue()	以 int 类型返回该 Integer 的值
static int	parseInt(String s)	将字符串参数作为有符号的十进制整数进行分析
static String	toBinaryString(int i)	以二进制（基数 2）无符号整数形式返回一个整数参数的字符串表示形式
static Integer	valueOf(int i)	返回一个表示指定的 int 值的 Integer 实例

例如用整型类的对象表示整型数 123，则可以写成：

```
Integer i=Integer.valueOf(123);
```

可以调用方法 intValue() 得到整型类对象表示的整型数，表达式：

```
i.intValue()
```

的值就是一个整型数。

为了便于在基本类型数据和包装类对象之间进行数据变换，Java 有自动装箱（Autoboxing）和自动拆箱（Unboxing）操作。例如下面的语句：

```
Integer i = 10;
```

10 是一个基本数类型，将其赋给 i 前用 Integer.valueOf(10) 自动生成一个 Integer 的对象，然后再赋给 i。将基本类型数据自动转换成对应包装类的对象的过程称为自动装箱。

i 是一个整型数的对象，则下面的语句：

```
int t = i;
```

i 和 t 不是同一类型，在赋值前，用 i.intValue() 得到 i 所表示的整型数后，再赋给整型变换 t。将包装类的对象自动转换成对应的基本数据类型数据的过程称为自动拆箱。表达式：

```
i*2
```

先将 i 自动拆箱得到整型数后再与 2 相乘。

如果将一个数字字符串转换成对应的数值型数，则可以调用类方法 parseXXX()。例如将字符串 "123" 转换成对应的整型数 123，则可以用表达式：

```
Integer.parseInt("123")
```

表达式的值就是整型数 123。将一个整型数转换成对应字符串最简单的方法是：

```
123+""或""+123
```

表达式的值就是对应的字符串。

9.6　小　　结

本章讨论了 4 种共 23 个 Java 常用类，即字符串处理类、数学类、日期/日历类、包装类，还介绍了正则表达式的用法。

字符串可以用 String 或 StringBuffer 类的对象表示，String 类的对象表示的字符串不可以改变，而 StringBuffer 类的对象表示的字符串可以变化。正则表达式是字符串的通用表示形式，如验证 E-mail、网址等合法性问题，使用正则表达式非常方便。

数学类中定义了常用的数学计算的方法（静态），可以完成一些基本的数学计算。

在数据处理过程中经常涉及到日期和时间，日期类和日历类的对象可以表示日期和时间，类中定义了较多的方法，便于日期和时间的处理。

字符串、日期或其他数据有时需要以一定格式表示出来，类 NumberFormat、DecimalFormat、Formatter 可以将数据格式化。

基本类型的数据除了可以用基本数据类型的变量表示外，还可以用相应的包装类的对象表示。用包装类的对象表示基本类型的数据，可以实现数据的封装，更方便与其他类的对象采用相同的方法来处理，如泛型。

9.7　习　　题

1. 什么是自动装箱？什么是自动拆箱？

2. 你的类文档版本是什么？概要统计一下本章讨论的类中共含多少方法，不同类的同名重复方法可计入一次。

3. java.sql.Date 和 java.utii.Date 有何不同？

4. print、println、printf 用法有何不同？

5. 有什么不同方法创建 String 对象？

6. 写一个程序，能进行两个大整数乘法运算。假设大整数范围大于等于 64 位二进制范围。

7. 设某校图书馆规定的单次借书阅读时限为 60 天，一名学生的借书日期 d1，还书日期 d2，请计算是否超期。

8. 世界上主要的日期格式有几种，对应的 locale 是什么？

9. 项目练习：在字符串中找到第一个不重复的字符。

第 10 章
泛型、集合、反射和注解

本章要点

- 泛型
- 集合
- 反射
- 注解

不同类型的数据，如果封装方法相同，则不必为每一种类型单独定义一个类，只需要定义一个泛型类，从而可以提高程序的编程效率。通过定义泛型类，还可以准确地表示对象的类型，避免对象类型转换时产生错误。

Java 中定义了大量的集合类，这些类中定义了基本的数据结构和常用的算法。在开发程序时，不必从最低层的数据结构和算法做起，直接利用这些集合类就可以了，从而提高程序的开发效率。

反射可以动态地了解程序运行过程中的类、对象、域及方法，通过反射，可以动态地改变程序。

注解是对程序的控制和说明，通过注解能够获取程序的相关信息。

10.1 泛　　型

泛型

10.1.1　泛型在集合中的主要应用

泛型是通用类型的类，泛型类对象可以表示多种不同的类的对象。类是对属性和行为的封装，习惯上，如果多个对象的属性和行为相同（封装方式相同），但属性的类型（数据类型）不同，则应该针对每一个类型单独定义类。采用泛型类，就可以将封装方式相同但属性类型不同的多个类用一个泛型类表示，减少程序的开发工作量，提高软件的开发效率。

集合是多个离散的对象组成的单一的单元。一个集合中各个对象的类型可以不同，不同的对象对应不同的类，如果各个类中定义的域和行为相同，但域的数据类型不同，则可以用泛型类表示多个类。在集合中的对象可以用泛型类的对象表示。

10.1.2　声明泛型类

泛型类是带有类型参数的类，类中有域和行为。域的数据类型可以是已有类型，也可以是"类型参数"的类型。方法的类型、参数和方法中的局部变量可以是已有类型，也可以是"类型参数"的类型。泛型类的定义形式是：

```
class 泛型类名<类型参数表列>
{
    //类体
}
```

在"泛型类名"后的"<>"指明类型参数的名字，类型参数的名字就是在类体中要用到的数据类型。

定义了泛型类后就可以定义泛型类的对象了。定义形式是：

```
泛型类名[<实际类型表列>] 对象名=new 泛型类名[<实际类型表列>]([形参表]);
```

或

```
泛型类名[<实际类型表列>] 对象名=new 泛型类名[<>]([形参表]);
```

实际类型不能是基本数据类型，必须是类或接口类型。<实际类型参数表列>也可以不写，如果不写，则泛型类中的所有对象都是 Object 类的对象。也可以用"?"代替"实际参数表列"，"?"可以表示任何一个类。

先看一个非泛型类的例子。

【例 10.1】设计一个数组类，该类的对象能表示任何类型的对象数组。

【问题分析】数组类是将数组定义在类中，则数组类的每一个对象就可以表示一个数组。如果想表示任意类型对象的数组，则数组类中封装的数组的类型应该是 Object，因为它是所有类的父类，按赋值兼容规则可以表示任何子类的对象。程序如下。

```java
class Array                          //数组类
{
    int n;                           //数组的总长度
    int total;                       //数组的实际长度
    private Object arr[];            //Object 类型元素

    public Array(int n)              //构造方法
    {
        this.n=n;
        total=0;
        arr=new Object[n];
    }
    public void add(Object obj)      //将一个对象加到数组中
    {
        arr[total++]=obj;
    }
    public Object indexOf(int i)     //获得数组中第 i 个元素对象
    {
        return arr[i];
    }
    public int length()             //获得对象中数组的长度
    {
        return total;
    }
}
public class Example10_1
```

```
{
    public static void main(String args[])
    {
        int i;

        String str[]=new String[2];          //String 型对象数组
        str[0]="Beijing";
        str[1]="Shanghai";
        Array arrObj1=new Array(10);          //创建数组类对象

        for(i=0;i<str.length;i++)             //将每个元素加到数组对象中
            arrObj1.add(str[i]);

        for(i=0;i<arrObj1.length();i++)       //将数组对象中的元素值显示出来
        {
            String s=(String)arrObj1.indexOf(i);
                                              //获得其中第 i 个元素并强制转换成 String 型
            System.out.println(s);
        }

        //--------------------------------------------------
        System.out.println("--------------------------");
        Object arr[]=new Object[2];           //创建一个 Object 型数组
        arr[0]="Shenzhen";                    //第 1 个元素是 String 型
        arr[1]=new Integer(123);              //第 2 个元素是 Integer 型
        Array arrObj2=new Array(10);          //再创建一个数组类对象

        for(i=0;i<arr.length;i++)             //将每个元素加到数组对象中
            arrObj2.add(arr[i]);

        for(i=0;i<arrObj2.length();i++)       //用与第 1 个数组类对象同样的方式输出
        {
            String s=(String)arrObj2.indexOf(i);   /*运行时出错了！当 i=1 时
                                                      对象的实际类型是 Integer
                                                      不能强制转换成 String*/
            System.out.println(s);
        }

        //---------------------------------------------------------
        //如果想将第 2 个数组类的对象 arrObj2 正确输出，应采用下面的形式
        //但是由于执行上面循环时程序已经终止，这部分语句执行不到
        String s=(String)arrObj2.indexOf(0);        //单独获得，单独输出
        System.out.println(s);
        Integer integer=(Integer)arrObj2.indexOf(1);
        System.out.println(integer.intValue());
    }
}
```
程序运行结果如图 10.1 所示。

图 10.1　例 10.1 运行结果

　　如果如例 10.1 所示定义数组类，数组类对象中的数组元素可以是不同类型的，则在使用时必须知道数组对象中数组的每一个元素的类型，才能将其转换成正确的类型。如果不做特别的标识，则无法知道每一个元素的类型。

　　如果使用泛型，则可以保证每一个数组类对象中的元素都是同一类型的。

【例 10.2】定义一个泛型数组类，并创建数组类的对象。

程序如下，程序运行结果如图 10.2 所示。

```java
class GenericArray<T>                   //泛型类，类型参数名 T
{
    int n;                              //数组的总长度
    int total;                          //数组的实际长度
    private Object arr[];               //Object 类型对象数组

    public GenericArray(int n)          //构造方法
    {
        this.n=n;
        total=0;
        arr=new Object[n];
    }
    public void add(T obj)              //将一个 T 型对象加到数组中
    {
        arr[total++]=obj;
    }
    public T indexOf(int i)             //获得第 i 个元素，返回值类型是 T 型
    {
        return (T)arr[i];               //返回前强制转换成 T 型
    }
    public int length()
    {
        return total;
    }
}
public class Example10_02
{
    public static void main(String args[])
    {
        int i;

        String str[]=new String[2];     //一个 String 类的对象数组
        str[0]="Beijing";
        str[1]="Shanghai";
        //创建一个泛型类对象，所有元素均为 String 型
        GenericArray<String> arrObj1=new GenericArray<String>(10);
```

168

```
for(i=0;i<str.length;i++)              //将每个元素加到数组对象中
    arrObj1.add(str[i]);

for(i=0;i<arrObj1.length();i++)        //输出元素
    //获得第 i 个元素后直接输出，不用强制类型转换
    System.out.println(arrObj1.indexOf(i));
//-----------------------------------------------
System.out.println("-----------");
Integer intObj[]=new Integer[2];       //一个 Integer 类的对象数组
intObj[0]=new Integer(123);
intObj[1]=new Integer(-456);
//创建一个泛型类对象，所有元素均为 Integer 型
GenericArray<Integer> arrObj2=new GenericArray<>(10);

for(i=0;i<intObj.length;i++)           //将每个元素加到数组对象中
    arrObj2.add(intObj[i]);

for(i=0;i<arrObj1.length();i++)        //输出元素
    //获得第 i 个元素后直接输出，不用强制类型转换
    System.out.println(arrObj2.indexOf(i).intValue());

//-----------------------------------------------
System.out.println("-----------");
Object obj[]=new Object[2];            //一个 Object 类的对象数组
obj[0]="Beijing";                      //第 0 个元素是 String 型
obj[1]=new Integer(-123);              //第 1 个元素是 Integer 型
//创建一个泛型类对象，所有元素均为 String 型
GenericArray<String> arrObj3=new GenericArray<>(10);

arrObj3.add("Beijing");
//泛型类对象 arrObj3 只能加 String 型对象，写成下面语句编译不能通过
//arrObj3.add(-123);

for(i=0;i<arrObj3.length();i++)
    System.out.println(arrObj3.indexOf(i));
    }
}
```

图 10.2　例 10.2 运行结果

10.1.3　声明泛型接口

除了可以定义泛型类外，还可以定义泛型接口。泛型接口定义形式是：

```
interface 接口名<类型参数表列>
{
    //……
}
```

在实现接口时，也应该声明与接口相同的类型参数。实现形式如下：

```
class 类名<类型参数表列> implements 接口名<类型参数表列>
{
    //…
}
```

泛型接口

【**例 10.3**】定义泛型接口并实现泛型接口。

程序如下，程序运行结果如图 10.3 所示。

```java
interface Generics<T>                                   //泛型接口
{
    public T next();
}
class SomethingGenerics<T> implements Generics<T>       //泛型类，实现泛型接口
{
    private T something[];                              //泛型域
    int cursor;                                         //游标，标示 something 中的当前元素

    public SomethingGenerics(T something[])             //构造方法
    {
        this.something=something;
    }
    public T next()                                     //获取游标处的元素，实现接口中的方法
    {
      if(cursor<something.length)
        return (T)something[cursor++];

      return null;                                      //超出范围，则返回空
    }
}
public class Example10_03
{
    public static void main(String args[])
    {
        String str[]={"Beijing","Shanghai","Tianjin"};  //String 对象数组，直接实例化
        Generics<String> cityName=new SomethingGenerics<String>(str);//创建泛型对象

        while(true)                                      //遍历，将泛型对象表示的元素显示出来
        {
            String s=cityName.next();

            if(s!=null)
                System.out.print(s+" ");
            else
                break;
        }
        System.out.println();

        Integer num[]={123,-456,789};                    //Integer 对象数组，直接实例化
        Generics<Integer> numGen=new SomethingGenerics<Integer>(num);//创建泛型对象

        while(true)                                      //遍历，将泛型对象表示的元素显示出来
        {
            Integer i=numGen.next();

            if(i!=null)
                System.out.print(i+" ");
            else
```

```
        break;
      }
    System.out.println();
  }
}
```

Beijing Shanghai Tianjin
123 -456 789

图 10.3　例 10.3 运行结果

10.1.4　声明泛型方法

1. 泛型方法

方法也可以是泛型方法，即定义方法时声明了类型参数，这样的类型参数只限于在该方法中使用。泛型方法可以定义在泛型类中，也可以定义在非泛型类中。泛型方法的定义形式是：

泛型方法及可变参数

```
[访问限定词] [static]<类型参数表列> 方法类型 方法名([参数表列])
{
    //……
}
```

【例 10.4】泛型方法的定义与使用。

程序如下，程序运行结果如图 10.4 所示。

```
import java.util.Date;                    //引入日期类

public class Example10_04
{
    public static <T> void print(T t)       //泛型方法
    {
        System.out.println(t);
    }
    public static void main(String args[])
    {
        //调用泛型方法
        print("Apple");
        print(123);
        print(-487.76);
        print(new Date());
    }
}
```

Apple
123
-487.76
Thu Feb 25 10:24:10 CST 2016

图 10.4　例 10.4 运行结果

2. 具有可变参数的方法

利用泛型方法，可以定义具有可变参数的方法，如 printf 方法：

```
System.out.printf("%d,%f\n",i,f);
System.out.printf("x=%d,y=%d,z=%d",x,y,z);
```

printf 是具有可变参数的方法。具有可变参数的方法的定义形式是：

```
[访问限定词] <类型参数表列> 方法类型 方法名(类型参数名… 参数名)
{
    //……
}
```

定义时"类型参数名"后面一定要加上"…"，表示是可变参数。"参数名"实际上是一个数组，当具有可变参数的方法被调用时，是将实际参数放到各个数组元素中。

【例 10.5】具有可变参数的方法的定义与使用。

程序如下，程序运行结果如图 10.5 所示。

```
public class Example10_05
{
```

```
        static <T> void print(T...ts)                    //泛型方法，形参是可变参数
        {
            for(int i=0;i<ts.length;i++)                  //访问形参数组中的每一个元素
                System.out.print(ts[i]+" ");

            System.out.println();
        }
        public static void main(String args[])
        {
            print("北京市","长安街","故宫博物院");        //3 个实际参数，类型一样

            print("这台计算机","价格",3000.00,"元");  //4 个实际参数，类型不一样

            String fruit[]={"apple","banana","orange","peach","pear"};//String 对象数组

            print(fruit);                             //1 个参数
        }
    }
```

北京市 长安街 故宫博物院
这台电脑 价格 3000.0 元
apple banana orange peach pear

图 10.5　例 10.5 运行结果

10.1.5　泛型参数的限定

在例 10.2 中定义的泛型数组类可以接收任意类型的类。但是，有时候只想接收指定范围内的类类型，过多的类型就可能会产生错误，这时可以对泛型的参数进行限定。参数限定的语法形式是：

　　　　类型形式参数 extends 父类

"类型形式参数"是指声明泛型类时所声明的类型，"父类"表示只有这个类下面的子类才可以做实际类型。

【例 10.6】定义一个泛型类，能够找出多个数据中的最大数和最小数。

【问题分析】数值型数对应的数据类型类有 Byte、Double、Float、Integer、Long、Short，它们都是 Number 类的子类，所以可以把类型参数限定为 Number，也就是只有 Number 的子类才能作为泛型类的实际类型参数。这些数据类型类中都重写了 Number 类中的方法 doubleValue，所以在找最大数和最小数时可以通过调用 doubleValue 方法获得对象表示的数值，从而进行比较。程序如下，程序运行结果如图 10.6 所示。

```
    class LtdGenerics<T extends Number>      //泛型类,实际类型只能是 Number 的子类,Ltd=Limited
    {
    private T arr[];                         //域, 数组

    public LtdGenerics(T arr[])              //构造方法
    {
        this.arr=arr;
    }
    public T max()                           //找最大数
    {
        T m=arr[0];                          //假设第 0 个元素是最大值

        for(int i=1;i<arr.length;i++)  //逐个判断
            if(m.doubleValue()<arr[i].doubleValue())
                m=arr[i];                    /*Byte, Double, Float, Integer, Long, Short
                                     的对象都可以调用 doubleValue 方法得到对应的双精度数*/
```

```
            return m;
        }
    public T min()                          //找最小数
    {
        T m=arr[0];                         //假设第 0 个元素是最小值

        for(int i=1;i<arr.length;i++)  //逐个判断
            if(m.doubleValue()>arr[i].doubleValue())
                m=arr[i];

        return m;
    }
}
public class Example10_06
{
    public static void main(String args[])
    {
        //定义整型数的对象数组，自动装箱
        Integer integer[]={34,72,340,93,852,37,827,940,923,48,287,48,27};
        //定义泛型类的对象，实际类型 Integer
        LtdGenerics<Integer> ltdInt=new LtdGenerics<Integer>(integer);
        System.out.println("整型数最大值: "+ltdInt.max());
        System.out.println("整型数最小值: "+ltdInt.min());

        //定义双精度型的对象数组，自动装箱
        Double db[]={34.98,23.7,4.89,78.723,894.7,29.8,34.79,82.,37.48,92.374};
        //创建泛型类的对象，实际类型 Double
        LtdGenerics<Double> ltdDou=new LtdGenerics<Double>(db);
        System.out.println("双精度型数最大值: "+ltdDou.max());
        System.out.println("双精度型数最小值: "+ltdDou.min());

        String str[]={"apple","banana","pear","peach","orange","watermelon"};
        //下面的语句创建泛型类的对象不允许，因为 String 不是 Number
        //类的子类，如果加上本条语句，程序不能编译通过
        //LtdGenerics<String> ltdStr=new LtdGenerics<String>(str);
    }
}
```

整型数最大值: 940
整型数最小值: 27
双精度型数最大值: 894.7
双精度型数最小值: 4.89

图 10.6　例 10.6 运行结果

10.2　集　　合

为了保存数量不确定、类型不一致和有映射关系的数据，Java 语言提供了集合类。一个集合类的对象可以保存和处理其他类的对象，因此集合对象可以称为容器，集合类称为容器类。集合对象存放的并不是真正的对象，而是其他对象的引用（地址）。

数组也可以用来表示大量的数据，但是数组中存放的数据只能是相同类型的数据，而且数组长度不可变化，数组的操作效率较低，尤其对于具有复杂结构的数据数组无能为力。采用集合对象保存数据，数据长度可变，类型可以不一致，而且有些集合类定义了基本的数据结构和实现了

基本的算法。利用集合对象，程序员在开发程序时，可以将精力集中在程序的核心部分，而不用再写基本算法和数据结构的程序，从而提高程序的开发效率和程序的可靠性。

Java 中的集合类主要从 Collection 和 Map 两个接口派生。

10.2.1　List 接口

List 接口的定义形式是：

```
public interface List<E> extends Collection<E>
```

List 是有序集合，用户可以准确地控制元素在集合中的插入位置，可以通过索引获得集合中的元素，可以通过元素获得元素在集合中的位置。它的主要方法如表 10.1 所示。

表 10.1　List 接口中的主要方法

类　型	方　法　名	功　能
boolean	add(E e)	把元素 e 加到表的尾部
void	add(int index, E e)	把元素 e 加到表的 index 位置，原 index 位置元素顺序后移
boolean	equals(Object o)	比较对象 o 是否与表中的元素是同一元素
E	get(int index)	得到表中 index 位置的元素
boolean	indexOf(Object o)	判断元素 o 在表中是否存在。如果不存在，则返回−1
Iterator<E>	iterator()	获得表的遍历器
E	remove(int index)	将表中第 index 位置的元素删除
boolean	remove(Object o)	删除表中与 o 相同的元素
int	size()	得到表中元素的个数

10.2.2　Stack 类

Stack 类的定义形式是：

```
public class Stack<E> extends Vector<E>
```

Stack 是堆栈类，实现了 List 接口，可以实现数据先进后出操作。它的主要方法如表 10.2 所示。

表 10.2　Stack 类的主要方法

类　型	方　法　名	功　能
boolean	empty()	判断栈是否为空
E	peek()	得到栈顶元素，但不从栈中删除
E	pop()	得到栈顶元素，而且将其从栈中删除
E	push(E e)	将元素 e 入栈（放在栈顶）
int	search(Object o)	得到元素 o 在栈中的位置

【例 10.7】Stack 类的使用。

程序如下，程序运行结果如图 10.7 所示。

```java
import java.util.Stack;                    //引入 Stack 类

public class Example10_07
{
    public static void main(String args[])
```

```
    {
        Stack<String> stack1=new Stack<String>();//创建一个 Stack 对象, 实际类型 String

        stack1.push("apple");          //一个 String 对象入栈, 栈底元素也是栈顶元素
        stack1.push("pear");           //又一个 String 对象入栈, 它现在是栈顶元素
        stack1.push("banana");         //又一个 String 对象入栈, 它现在是栈顶元素
        //stack1.push(-123);           //-123 不是 String 类对象, 加上这条语句, 编译不能通过

        System.out.print(stack1.pop()+" ");      //栈顶元素 anana 出栈
        System.out.print(stack1.pop()+" ");      //pear 变成栈顶元素, 出栈
        System.out.println(stack1.pop());        //apple 变成栈顶元素, 出栈

        Stack stack2=new Stack();                //再创建个 Stack 对象, 类型擦除

        stack2.push("Beijing");                  //一个 String 对象入栈, 栈底元素
        stack2.push("Shanghai");                 //String 对象
        stack2.push("Tianjin");                  //String 对象
        stack2.push(123);                        //Integer 对象

        while(stack2.empty()==false)             //所有元素出栈
            System.out.print(stack2.pop()+" ");

        System.out.println();
    }
}
```

```
banana pear apple
123 Tianjin Shanghai Beijing
```

图 10.7　例 10.7 运行结果

10.2.3　ArrayList 类

ArrayList 类的定义形式是:

```
public class ArrayList<E>
    extends AbstractList<E>
    implements List<E>, RandomAccess, Cloneable, Serializable
```

ArrayList 相当于一个可变长度的数组, 它实现了 List 接口。在存储数据过程中, 可以根据数据量改变存储空间的大小。ArrayList 类的主要方法如表 10.1 所示。

【例 10.8】ArrayList 类的使用。

程序如下, 程序运行结果如图 10.8 所示。

```
import java.util.ArrayList;
import java.util.Iterator;

public class Example10_08
{
    public static void main(String args[])
    {
        //创建一个 ArrayList 对象, 表中元素是 String 类型
        ArrayList<String> arrayList1=new ArrayList<String>();
        arrayList1.add("America");               //加元素
        arrayList1.add("England");
        arrayList1.add("Italia");
        arrayList1.add(0,"China");
```

```
        //arrayList1.add(1234);                //不能写这条语句，因为它的类型是 Integer

        Iterator<String> iterator1=arrayList1.iterator();    //获得一个遍历器
        while(iterator1.hasNext())      //遍历
            System.out.print(iterator1.next()+" ");
        System.out.println();

        System.out.println("第1个元素是\""+arrayList1.get(1)+"\"");//获得表中第1个元素

        String france="France";
        int index=arrayList1.indexOf(france);                //在表中找"France"元素
        if(index>=0)                    //条件满足，则找到了
            System.out.println("表中第"+index+"元素是\""+france+"\"");
        else//表中没有
            System.out.println("表中不存在\""+france+"\"元素");

        System.out.println("---------------");
        ArrayList arrayList2=new ArrayList();                //再创建一个对象，类型擦除

        arrayList2.add("Beijing");      //加一个 String 型元素
        arrayList2.add(123);            //顺序加一个 Integer 型元素
        arrayList2.add(0,"Shanghai");   //在开始位置插入一个 String 元素，其他元素顺序后移

        Iterator iterator2=arrayList2.iterator();
        while(iterator2.hasNext())
            System.out.print(iterator2.next()+" ");
        System.out.println();
    }
}
```

图 10.8　例 10.8 运行结果

10.2.4　Vector 类

Vector 类的定义形式是：

```
public class Vector<E>extends AbstractList<E>
        implements List<E>, RandomAccess, Cloneable, Serializable
```

Vector 相当于一个可变长度的数组，实现了 List 接口。

Vector 与 ArrayList 的区别在于 Vector 的对象是同步的，而 ArrayList 的对象是非同步的。Vector 类的构造方法如表 10.3 所示。

表 10.3　　　　　　　　　　　　　　Vector 类的构造方法

方 法 名	功　　能
Vector()	创建一个可以容纳 10 个元素的 Vector 对象
Vector(int initialCapacity)	创建一个有 initialCapacity 容量的 Vector 对象
Vector(int initialCapacity, int capacityIncrement)	创建一个有 initialCapacity 容量的 Vector 对象。如果空间不足，则每次增加量是 capacityIncrement

【例 10.9】Vector 类的使用。

程序如下，程序运行结果如图 10.9 所示。

```
import java.util.Iterator;
import java.util.Vector;

public class Example10_09
{
    public static void main(String args[])
    {
        //创建一个 Vector 对象, 初始空间为 5, 不足时每次增加 7
        Vector<Number> vector1=new Vector<Number>(5,7);

        for(int i=1;i<30;i++)                //往 vector1 中加 29 个 Integer 对象
            vector1.add(i);

        System.out.print("vector1 的容量: "+vector1.capacity());
        System.out.println("  实际元素数: "+vector1.size());

        System.out.println("-------------------------------");
        Vector vector2=new Vector();      //再创建一个初始空间为 10 的向量
        Object obj[]={"apple",123,"banana",-456.78,"pear"};
        for(int i=0;i<obj.length;i++)     //把数组 obj 加入到向量 vector2 中
            vector2.add(obj[i]);

        System.out.print("vector2 的容量: "+vector2.capacity());
        System.out.println("  实际元素数: "+vector2.size());

        Iterator iterator=vector2.iteraor();          //得到遍历器
        while(iterator.hasNext())                      //通过遍历器遍历
            System.out.print(iterator.next()+" ");
        System.out.println();

        for(int i=0;i<vector2.size();i++)
                            //顺序取出每一个元素遍历
            System.out.print(vector2.get(i)+" ");
        System.out.println();
    }
}
```

图 10.9　例 10.9 运行结果

10.2.5　Queue 接口

Queue 接口的定义形式是:

```
public interface Queue<E> extends Collection<E>
```

Queue 接口用于表示队列, 实现 "先进先出" 操作。它的主要方法如表 10.4 所示。

表 10.4　　　　　　　　　　　　　Queue 接口中的主要方法

类　　型	方法名	功　　能
boolean	add(E e)	将元素 e 插入到队列的尾部
E	element()	获得队列头部元素, 但不从队列中删除该元素
boolean	offer(E e)	将元素 e 插入到队列的尾部
E	peek()	获得队列头部元素, 但不从队列中删除该元素, 如果队列为空, 则返回 null

类　　型	方法名	功　　能
E	poll()	获得队列头部元素，并且从队列中删除该元素，如果队列为空，则返回 null
E	remove()	获得并删除队列的头部元素

10.2.6　LinkedList 类

LinkedList 类的定义形式是：

```
public class LinkedList<E>extends AbstractSequentialList<E>
         implements List<E>, Deque<E>, Cloneable, Serializable
```

LinkedList 实现了 List 和 Queue 接口，LinkedList 对象可以表示顺序表，可以把它当作栈使用，还可以把它当作队列使用。LinkedList 的主要方法如表 10.5 所示。

表 10.5　　　　　　　　　　　　　　　　LinkedList 类的主要方法

类　　型	方　法　名	功　　能
boolean	add(E e)	将元素 e 加到表的尾部
void	add(int index, E element)	将元素 e 加到表的 index 位置
void	addFirst(E e)	将元素 e 加到表的头部
void	addLast(E e)	将元素 e 加到表的尾部
E	getFirst()	获得表的头部元素
E	getLast()	获得表的尾部元素
int	indexOf(Object o)	返回元素 o 在表中第 1 次出现的位置。如果无元素 o，则返回–1
boolean	offerFirst(E e)	将元素 e 插入到表的头部
boolean	offerLast(E e)	将元素 e 插入到表的尾部
E	peekFirst()	获得表中头部元素，但不从表中删除。如果表空，则返回 null
E	peekLast()	获得表中尾部元素，但不从表中删除。如果表空，则返回 null
E	pollFirst()	获得表中头部元素，并且从表中删除该元素。如果表空，则返回 null
E	pollLast()	获得表中尾部元素，并且从表中删除该元素。如果表空，则返回 null
E	pop()	栈顶元素出栈
void	push(E e)	元素 e 入栈
E	removeFirst()	从表中移除头部元素并返回该元素
E	removeLast()	从表中移除尾部元素并返回该元素

【例 10.10】LinkedList 类的使用。

程序如下。

```
import java.util.LinkedList;

public class Example10_10
{
    public static void main(String args[])
    {
        LinkedList list=new LinkedList();        //创建一个 LinkedList 对象 list
        Object obj[]={"apple",123,"banana",-45.78,"pear","peach"};
```

```
        for(int i=0;i<obj.length;i++)          //将 obj 对象加入到 list 中
            list.add(obj[i]);
        System.out.println("表中初始元素:");
        print(list);                            //列出表中的所有元素

        list.pollFirst();                       //删除表头元素
        list.pollLast();                        //删除表尾元素
        System.out.println("删除表头和表尾元素后: ");
        print(list);

        list.addFirst("Beijing");               //加到表头
        list.addLast("Shanghai");               //加到表尾
        System.out.println("在表头和表尾加入元素后: ");
        print(list);

        list.add(2,"China");                    //第 2 个元素前加入 China
        list.add(3,"England");                  //第 3 个元素前、China 后加入元素
        System.out.println("在表的中间插入元素后: ");
        print(list);

        list.remove("banana");                  //删除表中 banana 元素
        System.out.println("删除表中\"banana\"元素后: ");
        print(list);
    }
    //print 方法遍历表 list 中的元素
    private static void print(LinkedList list)
    {
        for(int i=0;i<list.size();i++)
            System.out.print(list.get(i)+" ");

        System.out.println();
    }
}
```

程序运行结果如图 10.10 所示。

```
表中初始元素:
apple 123 banana -45.78 pear peach
删除表头和表尾元素后:
123 banana -45.78 pear
在表头和表尾加入元素后:
Beijing 123 banana -45.78 pear Shanghai
在表的中间插入元素后:
Beijing 123 China England banana -45.78 pear Shanghai
删除表中"banana"元素后:
Beijing 123 China England -45.78 pear Shanghai
```

图 10.10　例 10.10 运行结果

10.2.7　HashSet 类

HashSet 类的定义形式是:

```
public class HashSet<E>
    extends AbstractSet<E>
    implements Set<E>, Cloneable, Serializable
```

HashSet 类按照哈希算法来存取对象。当向集合中加入一个新对象时，会调用对象的 hashCode() 方法得到对象的哈希码，然后根据这个码计算出对象在集合中存储的位置。HashSet 对象中不能存储相同的数据，存储数据是无序的。HashSet 类中的主要方法如表 10.6 所示。

表 10.6　　　　　　　　　　　　　　HashSet 类的主要方法

类　型	方 法 名	功　　能
boolean	add(E e)	如果当前表中不存在元素 e，则将 e 加入到表中
void	clear()	从表中删除所有元素
boolean	contains(Object o)	判断表中是否有元素 o
Iterator<E>	iterator()	得到当前表的遍历器
boolean	remove(Object o)	如果表中存在元素 o，则将其从表中删除
int	size()	得到表中元素的个数

【例 10.11】HashSet 的使用。

程序如下。

```
import java.util.HashSet;
import java.util.Iterator;

public class Example10_11
{
    public static void main(String args[])
    {
        HashSet hash=new HashSet();                    //创建一个哈希表 hash
        Object obj[]={"Beijing","Shanghai","Chongqing",123,-45.66};

        for(int i=0;i<obj.length;i++)                  //将对象 obj 加入到 hash 表中
            hash.add(obj[i]);
        System.out.println("hash 表中的初始元素: ");
        print(hash);

        hash.add("China");                             //往表中加入一个新元素 China
        System.out.println("往 hash 表中加入元素\"China\"后: ");
        print(hash);

        hash.remove("Shanghai");                       //将表中 Shanghai 元素删除
        System.out.println("把 hash 表中\"Shanghai\"删除后: ");
        print(hash);

        hash.add("Beijing");
        System.out.println("表中再加入元素\"Beijing\"后（不重复）: ");
        print(hash);
    }
    //print 方法用于遍历 hash 表
    private static void print(HashSet hash)
    {
```

```
        Iterator iterator=hash.iterator();

        while(iterator.hasNext())
            System.out.print(iterator.next()+"
");

        System.out.println();
    }
}
```

程序运行结果如图 10.11 所示。

```
hash表中的初始元素：
Shanghai Beijing 123 -45.66 Chongqing
往hash表中加入元素"China"后：
Shanghai Beijing 123 China -45.66 Chongqing
把hash表中"Shanghai"删除后：
Beijing 123 China -45.66 Chongqing
表中再加入元素"Beijing"后（不重复）：
Beijing 123 China -45.66 Chongqing
```

图 10.11　例 10.11 运行结果

10.3　反射和注解

反射可以实现程序的动态效果。通过反射，可以在程序运行过程中知道程序中使用了哪些类及类中的属性和方法。

注解用于在程序编译、运行时解析和使用，起到说明配置作用。

10.3.1　反射

在程序运行过程中，对于任意一个对象，都能够知道这个对象所在类的所有属性和方法，都能够调用它的任意一个方法和访问它的任意一个属性，这种动态调用对象的方法及动态获取信息的功能称为 Java 语言的反射机制。

使用反射，可以很方便、灵活地创建代码，这些代码可以在运行时装配，在程序运行过程中可以动态地扩展程序。

与反射有关的类包括 Class 类、Constructor 类、Field 类和 Method 类，它们可以统称为反射类。

1. Class 类

Class 类在包 java.lang 中。Class 类的定义形式是：

```
public final class Class<T>
    extends Object
    implements Serializable, GenericDeclaration, Type, AnnotatedElement
```

Class 类的对象可以表示类和接口、枚举、标注、数组、基本数据类型和 void 型。它的主要方法如表 10.7 所示。

表 10.7　Class 类的主要方法

类　型	方　法　名	功　能
static Class <?>	forName(String className)	按给定的类名创建一个 Class 类的对象
Constructor []	getConstructors()	获得一个类中的所有公有构造方法
Constructor []	getDeclaredConstructors()	获得一个类中的所有构造方法
Field []	getFields()	获得一个类中的所有公有域
Field []	getDeclaredFields()	获得一个类的所有域
Method[]	getMethods()	获得一个类中所有的公有方法
Method[]	getDeclaredMethods()	获得一个类的所有方法
T	newInstance()	创建一个 Class 所表示的类的对象

2. Constructor 类

Constructor 类在包 java.lang.reflect 中。Constructor 类的定义形式是：

```
public final class Constructor<T>
    extends AccessibleObject
    implements GenericDeclaration, Member
```

Constructor 类的对象可以表示类的构造方法。Constructor 类的主要方法如表 10.8 所示。

表 10.8　　　　　　　　　　　Constructor 类的主要方法

类　型	方　法　名	功　能
Class	getDeclaringClass()	得到一个 Class 类的对象
Class	getDeclaringClass()	获得 Method 对象表示的构造方法所在类的对象
Class []	getParameterTypes()	获得 Constructor 对象表示的构造方法中的参数的类型
String	getName()	获得 Method 对象所表示的构造方法的名字
T	newInstance()	通过调用当前 Constructor 类对象所表示的类的构造方法创建一个新对象

3. Field 类

Field 类在包 java.lang.reflect 中。Field 类的定义形式是：

```
public final class Field extends AccessibleObject implements Member
```

Field 类的对象可以表示类或接口中的一个域，可以是静态域，也可以是实例域。Field 类的主要方法如表 10.9 所示。

表 10.9　　　　　　　　　　　Field 类的主要方法

类　型	方　法　名	功　能
Object	get(Object obj)	获得 obj 对象中相应域的值
Class	getDeclaringClass()	得到一个 Class 类的对象
String	getName()	获得 Field 对象所表示的域的名字
T	getAnnotation(Class annotationClass)	获得 annotation 类中当前 Field 对象所表示的域的注解实例
boolean	isAnnotationPresent(Classa annotationClass)	判断 annotationClass 类中当前 Field 对象所表示的域是否有注解
void	set(Object obj, Object value)	设置由 Field 对象对应的 obj 对象中的域的值为 value

4. Method 类

Method 类在包 java.lang.reflect 中。Method 类的定义形式是：

```
public final class Method extends AccessibleObject
    implements GenericDeclaration, Member
```

Method 类的对象可以表示类或接口中的方法，可以是类方法，也可以是实例方法。Method 类的主要方法如表 10.10 所示。

表 10.10　　　　　　　　　　　Method 类的主要方法

类　型	方　法　名	功　能
Class	getDeclaringClass()	得到一个 Class 类的对象
String	getName()	获得 Methos 对象所表示的方法的名字
Class []	getParameterTypes()	获得 Method 对象表示的方法中的参数的类型
Object	invoke(Object obj, Object... args)	调用 Method 对象表示的方法，相当于对象 obj 用参数 args 调用该方法

【例 10.12】利用反射类获取其他类的域和方法，并能实现对象的复制。

程序如下，程序运行结果如图 10.12 所示。

```java
import java.lang.reflect.*;

class Computer                              //计算机类
{
    private double frequency=2.0;
    private int RAM=4;
    private int HardDisk=500;
    private String CPU="Intel";

    public Computer()                       //无参构造方法
    {}
    public Computer(double frequency,int RAM,int HardDisk,String CPU)//有参构造方法
    {
        this.frequency=frequency;
        this.RAM=RAM;
        this.HardDisk=HardDisk;
        this.CPU=CPU;
    }
    //为了能实现复制，下面的方法需按 Bean 规则写，即 setter 或 getter
    public void setFrequency(double frequency)
    {
        this.frequency=frequency;
    }
    public double getFrequency()
    {
        return frequency;
    }
    public void setRAM(int RAM)
    {
        this.RAM=RAM;
    }
    public int getRAM()
    {
        return RAM;
    }
    public void setHardDisk(int HardDisk)
    {
        this.HardDisk=HardDisk;
    }
    public int getHardDisk()
    {
        return HardDisk;
    }
    public void setCPU(String CPU)
    {
        this.CPU=CPU;
    }
    public String getCPU()
```

```
        {
            return CPU;
        }
        public String toString()
        {
            String info="主频: "+frequency+"MHz 内存: "+
                        RAM+"G 硬盘: "+HardDisk+"G CPU:"+CPU;
            return info;
        }
}
public class Example10_12
{
    public static void main(String args[])throws Exception
    {
        //获得一个表示 Computer 类的 Class 对象
        Class obj=Class.forName("Computer");

        //获取 Computer 类中的构造方法
        Constructor constructor[]=obj.getConstructors();
        System.out.println("Computer 类中的构造方法: ");
        for(Constructor con:constructor)                        //将构造方法输出
            System.out.println(con.toString());
        System.out.println();

        //获取 Computer 类中的所有域
        Field field[]=obj.getDeclaredFields();
        System.out.println("Computer 类中的域: ");
        for(Field f:field)
            System.out.println(f.toString());
        System.out.println();

        //获取 Computer 类中的所有方法
        Method method[]=obj.getDeclaredMethods();
        System.out.println("Computer 类中的方法: ");
        for(Method m:method)
            System.out.println(m);
        System.out.println();

        Computer myComputer=new Computer(2.4,4,450,"Intel");     //声明一个对象
        Computer aComputer=(Computer)duplicate(myComputer);      //复制一个对象
        System.out.println("复制后的对象: ");
        System.out.println(aComputer.toString());                //复制后的对象输出
    }
    private static Object duplicate(Object source) throws Exception
    {
        //由对象 source 获得对应的 Class 对象
        Class classObj = source.getClass();
        //获得 source 类对象所在类中的所有域
```

```
    Field[] sourceFields =classObj.getDeclaredFields();
    //利用 classObj 调用方法 newInstance 获得一个新对象
    Object target = classObj.newInstance();
    //将 source 对象的域值赋给新对象对应的域
    for (Field sourceField : sourceFields)
    {
        sourceField.setAccessible(true);
                              //设置域可访问
        //赋值给新对象对应的域值
        sourceField.set(target, sourceField.get
(source));
    }
    return target;
    }
}
```

图 10.12　例 10.12 运行结果

10.3.2　注解

注解（Annotation）又可称为标注，它是程序的元数据，也是程序代码的标记。注解可以在编译、加载类和运行时获得，可以根据注解对数据进行相应的处理。使用反射功能，可以对程序代码进行分析；使用系统定义的注解，可以在编译时对程序进行检查；使用元注解，可以生成相应的文档。注解用在包、类、字段、方法、局部变量、方法参数等的前面，对这些元素进行说明和注释。

注解可以自定义，也可以使用系统定义的注解。

1. 注解的定义

与类、接口类似，注解也可以自定义。注解定义的语法形式是：

```
[public|final] @interface 注解名
{
    //注解元素的定义
}
```

注解的定义与使用

关键字"@interface"表示声明注解，"注解名"是合法的标识符。"注解元素"是无参数的方法，方法的类型表示注解元素的类型。注解元素的语法形式是：

```
数据类型 注解元素名() [default 默认值];
```

如果只有一个注解，注解名最好命名为"value"，则在使用注解时可以不写出注解元素名，直接给出注解值即可。

使用注解时，将注解放在要注解的元素前一行或同一行，并在注解后的括号中写出注解元素的值。如果用默认值，则可以不给注解值。如果只有一个注解元素并且名字是"value"，只需给出值，不需要给出名字，当然给出名字也可以。

【例 10.13】定义注解，并利用反射功能提取注解值。

程序如下，程序运行结果如图 10.13 所示。

```
import java.lang.reflect.*;
import java.lang.annotation.*;
//元注解，运行时保留注解，必须有，否则注解值读不出
@Retention(RetentionPolicy.RUNTIME)
@interface ApplianceMaker          //定义注解
```

```
{
    //定义注解元素，都有默认值
    public String type() default "电视机";
    public String id() default "001";
    public String maker() default "TCL 有限公司";
    public String address() default "广东省惠州市";
}

@Retention(RetentionPolicy.RUNTIME)
@interface ApplianceSaler            //定义注解
{
    public String name() default "京东";
    public String id() default "001";
    public String address() default "北京";
}

@Retention(RetentionPolicy.RUNTIME)
@interface AppliancePrice            //定义注解
{
    //注解元素只有一个，名为value
    public int value() default 1200;
}
class Appliance                      //家用电器类
{
    //为域maker加注解，给部分元素赋值，其余用默认值
    //如果注解元素都用默认值，则直接写@ApplianceMaker
    @ApplianceMaker(type="计算机",id="201")
    public String maker;

    @ApplianceSaler(name="苏宁",id="222",address="南京")
    public String saler;             //域有注解

    @AppliancePrice(999)             //也可以写成"value=999"，因为只有一个
    public int price;                //域有注解

    public void setMaker(String m)
    {
        maker=m;
    }
    public String getMaker()
    {
        return maker;
    }
    public void setSaler(String saler)
    {
        this.saler=saler;
    }
    public String getSaler()
    {
        return saler;
    }
```

```
        public void setPrice(int price)
        {
            this.price=price;
        }
        public int getPrice()
        {
            return price;
        }
    }
public class Example10_13
{
    public static void main(String args[])
    {
        System.out.println(readAnnotation(Appliance.class));
    }
    //读注解信息
    private static String readAnnotation(Class aClass)
    {
        String maker="制造商: ";
        String saler="销售商: ";
        String price="价格: ";

        Field fields[]=aClass.getDeclaredFields();  //获取 Appliance 类的所有字段

        for(Field aField :fields)                   //对每一个字段判断
        {
            //字段的注解是 ApplianceMaker 类型
            if(aField.isAnnotationPresent(ApplianceMaker.class))
            {
                ApplianceMaker aMaker;              //声明一个注解变量
                //调用 getAnnotation 方法获得在 aField 域上的注解 "实例"
                aMaker=(ApplianceMaker)aField.getAnnotation(ApplianceMaker.class);
                maker+=aMaker.type()+" ";           //获取 type 元素的值，其余同
                maker+=aMaker.id()+" ";
                maker+=aMaker.maker()+" ";
                maker+=aMaker.address()+"\n";
            }
            //字段的注解是 ApplianceSaler 类型
            else if(aField.isAnnotationPresent(ApplianceSaler.class))
            {
                ApplianceSaler aSaler;
                aSaler=(ApplianceSaler)aField.getAnnotation(ApplianceSaler.class);
                saler+=aSaler.name()+" ";
                saler+=aSaler.id()+" ";
                saler+=aSaler.address()+"\n";
            }
            //字段的注解是 AppliancePrice 类型
            else if(aField.isAnnotationPresent(AppliancePrice.class))
            {
                AppliancePrice thePrice;
                thePrice=(AppliancePrice)aField.getAnnotation(AppliancePrice.class);
                price+=thePrice.value();
```

```
        }
    }
    return maker+saler+price;
    }
}
```

图 10.13　例 10.13 运行结果

2.　系统定义的注解

Java 语言本身定义了 3 个基本的注解，分别是@Override、@Deprecated 和
@SupressWarnings。

（1）@Override

对方法注解，它注解的方法必须是对父类方法的重写，否则编译时会给出
编译错误。

系统定义的注解

（2）@Deprecated

可以对域和方法注解，表示注解的域或方法过时了。

（3）@SupressWarnings

对方法注解，如果编译方法时有警告错误，则不显示警告错误。@SupressWarnings 使用时需
要给出注解元素值，可以给单个值，也可以以数组形式给多个值。例如：

```
@SupressWarnings("unchecked")
@SupressWarnings({"unchecked","deprecation"})
```

比较多的情况是当使用泛型类而没给出实际参数类型时会出现警告错误。

【例 10.14】系统注解的使用。

程序如下。

```
import java.util.LinkedList;

class SuperClass                         //定义一个父类
{
    //对域 var 注解，表示 var 已过时。虽然过时，但仍可用
    @Deprecated
    int var=125;

    @Deprecated                          //对方法 MethodA 注解，表示该方法已过时
    public void MethodA()
    {
        System.out.println("父类中的 MethodA 方法！ ");
    }
    public void MethodB()                //再定义一个方法，欲被子类重写
    {
        System.out.println("父类中的 MethodB 方法！ ");
    }
}
class SubClass extends SuperClass        //派生子类
{
    //@Override 表示其下面的方法应该是重写父类的方法，
    //但 MathodB1 并没有在父类中定义，如果加上注解，则编译不能通过
    //@Override
    public void MethodB1()
    {
        System.out.println("子类重写父类的方法 MethodB!");
    }
}
```

```
public class Example10_14
{
    public static void main(String args[])
    {
        SuperClass superObj=new SuperClass();    //创建父类对象
        superObj.MethodA();                      //访问了过时的方法，Eclipse 会加上删除线
        System.out.println(superObj.var);        //访问过时的域，也会加上删除线

        SubClass subObj=new SubClass();          //创建子类对象
        subObj.MethodB1();                       //调用子类中的方法

        //-----------------------------
        //下面的注解用于抑制其下面语句的编译警告信息，
        //如果去掉该注解，则编译时会出现警告信息
        @SuppressWarnings("rawtypes")
        LinkedList list=new LinkedList();
        //下面两条语句没有加 SuppressWarnings，编译时会出现警告信息
        list.add(123);
        list.add("Beijing");
        for(int i=0;i<2;i++)
            System.out.println(list.get(i));
    }
}
```

在命令行中对程序编译，编译结果如图 10.14 所示。

编译结果中"注"表示的是编译错误。虽然有编译错误，但程序仍然能编译通过，只不过有编译错误的语句可能会给程序埋下隐患。

图 10.14　例 10.14 的编译结果

按图 10.14 给出的编译提示，加上参数"-Xlint:deprecation"重新对程序进行编译，编译结果如图 10.15 所示。

图 10.15　加参数-Xlint:deprecation 后重新编译的结果

按图 10.14 给出的编译提示，加上参数"-Xlint:unchecked"重新对程序进行编译，编译结果如图 10.16 所示。

图 10.16　加参数-Xlint:unchecked 后重新编译的结果

例 10.14 程序的运行结果如图 10.17 所示。

3. 元注解

注解也可以再被注解，注解的注解称为元注解，用于对注解的说
明或控制。例如例 10.13 中第 4 行 "@Retention(RetentionPolicy.

图 10.17　例 10.14 运行结果

RUNTIME）"是元注解，是对其下面自定义注解的注解。系统定义的元注解有
4 个，分别是@Retention、@Documented、@Target 和@Inherited。

（1）@Retention

Retention 所标记的注解表示注解的保存方式。使用时要给出参数，参数有 3 个
可选值，分别是 SOURCE（注解只存在于源程序中，编译器忽略注解）、CLASS（在
编译时保存注解，运行时忽略）和 RUNTIME（运行时保留注解，并可以获得注解）。

元注解

（2）@Documented

Documented 所标注的注解可以被 Javadoc 提取出来成为程序的文档。

（3）@Target

Target 所标注的注解可以用于标注哪些元素。可以标注的元素作为@Target 的参数，参数有 8
个可选值，分别是 ANNOTATION_TYPE（可以对注解标注）、CONSTRUCTOR（可以对构造方法
标注）、FIELD（可以对域标注）、LOCAL_VARIABLE（可以对局部变量标注）、METHOD（可以
对方法标注）、PACKAGE（可以对包标注）、PARAMETER（可以对方法中的参数标注）和 TYPE
（可以对类类标注）。

（4）@Inherited

Inherited 所标注的注解可以被子类继承。

10.4　小　　结

泛型可以准确地表示数据的类型，避免程序在运行过程中由于类型转换而产生错误。实际编
程中，自定义泛型比较少，更多的是利用系统定义的集合类。利用系统的集合类，可以更有效开
发程序，而且有利于程序运行的稳定性和可靠性。

反射和注解是程序的附加功能。通过反射，可以动态地了解程序运行过程中的元素，从而对
程序运行过程进行更好的控制。注解是对程序的另一种注释方式，可以控制程序的编译，也可以
在程序的运行过程中获取程序中的相关数据。

通过本章的知识，可以开发出功能更强、运行更稳定的程序。

10.5　习　　题

1. 有三个雇员，其信息如下。

姓名	职务	年龄	工资
王振	经理	40	5000
刘莉莉	出纳	33	3200
王红	秘书	25	2800

对雇员信息进行如下操作。

（1）创建一个 List 对象，将这三个雇员信息存储到这个 List 对象中。

（2）将 List 对象中的元素显示一遍。

（3）在"刘莉莉"前插入一个新雇员，其信息为：

张芳　副经理　38 4200

插入后将 List 对象中的元素再显示出来。

（4）从 List 对象中删除"刘莉莉"后再将其中的元素显示出来。

2. 定义注解类用于描述"水果"的信息，水果的信息有：名称、颜色、经销商（包括经销商编号和名称）、供货商（包括供货商编号、姓名和地址），用自定义的水果注解类标注水果，并能从注解中提取水果信息。

3. 利用反射机制，显示出 String 类和 Integer 类中都有哪些域和方法。

4. 用堆栈的方法判断一个字符串是否是"回文"。（提示：将一半字符入栈。）

5. 用 Vector 类的对象存储题 1 中的雇员信息，并执行与题 1 要求的相同的操作。

第 11 章
Java 多线程机制

本章要点

- 线程概念辨析
- 多线程机制分析
- 线程操作方法
- 实例程序分析验证多线程机制

计算机用户现在可以利用计算机一边浏览网页一边欣赏音乐，一边下载文件一边调试程序。这一方面得益于 CPU 的高速运算能力，一方面依赖于操作系统支持多进程操作。在一个进程中也存在类似的并发操作，称为多线程。

11.1 线程基本概念

线程基本概念

11.1.1 操作系统与进程

操作系统（Operating System，OS）是管理和控制计算机硬件与软件资源的计算机程序，是最基本的系统软件，任何其他软件都必须在操作系统的支持下才能运行。

操作系统已从早期的单任务发展到现在的支持多任务。多任务的典型特征就是允许 CPU 同时执行多个程序。加载到内存执行的程序，称之为进程（Process）。

并行计算（Parallel Computing）是指同时使用多种计算资源解决计算问题的过程，是提高计算机系统计算速度和处理能力的一种有效手段。它的基本思想是用多个处理器来协同求解同一问题，即将被求解的问题分解成若干个部分，各部分均由一个独立的处理机来并行计算。并行计算系统既可以是专门设计的、含有多个处理器的超级计算机，也可以是以某种方式互连的若干台的独立计算机构成的集群。通过并行计算集群完成数据的处理，再将处理的结果返回给用户。

并发（Concurrency）是指一个时间段中有几个程序都处于已启动运行到运行完毕之间，且这几个程序都在同一个处理机上运行，但任一个时刻只有一个程序在处理机上运行。

操作系统支持多任务就是使多进程并发地执行。现代的计算机（包括微型计算机）计算速度快，因此我们对同一处理器服务于多个进程的任务切换感觉不到。

11.1.2　进程与线程

进程是指内存中运行的应用程序，每个进程都有自己独立的一块内存空间。比如在 Windows 系统中，一个运行的 exe 文件就是一个进程。

线程是指进程中的一个执行流程，一个进程中可以运行多个线程。比如 java.exe 进程中可以运行很多线程。线程总是属于某个进程，进程中的多个线程共享进程的内存。

进程与线程的区别如下。

（1）线程是进程内的一个执行单元，进程至少有一个线程，多线程共享进程的地址空间，而进程有自己独立的地址空间。

（2）操作系统以进程为单位分配资源，同一个进程内的线程共享进程的资源。

（3）线程是处理器调度的基本单位，但进程不是。

开动脑筋

分析一下什么样的应用程序设计可用多线程。

11.2　线程的创建

Java 中有一个线程类 Thread 和一个线程接口 Runnable。可以直接生成 Thread 类的对象表示线程，也可以生成 Thread 类的子类对象或实现 Runnable 接口的类的对象表示线程。

基于 Thread 创建线程

11.2.1　扩展 Thread 类

要创建一个线程类，可以直接扩展 java.lang.Thread 类。此类中有个 run()方法：

```
public void run()
```

Thread 类的子类应该重写该方法。run 方法又称线程体，是线程的核心，一个运行的线程实际上是该线程的 run()被调用，所以线程的操作要在 run 方法中进行定义。

【例 11.1】基于 Thread 类实现的多线程。

图 11.1 所示是一次运行的结果。

```
class ExtThread extends Thread        //基于 Thread 类派生线程子类
{
    public ExtThread(String name)     //构造方法, 用于设定线程字符串名字
    {
        super(name);                  //调用父类构造方法设置线程名
    }
    public void run()
    {
        for(int i = 0;i<=4;i++)       //每个线程循环 4 次
        {
            for(long k= 0; k <100000000;k++);  //延时
            //输出线程名及其执行次数
```

例 11.1 编程视频

图 11.1　例 11.1
运行结果

```
            System.out.println(this.getName()+" :"+i);
        }
    }
}
public class Example11_01
{
    public static void main(String args[])
    {
        //生成线程对象 t1, 其字符串名字为 A
        Thread t1 = new ExtThread("A");
        Thread t2 = new ExtThread("B");

        t1.start();              //调用 start()方法使线程处于可运行状态
        t2.start();
    }
}
```

将这个程序多运行几遍，可以看到每次的运行结果都不一样。程序中有两个线程 t1 和 t2（多线程），哪一个线程占用 CPU 由线程调试器负责安排，所以看到的结果不同。

11.2.2 实现接口 Runnable

直接扩展 Thread 类创建线程类的方式虽简单直接，但是由于 Java 不支持多继承，在已有一个父类的情况下不能再对 Thread 扩展。这种情况下可以通过实现接口 Runnable 来创建线程类。Runnable 接口中只声明了一个方法 run()，所以实现该接口的类必须重定义该方法。

基于接口 Runnable 创建线程

要启动线程，必须调用线程类 Thread 中的方法 start()。所以，即使用 Runnable 接口实现线程，也必须有 Thread 类的对象，并且该对象的 run()方法（线程体）是由实现 Runnable 接口的类的对象提供。Thread 类共有 8 个构造方法，其中一个构造方法：

```
        Thread(Runnable target)
```

由参数 target 提供 run()方法。

【例 11.2】实现 Runnable 接口的多线程例子。

```
class ImpRunnable implements Runnable          //实现 Runnable 接口
{
    private String name;
    public ImpRunnable(String name)
    {
        this.name = name;
    }
    public void run()                          //接口的方法, 子类必须定义
    {
        for (int i = 0; i < 5; i++)
        {
            for (long k = 0; k < 100000000; k++);   //延时
            System.out.println(name + ": " + i);
        }
    }
}
public class Example11_02
{
    public static void main(String[] args)
    {
```

例 11.2 编程视频

```
    ImpRunnable ds1 = new ImpRunnable("A");
    ImpRunnable ds2 = new ImpRunnable("B");

    Thread t1 = new Thread(ds1);        //ds1 为 t1 提供线程体
    Thread t2 = new Thread(ds2);        //ds2 为 t2 提供线程体

    t1.start();                         //线程启动
    t2.start();
}
}
```

本例与例 11.1 实现多线程的过程不同，但可以达到同样的效果。

11.3　线程状态及转换

线程对象和其他对象一样有生命期。线程在生命期中有多种不同的状态，且线程因不同条件会在不同状态之间转换。

11.3.1　线程的状态

线程在生命期中可能经历五种状态：新建（New）、就绪或者可运行（Ready or Runnable）、运行（Running）、阻塞（Blocked）、死亡（Dead）。其含义如下。

（1）新建状态：新创建了一个线程对象，但该对象不能占用 CPU，不能运行。

（2）就绪或者可运行状态：线程对象创建后调用 start()方法后，该线程位于可运行线程池中，变得可运行，等待获取 CPU 的使用权。

（3）运行状态：线程调度器使某个处于就绪状态的线程获得 CPU 使用权，执行线程体代码(run 方法)。

（4）阻塞状态：阻塞状态是指线程因为某种原因放弃 CPU 使用权，暂时停止运行。直到满足某个触发条件又使线程进入就绪状态，才有机会转到运行状态。

（5）死亡状态：线程执行完了或者因异常退出了 run 方法，该线程结束生命周期。

11.3.2　线程状态转换

线程状态及状态转换的关系如图 11.2 所示。

图 11.2　线程状态转换图

阻塞的情况分 4 种。

（1）等待阻塞：运行的线程执行 wait()方法，JVM 会把该线程放入等待池中。

（2）同步阻塞：运行的线程在获取对象的同步锁时，若该同步锁被别的线程占用，则 JVM 会把该线程放入锁池中。

（3）IO 阻塞：从 JDK1.4 开始，IO 分为非阻塞和阻塞两种模式。阻塞 IO 模式下，线程若从网络流中读取不到指定大小的数据量时，IO 就在那里等待着。

（4）其他阻塞：运行的线程执行 sleep()或 join()方法，或者发出了 I/O 请求时，JVM 会把该线程置为阻塞状态。当 sleep()状态超时、join()等待线程终止或者超时、I/O 处理完毕时，线程重新转入就绪状态。

对这四种阻塞需要说明：一方面线程因不同的原因进入阻塞状态；一方面当导致阻塞的初始原因解除的时候，线程就会从阻塞状态转换到就绪状态。具体说，wait 需等待到 notify 方法通知才脱离阻塞状态，同步阻塞需待访问同一对象的当前持锁线程执行完解锁后才结束阻塞状态，sleep 需待休眠时间到才摆脱阻塞，join 等到联合线程执行完，而 IO 阻塞的线程只有等到数据 I/O 完成。

开动脑筋

sleep 的休眠时间如果用多重循环延时程序替代会如何？

11.4 线程调度

线程调度

11.4.1 线程优先级

线程从就绪状态到运行状态的转换依赖于线程调度，线程调度的依据之一是线程的优先级。每一个线程都有优先级，在就绪队列中的优先级高的线程先获得执行。

Java 线程有十个优先级，用数字 1~10 表示，从低到高，线程默认的优先级是 5 级。对线程可通过方法 setPriority(int)设置优先级，通过 getPriority()获知一个线程的优先级。另外，有三个常数用于表示线程的优先级：Thread.MIN_PRIORITY、Thread.MAX_PRIORITY、Thread.NORM_PRIORITY，分别对应优先级 1、10、5。

11.4.2 线程调度

要理解线程调度的原理，以及线程执行过程，必须理解线程栈模型。

线程栈是指某时刻内存中线程调度的栈信息，当前调用的方法总是位于栈顶。线程栈的内容是随着程序的运行动态变化的，因此研究线程栈必须选择一个运行的时刻（实际上指代码运行到什么地方）。图 11.3 所示的代码说明线程（调用）栈的变化过程。

当程序执行到 t.start()时，程序多出一个分支（增加了一个调用栈 B），这样，栈 A、栈 B 并发执行。从这里也可明显看出方法调用和线程启动的区别。图中栈 A 对应的是 main 线程，而栈 B 对应另一个线程 t 线程的运行。

Java 使用的是哪种线程调度模式？ JVM 规范中规定每个线程都有优先级，且优先级越高越优先执行，但优先级高并不代表能独自占用执行时间片，可能是优先级高得到越多的执行时间片，反之，优先级低的分到的执行时间少，但不会分配不到执行时间。JVM 的规范没有严格地给调度策略定义，而只给出一个不严谨但足够统一的定义。Java 使用的线程调度是抢占式调度，在 JVM 中体现为让可运行池中优先级高的线程拥有 CPU 使用权，如果线程优先级相同则随机选择线程，一个时刻只有一个线程在运行（这是对于单 CPU 来说的，多核 CPU 则可能有多个线程同时运行），直到此线程进入非可运行状态或另一个具有更高优先级的线程转入可运行状态，才会使之让出 CPU 的使用权，更高优先级的线程抢占了优先级低的线程的 CPU。

```
public class TestThread
{
    public static void main(String[] args)
    {
        System.out.println("Hello World!");
        new TestThread().method();                     main
    }
    public void method()
    {
        Runnable r = new MyRunnable();
        Thread t = new MyThread(r);                     method
        t.start();                                      main
    }                                  run
}
```

图 11.3　线程栈示意图

抢占的意义在于获得更多的时间。

对例 11.1 做一点修改，让线程对象多一点。

```
public static void main(String args[])
{
    //生成线程对象 t1，其字符串名字为 A
    Thread t1 = new ExtThread("A");
    Thread t2 = new ExtThread("B");
    Thread t3 = new ExtThread("C");
    Thread t4 = new ExtThread("D");
    Thread t5 = new ExtThread("E");
    Thread t6 = new ExtThread("F");
    t4.setPriority(Thread.MAX_PRIORITY);
    t1.start();
    t2.start();
    t3.start();
    t4.start();
    t5.start();
    t6.start();
}
```

给其中的一个线程 t4 设置最高优先级，观察程序执行结果发现高优先级线程抢占成功。图 11.4 所示为程序的执行结果。

从图 11.4 还可以看到，相同优先级的多个线程，它们的执行顺序不是按照先来先服务原则的，即不是先启动先执行，而是随机地执行序列。

图 11.4　线程 t4 抢占执行（部分行）

11.5　线程常用方法

11.5.1　常用方法

线程常用方法

线程应用程序中所用的方法主要来自 Thread 类和 Object 类。表 11.1 所示的是 Thread 类的常用方法。

表 11.1   Thread 类方法

返 回 类 型	方 法 名	操 作
static Thread	currentThread()	返回对当前正在执行的线程对象的引用
String	getName()	返回该线程的名称
int	getPriority()	返回线程的优先级
void	interrupt()	中断线程
boolean	isAlive()	测试线程是否处于活动状态
void	join()	等待该线程终止
void	run()	如果该线程是使用独立的 Runnable 运行对象构造的，则调用该 Runnable 对象的 run 方法；否则，该方法不执行任何操作并返回
void	setPriority(int newPriority)	设置线程的优先级
void	setName(String name)	改变线程名称，使之与参数 name 相同
static void	sleep(long millis)	在指定的毫秒数内让当前正在执行的线程休眠（暂停执行）
static void	sleep(long millis, int nanos)	在指定的毫秒数加指定的纳秒数内让当前正在执行的线程休眠（暂停执行）
void	start()	使该线程可运行
static void	yield()	暂停当前正在执行的线程对象，并执行其他线程

    表 11.1 中的方法可分为两类，分别是线程基本操作方法和线程调度有关的方法。前者不改变线程当前状态，后者则改变线程当前状态。线程基本操作方法有 currentThread()、getPriority()、getName()、run()、start()、isAlive()等，线程调度方法有 join()、sleep(long millis)、yield()、interrupt()等。

    【例 11.3】使用线程基本操作方法的例程（本例用到方法 setName()、getName()和 currentThread()）。

```
import java.io.*;

public class Example11_03
{
    public static void main(String[] args) throws IOException
    {
        MyThread thread = new MyThread();
        thread.setName("测试线程");
        thread.start();

        try
        {   //main 线程
            System.out.println(Thread.currentThread().getName()+"进入睡眠");
            Thread.currentThread().sleep(2000);       //睡眠 2 秒
            System.out.println(Thread.currentThread().getName()+"睡眠完毕");
        }
        catch (InterruptedException e)
        {
            e.printStackTrace();
        }
        thread.interrupt();                           //测试线程应该休眠 10 秒，但被中断
    }
```

```
}
class MyThread extends Thread
{
    @Override
    public void run()
    {
        try
        { //测试线程
            System.out.println(Thread.currentThread().getName()+"进入睡眠");
            Thread.currentThread().sleep(10000);         //休眠 10 秒，但被提前中断
            System.out.println(Thread.currentThread().getName()+"睡眠完毕");
        }
        catch (InterruptedException e)
        {
            System.out.println("得到中断异常");
        }
        System.out.println("run 方法执行完毕");
    }
}
```

main()方法本身也是一个线程，所以一个 Java 程序至少有一个线程，在本例中有两个线程。程序运行结果如图 11.5 所示。

图 11.5 例 11.3 运行结果

11.5.2 线程让步

所谓线程让步是指暂停当前正在执行的线程对象，并执行其他线程。那么，线程为什么让步？如何做到让步？

线程的让步是通过 Thread.yield()来实现的。让步操作与线程优先级有关，因此与线程调度有关。如果当前运行的线程优先级大于或等于线程池中其他线程的优先级，它能得到更多的执行时间。但如果某线程想让和它具有相同优先级的其他线程获得运行机会，使用 yield()即可。但是，实际应用中无法保证 yield()达到让步目的，因为让步的线程还有可能被线程调度程序再次选中，yield()并未导致线程转到等待/睡眠/阻塞状态，yield()只是令线程从运行状态转到可运行状态。

线程让步

开动脑筋

考虑一个应用，它的一个线程在什么条件下对其他线程让步？

让步是使当前运行线程让出 CPU 资源，线程回到可运行状态。实验表明，多数情况下，让步是有实际意义的，但不能达到百分百的让出效果。

【例 11.4】使用线程让步方法 yield()的例程。

```
public class Example11_04
{
    public static void main(String[] args)
    { //注意，两个线程对象的创建方式
        Thread t1 = new MyThread1();
        Thread t2 = new Thread(new MyRunnable1());
        t2.start();
        t1.start();
    }
```

```
}
class MyThread1 extends Thread                //线程类的子类
{
    public void run()
    {
        for (int i = 1; i <= 10; i++)
            System.out.println("线程 1 第" + i + "次执行! ");
    }
}

class MyRunnable1 implements Runnable          //实现接口
{
    public void run()
    {
        for (int i = 1; i <= 10; i++)
        {
            System.out.println("线程 2 第" + i + "次执行! ");
            Thread.yield();                    //让步
        }
        for (int i = 1; i <= 10000; i++);  //延时
    }
}
```

该程序运行结果如图 11.6 所示。

图 11.6　一次运行结果

11.5.3　线程联合

在程序的不同方法、不同模块之间存在调用和执行的先后顺序，这是处理逻辑的内在要求。线程是另一种程序执行顺序，线程之间也可能存在逻辑上的先后关系，这种关系表现为执行的先后顺序。Thread 的方法 join()让一个线程 B 与另外一个线程 A 联合，即加到 A 的尾部。在 A 执行完毕之前，B 不能执行。A 执行完毕，B 才能重新转为可运行状态。假设在主线程 main 中有如下代码。

线程联合

```
Thread t = new MyThread();
t.start();
t.join();
```

则 main 线程需待 t 线程执行完才能继续得到执行机会。join()方法共有三个。

（1）void join() 等待该线程终止。

（2）void join(long millis) 等待该线程终止的时间最长为 millis 毫秒。

（3）void join(long millis, int nanos) 等待该线程终止的时间最长为 millis 毫秒 + nanos 纳秒。

 开动脑筋

考虑一个应用，它的一个线程在什么条件下与其他线程联合？

【例 11.5】使用 join()方法联合线程。

```
public class Example11_05
{
    public static void main(String args[])
    {
        Thread sub = new SubThread();          //创建线程
        sub.setName("子线程");
```

例 11.5 编程视频

```
        System.out.println("主线程 main 开始执行: ");
        sub.start();                          //子线程启动
        System.out.println("主线程 main 等待线程 sub 执行……");
        try
        {//一直是主线程在运行，执行下面语句后，主线程让出 CPU 给 sub
            sub.join();                       //直到 sub 执行完后，主线程才能继续执行
        }
        catch(InterruptedException e)
        {}
        System.out.println("主线程 main 结束执行。");
    }
}

class SubThread extends Thread
{
    public void run()
    {
        System.out.println(this.getName()+"开始执行: ");
        System.out.println(this.getName()+"正在执行……");

        try
        {
            sleep(3000);                      //模拟子线程运行
        }
        catch(InterruptedException e)
        {
            System.out.println("interrupted!");
        }
        System.out.println(this.getName()+"结束执行。");
    }
}
```

程序执行结果如图 11.7 所示。

图 11.7　例 11.5 程序运行结果

11.5.4　守护线程

1．守护线程的概念

线程总体分为用户线程（User Thread）和守护线程（Daemon Thread）。守护线程的作用是为用户线程提供服务。例如，GC（Gargage Collection）线程就是服务于所有用户线程的守护线程。当所有用户线程执行完毕的时候，JVM 自动关闭。但是守护线程却独立于 JVM，守候线程一般是由操作系统或者用户自己创建。

守护线程

线程默认为非守护线程，即用户线程。用户线程和守护线程唯一的区别在于虚拟机的离开。如果用户线程全部退出，没有了被守护者，守护线程也就没有服务对象了，所以虚拟机也就退出了。

用 setDaemon(true)可以设置一个守护线程，使用守护线程应注意以下 3 点。

（1）thread.setDaemon(true)必须在 thread.start()之前设置，否则会抛出一个非法线程状态异常 IllegalThreadStateException。

（2）在守护线程中产生的新线程也是守护线程。

（3）并非所有的应用都可以分配给守护线程来进行服务，比如读写操作或者大量复杂耗时的

计算。因为在守护线程还没来的及进行操作时，虚拟机可能已经退出了。这时可能还有大量数据尚未来得及读入或写出，多次计算的结果也可能不一样。这对程序来说是毁灭性的。

2. 守护线程例程

【例 11.6】在程序中设置守护线程。

```java
class DaemonThread implements Runnable
{
    public void run()
    {
        while (true)                    //true=线程永远执行
        {
            for (int i = 1; i <= 3; i++)
            {
                System.out.println(Thread.currentThread().getName()+i);
                try
                {
                    Thread.sleep(500);
                }
                catch (InterruptedException e)
                {
                    e.printStackTrace();
                }
            }
            if(Thread.currentThread().getName().equals("非守护线程"))
                break;                  // "非守护线程" 结束, "守护线程" 也随之结束
        }
    }
}
public class Example11_06
{
    public static void main(String[] args)
    {
        Thread daemonThread = new Thread(new DaemonThread());
        daemonThread.setName("守护线程");

        // 设置为守护进程
        daemonThread.setDaemon(true);
        daemonThread.start();

        Thread t = new Thread(new DaemonThread());
        t.setName("非守护线程");
        t.start();
    }
}
```

程序运行结果如图 11.8 所示。线程 daemonThread 是一个守护线程，它是一个永远运行（循环条件=true）的线程。但是，由于它是一个守护线程，所以当线程 t 结束后，守护线程也就结束了。

图 11.8　例 11.6 运行结果

11.6　线程同步与锁机制

线程同步

11.6.1　线程同步概述

1. 线程同步

同步就是使不同动作协调有序。线程同步指的是当程序中有多个线程，假设它们同时访问同一个变量时，一些线程读数据，一些线程写数据，可能会出现数据读写错误，因此需要对这些线程的数据访问操作进行控制，使之协调有序，避免数据访问操作出错。

数据访问怎么会出错呢？假设有两个线程 A 和 B 同时（严格地说是并发地）访问同一个变量 account，account 的初值为 100，线程 A 要使 account 增加 50，线程 B 要使 account 减少 50。A 线程操作分为三步：read account、account = account +50、write account to memory；B 线程的操作类似，它的第 2 步是 account = account – 50。假设 A 和 B 执行的顺序为 A-B-A-B，即 A、B 线程都是在执行完第 2 步结束时就从运行状态转变到可运行状态，那么经过两轮后 account 应该是多少？实际运行结果是多少？应该是 100，实际却是 50，错误出现了！

一个线程在访问某个对象（数据或一组数据），其他线程就不能再访问该对象，这是线程同步的基本思想。

2. 同步锁

Java 线程同步控制机制的核心是同步锁。

一个方法或代码块用 synchronized 修饰，则可以保证在某一时刻只能有一个线程访问同一的数据，从而可以保证数据的正确性。用 synchronized 修饰方法或代码块即可实现同步锁机制。

3. synchronized 关键字

（1）用于修饰实例方法 synchronized aMethod(){}

synchronized 作用域在某个对象实例内，可以防止多个线程同时访问这个对象的 synchronized 方法。如果一个对象有多个 synchronized 方法，只要一个线程访问了其中的一个 synchronized 方法，其他线程就不能同时访问这个对象中的任何一个 synchronized 方法。这时，不同的对象实例的 synchronized 方法是不相干扰的。也就是说，其他线程照样可以同时访问相同类的另一个对象实例中的 synchronized 方法。

（2）用于修饰静态方法 synchronized static aStaticMethod(){}

synchronized 作用域在某个类内，防止多个线程同时访问这个类中的 synchronized static 方法。它可以对类的所有对象起作用。

（3）用于修饰方法中的某个代码块 synchronized(this){/*代码块*/}

其作用域为当前对象，表示只对这个块的资源实行互斥访问。

synchronized(this)用于定义一个临界区（其后面大括弧所包含的部分），以保证在多线程下只能有一个线程可以进入 this 对象的临界区。synchronized(对象或者变量){}，表示在{}内的这段代码中，对（对象或者变量）中的对象或者变量进行同步处理，也就是说当访问这段代码时，一个线程对对象或者变量的访问完成后才能够交给另外一个线程，即有了同步锁。使用 synchronized(对象或者变量)，就是为了防止对象或者变量被同时访问，避免多个线程修改和读取对象或者变量同时出现的时候，使用这个对象或者变量的地方出现错误的判断，如 while(对象或者变量）。

　　synchronized 关键字修饰的方法是不能继承的。父类的方法 synchronized f(){} 在子类中并不自动成为 synchronized f(){}，而是变成了 f(){}。子类可显式地指定它的某个方法为 synchronized 方法。

　　（4）用于修饰类

　　其作用是对这个类的所有对象加锁，作用范围是 synchronized 后面括号括起来的部分。

　　4. volatile 关键字

　　volatile 关键字用于多线程同步变量。 线程为了提高效率，将某成员变量（如 A）拷贝了一份（如 B），线程中对 A 的访问其实访问的是 B，只在某些动作时才进行 A 和 B 的同步，因此存在 A 和 B 不一致的情况。volatile 就是用来避免这种情况的。volatile 告诉 JVM， 它所修饰的变量不保留拷贝，直接访问主内存中的变量（也就是上面说的 A）。

　　volatile 修饰符的使用方法是：

```
private volatile int i;
```

　　volatile 一般情况下不能代替 sychronized,因为 volatile 不能保证操作的原子性，即使只是 i++，实际上也是由多个原子操作组成的：read i; inc i; write i。假如多个线程同时执行 i++，volatile 只能保证它们操作的 i 是同一块内存，但依然可能出现写入脏数据的情况。

11.6.2　线程同步举例

　　【例 11.7】线程应用之从非同步到同步设置的对比例程。

```
class Bank
{
    private int x = 100;
    public int getX( )
    {
        return x;
    }
    public int fix(int y)
    {
        x = x - y;
        return x;
    }
}

public class Example11_7 implements Runnable
{
    private Bank bank = new Bank();
    public static void main(String[] args)
    {
        Example11_7 r = new Example11_7();
        Thread ta = new Thread(r, "Thread-A");
        Thread tb = new Thread(r, "Thread-B");
        ta.start();
        tb.start();
    }
    public void run()
    {
        for (int i = 0; i < 3; i++)
        {
```

```
            this.fix(30);
            try
            {
                Thread.sleep(1);
            }
            catch (InterruptedException e)
            {
                e.printStackTrace();
            }
            System.out.println(Thread.currentThread().getName() +
                        " : 当前 bank 对象的 x 值= " + bank.getX());
        }
    }
    public int fix(int y)
    {
        return bank.fix(y);
    }
}
```

对于例 11.7，一次程序运行结果中 x 值列表为：40、40、–20、–50、–80、–80。这样的输出值明显是不合理的。原因是两个线程不加控制地访问 bank 对象并修改其数据。如果要保持结果的合理性，就要对 bank 的访问加以限制，每次只能有一个线程在访问。这样就能保证 bank 对象中数据的合理性了。

修改原程序 Bank 类中的方法 fix 如下，则运行结果变为合理序列：70、40、10、–20、–50、–80。

```
public int fix(int y)
{
    synchronized(this) //代码块同步
    {
        x = x - y    ;
        System.out.println(Thread.currentThread().getName() +
                    " : 当前 bank 对象的 x 值= " + getX());
    }
    return x;
}
```

【例 11.8】线程应用之从同步到非同步设置的对比例程。

```
public class Example11_08
{
    public static void main(String[] args)
    {
        User user = new User("张三", 100);
        UserThread t1 = new UserThread("线程 A", user, 20);
        UserThread t2 = new UserThread("线程 B", user, -60);
        UserThread t3 = new UserThread("线程 C", user, -80);
        UserThread t4 = new UserThread("线程 D", user, -30);
        UserThread t5 = new UserThread("线程 E", user, 32);
        UserThread t6 = new UserThread("线程 F", user, 21);
        t1.start();
        t2.start();
        t3.start();
        t4.start();
```

```
            t5.start();
            t6.start();
        }
    }

class UserThread extends Thread
{
    private User user;
    private int y = 0;
    UserThread(String name, User user, int y)
    {
        super(name);
        this.user = user;
        this.y = y;
    }
    public void run()
    {
        user.operate(y);
    }
}
class User
{
    private String code;
    private int cash;
    User(String code, int cash)
    {
        this.code = code;
        this.cash = cash;
    }
    public String getCode()
    {
        return code;
    }
    public void setCode(String code)
    {
        this.code = code;
    }
    public synchronized void operate(int x)              //同步方法，线程锁
    {
        try
        {
            Thread.sleep(10);
            this.cash += x;
            String threadName=Thread.currentThread().getName();
            System.out.println(threadName+"结束, 增加"+x+", 账户余额为: "+cash);
            Thread.sleep(10L);
        }
        catch (InterruptedException e)
        {
            e.printStackTrace();
        }
    }

    @Override
    public String toString()
```

```
        {
            return "User{"+"code='"+code+'\''+",cash="+cash+'}';
        }
}
```

程序运行结果如图 11.9 所示。

线程A结束，增加20，账户余额为：120
线程F结束，增加21，账户余额为：141
线程E结束，增加32，账户余额为：173
线程D结束，增加-30，账户余额为：143
线程C结束，增加-80，账户余额为：63
线程B结束，增加-60，账户余额为：3

图 11.9　例 11.8 运行结果

11.6.3　线程安全

1. 线程安全的含义

当一个类已经很好地同步以保护它的数据时，这个类就成为线程安全（Thread safe）的类。

如果多个线程在同时运行进程中的一段代码，每次运行结果和单线程运行的结果是一样的，而且其他的变量的值也和预期的是一样的，那么这也是线程安全的。

相反地，线程不安全就是不提供数据访问保护，有可能出现多个线程先后更改数据造成所得到的数据是无效数据。

线程安全问题都是由多个线程对共享的变量进行读写引起的。

若每个线程中对共享变量只有读操作，而无写操作，一般来说，这个共享变量是线程安全的；若有多个线程同时执行写操作，一般都需要考虑线程同步，否则的话就可能影响线程安全。

以 ArrayList 类操作为例说明什么是线程安全。要向 list 添加一个元素，需要两步：首先，在 Items[Size] 的位置上存放此元素；然后，Size 的值增 1。

在单线程情况下，如果 Size = 0，添加一个元素后，此元素在位置 0，而且 Size 增为 1。而在多线程情况下，比如有两个线程 A 和 B 向 list 添加元素，线程 A 先将元素存放在位置 0。但是此时 CPU 调度线程 A 从运行态转为可运行，线程 B 转为运行状态。线程 B 也向此 list 中添加一个元素，因为此时 Size 仍然等于 0，所以线程 B 也将元素存放在位置 0。然后线程 A 和线程 B 都继续运行，都增加 Size 的值。结果 list 的元素只有一个，存放在位置 0，而其 Size 却等于 2。这就是"线程不安全"了。

开动脑筋

ArrayList 是线程安全的吗？Vector 呢？

2. 线程安全类别

线程安全不是一个非真即假的命题。Joshua Bloch 给出了线程安全性的分类描述方法：不可变、线程安全、有条件线程安全、线程兼容和线程对立。这种分类方法的核心是调用者是否可以或者必须用外部同步包围操作（或者一系列操作）。下面详细讨论这 5 种线程安全类别。

（1）不可变

不可变的对象一定是线程安全的，并且永远也不需要额外的同步控制。因为一个不可变的对象只要构建正确，其外部可见状态永远也不会改变，永远也不会看到它处于不一致的状态。Java 类库中大多数基本数值类如 Integer、String 和 BigInteger 都是不可变的。

（2）线程安全

对象具有线程安全的描述属性，在类的说明中所设置的约束在对象被多个线程访问时仍然有效，不管运行时环境如何调度线程都不需要任何额外的同步控制。这种线程安全性保证是很严格的。很多类，如 Hashtable 和 Vector 等都不满足这种严格的定义。

（3）有条件的

有条件的线程安全类对于单独的操作可以是线程安全的，但是某些操作序列可能需要外部同步。条件线程安全的最常见的例子是遍历由 Hashtable、Vector 返回的迭代器。由这些类返回的快速失败（fail-fast）迭代器假定在迭代器进行遍历的时候底层集合不会有变化。为了保证其他线程不会在遍历的时候改变集合，进行迭代的线程应该确保它是独占性地访问集合以实现遍历的完整性。通常，独占性的访问是由同步锁保证的。

（4）线程兼容

线程兼容类不是线程安全的，但是可以通过正确使用同步锁在并发环境中安全地使用。这可能意味着用一个 synchronized 块包含每一个方法调用，或者创建一个包装器对象，其中每一个方法都是同步的。也可能意味着用 synchronized 块包含某些操作序列。为了最大程度地利用线程兼容类，如果所有调用都使用同一个块，那么就不应该要求调用者对该块同步。这样做会使线程兼容的对象作为变量实例包含在其他线程安全的对象中，从而可以利用其所有者对象的同步。

许多常见的类如 ArrayList、HashMap、SimpleDateFormat、Connection 和 ResultSet 等是线程兼容的。

（5）线程对立

线程对立类是那些不管是否调用了外部同步都不能在并发使用时安全地呈现的类。线程对立很少见，当类修改静态数据，而静态数据会影响在其他线程中执行的其他类的行为，这时通常会出现线程对立。

11.6.4 线程死锁

线程死锁

1. 死锁的概念

当两个线程被阻塞，每个线程在等待另一个线程时就发生死锁。死锁对 Java 程序来说是很复杂的，线程发生死锁可能性很小，即使看似可能发生死锁的代码，在运行时发生死锁的可能性也是小之又小。

2. 死锁条件

一般造成死锁必须同时满足如下 4 个条件。

（1）互斥条件：线程使用的资源必须至少有一个是不能共享的。

（2）请求与保持条件：至少有一个线程必须持有一个资源并且正在等待获取一个当前被其他线程持有的资源。

（3）非剥夺条件：分配资源不能从相应的线程中被强制剥夺。

（4）循环等待条件：第一个线程等待其他线程，后者又在等待第一个线程。

要产生死锁，这四个条件必须同时满足。因此要防止死锁，只需要令其中一个条件不成立即可。

【例 11.9】有可能出现死锁的程序例程。

```
class A
{
    synchronized void first(B b)
    {
        String name = Thread.currentThread().getName();
        System.out.println(name+" entered A.first() ");
        try
        {
            Thread.sleep(1000);
```

```
        }
        catch(Exception e)
        {
            System.out.println(e.getMessage());
        }
        System.out.println(name+" trying to call B.last()");
        b.last();
    }

    synchronized void last()
    {
        System.out.println("inside A.last");
    }
}
class  B
{
    synchronized void first(A a)
    {
        String name = Thread.currentThread().getName();
        System.out.println(name+" entered B.first()");
        try
        {
            Thread.sleep(1000);
        }
        catch(Exception e)
        {
            System.out.println(e.getMessage());
        }
        System.out.println(name+" trying to call A.last()");
        a.last();
    }

    synchronized void last()
    {
        System.out.println("inside B.last");
    }
}
class Example11_09 implements Runnable
{
    A a = new A();
    B b = new B();
    Example11_09()
    {
        Thread.currentThread().setName("main_thread");
        new Thread(this).start();
        a.first(b);
        System.out.println("back in main_thread");
    }

    public void run()
    {
        Thread.currentThread().setName("user_thread");
        b.first(a);
        System.out.println("back in user_threaad");
    }
}
```

```
    public static void main(String args[])
    {
        new Example11_09();
    }
}
```

程序的一次运行结果如图 11.10 所示。

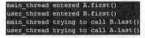

程序运行时，主线程访问对象 a 同步方法 first()时也同时对 a
的另一个同步方法 last()加锁。用户线程访问 a 的 last()方法时进入

图 11.10　例 11.9 运行结果

锁等待队列。同理，用户线程访问对象 b 同步方法 first()时也对 b 对象另一同步方法 last()加锁，
主线程访问 b 的 last()方法时进入其锁等待队列。相互等待，形成死锁。

11.7　线程的交互

线程的交互

线程间的交互指的是线程之间需要一些协调通信来共同完成一项任务。

借助 wait 和 notify 方法，可以实现线程之间的交互。Object 类中定义了 4 个与线程交互有关
的方法，如表 11.2 所示。

表 11.2　　　　　　　　　　　　　　　　Object 类方法

返回类型	方　法　名	操　　　　作
void	notify()	唤醒在此对象监视器上等待的单个线程
void	notifyAll()	唤醒在此对象监视器上等待的所有线程
void	wait()	导致当前的线程等待，直到其他线程调用此对象的 notify()方法
void	wait(long timeout)	导致当前的线程等待，直到其他线程调用此对象的 notify()方法或 notifyAll()方法，或者超过指定的时间量
void	wait(long timeout,int nanos)	导致当前的线程等待，直到其他线程调用此对象的 notify() 方法或 notifyAll() 方法，或者其他某个线程中断当前线程，或者已超过某个实际时间量

以上这些方法帮助线程传递线程关心的时间状态。

另外，关于 wait/notify 方法的使用方法，还需要了解如下两个关键点。

（1）必须从同步环境内调用 wait()、notify()、notifyAll()方法，线程拥有对象的锁才能调用对
象等待或通知方法。

（2）多个线程在等待一个对象锁时使用 notifyAll()。

【例 11.10】线程交互例程：多线程协作完成计算任务。

```
public class Example11_10
{
    public static void main(String[] args)
    {
        ThreadB b = new ThreadB();

        //启动计算线程
         b.start();

        //线程main拥有b对象上的锁
```

```
        synchronized(b)
        {
            try
            {
                String name=Thread.currentThread().getName();
                System.out.println(name+"等待对象 b 完成计算……");
                //当前线程 main 等待
                b.wait();
                System.out.println("对象 b 计算完成，结果="+b.total);
                System.out.println(name+"继续运行！");
            }
            catch (InterruptedException e)
            {
                e.printStackTrace();
            }
        }
    }
}
class ThreadB extends Thread
{
    int total=0;
    public void run()
    {
        synchronized (this)
        {
            for (int i = 0; i < 101; i++)
                total += i;

            //计算完成了，唤醒在此对象监视器上等待的单个线程
            notify();
        }
    }
}
```

程序执行结果如图 11.11 所示。

图 11.11 例 11.10 运行结果

11.8 小   结

本章重点内容是线程同步和锁机制，因此，对这部分做以总结以示强调。

1. 只能同步方法，而不能同步变量和类。

2. 每个对象只有一个锁，当同步时，应该清楚在哪个对象上同步。

3. 不必同步类中所有的方法，类可以同时拥有同步和非同步方法。

4. 如果两个线程要执行一个类中的 synchronized 方法，并且两个线程使用相同的实例来调用方法，那么一次只有一个线程能够执行方法，另一个需要等待，直到锁被释放。也就是说：如果一个线程在对象上获得一个锁，就没有任何其他线程可以进入（该对象的）类中的任何一个同步方法。

5. 如果线程拥有同步和非同步方法，则非同步方法可以被多个线程访问而不受锁的限制。

6. 线程睡眠时，它所持的任何锁都不会释放。

7. 线程可以获得多个锁。比如，在一个对象的同步方法里面调用另外一个对象的同步方法，则获取了两个对象的同步锁。

8. 同步损害并发性，应该尽可能缩小同步范围。同步不但可以同步整个方法，还可以同步方法中的一部分代码块。

9. 在使用同步代码块时，应该指定在哪个对象上同步，也就是说要获取哪个对象的锁。

11.9 习　　题

1. 解释下列名词术语。

进程、线程、状态、阻塞、优先级、同步、死锁、守护、线程安全

2. 线程有哪几种状态？

3. 简述 Java 线程调度的原理。

4. 何谓线程同步？何谓线程间通信？

5. 分析下面程序的执行结果。

```java
class Sync extends Thread
{
    StringBuffer letter;
    public Sync(StringBuffer  letter)
    {
        this.letter=letter;
    }

    public void run()
    {
        synchronized(letter)
        {
            for(int I=1;I<=100;++I)
            {
                System.out.print(letter);
            }
            System.out.println();
            char temp=letter.charAt(0);
            ++temp;
            letter.setCharAt(0,temp);
        }
    }
    public static void main(String [] args)
    {
        StringBuffer  sb=new StringBuffer("A");
        new Sync(sb).start();
        new Sync(sb).start();
        new Sync(sb).start();
    }
}
```

6. 分析下面的程序是否会形成死锁，谈谈理由。

```java
package exercise;
public class Ex11_6
{
```

```
        public static void main(String[] args)
        {
            DeadlockRisk dead = new DeadlockRisk();
          MyThread4 t1 = new MyThread4(dead, 1, 2);
          MyThread4 t2 = new MyThread4(dead, 3, 4);
          MyThread4 t3 = new MyThread4(dead, 5, 6);
          MyThread4 t4 = new MyThread4(dead, 7, 8);
          t1.start();
          t2.start();
          t3.start();
          t4.start();
        }
    }

class MyThread4 extends Thread
{
     private DeadlockRisk dead;
    private int a, b;
    MyThread4(DeadlockRisk dead, int a, int b)
    {
     this.dead = dead;
        this.a = a;
        this.b = b;
    }

    @Override
    public void run()
    {
     dead.read();
     dead.write(a, b);
    }
}

class DeadlockRisk
{
    private static class Resource
    {
        public int value;
    }
    private Resource resourceA = new Resource();
    private Resource resourceB = new Resource();

    public int read()
    {
     synchronized (resourceA)
     {
        System.out.println("read():" + Thread.currentThread().getName() + "获取了
resourceA 的锁！");
        synchronized (resourceB)
        {
            System.out.println("read():" + Thread.currentThread().getName() + "获
取了 resourceB 的锁！");
            return resourceB.value + resourceA.value;
        }
    }
```

```
    }

    public void write(int a, int b)
    {
     synchronized (resourceB)
     {
         System.out.println("write():" + Thread.currentThread().getName() + "获取了
resourceA 的锁! ");
             synchronized (resourceA)
             {
                 System.out.println("write():" + Thread.currentThread().getName() + "获
取了 resourceB 的锁! ");
                     resourceA.value = a;
                     resourceB.value = b;
                 }
            }
        }
    }
```

7. 分析下面程序的功能。

```
package exercise;
class Plate
{
    private int index=0;
    private char []buffer=new char[6];
    public synchronized void push(char c)
    {
    while(index==buffer.length)
    {
        try
        {
            System.out.println("The plate is full,no room to put");
            this.wait();
         }
         catch(InterruptedException e)
         {

         }
     }
     this.notify();
     buffer[index]=c;
     index++;
    }

    public synchronized char pop()
    {
    while(index==0)
    {
        try
        {
            System.out.println("The plate is empty, no apple to eat");
            this.wait();
        }
        catch(InterruptedException e)
        {
```

```
            }
        }
          this.notify();
          index--;
          return buffer[index];
      }
  }
class Father extends Thread
{
    Plate s;
    char ch='A';
    Father(Plate s)
    {
     this.s=s;
    }
    public void run()
    {
     while(true)
     {
         s.push(ch);
         System.out.println("I put an apple  ("+(ch)+") into the plate");
     }
    }
}

class Child extends Thread
{
    Plate s;char ch;
    Child(Plate s)
    {
        this.s=s;
    }
    public void run()
    {
     while(true)
     {
         ch=s.pop();
         System.out.println("I get an apple  ("+(ch)+") from the plate");
        }
    }
}
public class Ex11_7
{
    public static void main(String args[])
    {
        Plate  s = new Plate();
        Father f = new Father(s);
      Child c = new Child(s);
      f.start();
      c.start();
    }
}
```

8. 分析下面程序的功能。

```
package exercise;
```

```
class NumberHolder
{
    private int number;
    public synchronized void increase()
    {
        if (0 != number)
        {
            try
            {
                wait();
            }
            catch (InterruptedException e)
            {
                e.printStackTrace();
            }
        }
        // 能执行到这里说明已经被唤醒，并且 number 为 0
        number++;
        System.out.println(number);
        // 通知在等待的线程
        notify();
    }
    public synchronized void decrease()
    {
     if (0 == number)
        {
            try
            {
                wait();
            }
            catch (InterruptedException e)
            {
                e.printStackTrace();
            }
        }
        // 能执行到这里说明已经被唤醒，并且 number 不为 0
        number--;
        System.out.println(number);
        notify();
    }
}

class IncreaseThread extends Thread
{
    private NumberHolder numberHolder;
    public IncreaseThread(NumberHolder numberHolder)
    {
     this.numberHolder = numberHolder;
    }

    @Override
    public void run()
    {
        for (int i = 0; i < 20; ++i)
        {
```

```
            // 进行一定的延时
            try
            {
                Thread.sleep((long) Math.random() * 1000);
            }
            catch (InterruptedException e)
            {
                e.printStackTrace();
            }
            // 进行增加操作
            numberHolder.increase();
        }
    }
}
class DecreaseThread extends Thread
{
    private NumberHolder numberHolder;
    public DecreaseThread(NumberHolder numberHolder)
    {
        this.numberHolder = numberHolder;
    }
    @Override
    public void run()
    {
        for (int i = 0; i < 20; ++i)
        {
            // 进行一定的延时
            try
            {
                Thread.sleep((long) Math.random() * 1000);
            }
            catch (InterruptedException e)
            {
                e.printStackTrace();
            }
            // 进行减少操作
            numberHolder.decrease();
        }
    }
}

public class Ex11_8
{
    public static void main(String[] args)
    {
        NumberHolder numberHolder = new NumberHolder();
        Thread t1 = new IncreaseThread(numberHolder);
        Thread t2 = new DecreaseThread(numberHolder);
        t1.start();
        t2.start();
    }
}
```

9. 项目练习：哲学家就餐问题，是 1965 年由 Dijkstra 提出的一种线程同步的问题。

问题描述：一个圆桌前坐着 5 位哲学家，两个人中间有一只筷子，桌子中央有面条。哲学家思考问题，当饿了的时候拿起左右两只筷子吃饭，必须拿到两只筷子才能吃饭。上述问题会产生死锁的情况，当 5 个哲学家都拿起自己右手边的筷子，准备拿左手边的筷子时产生死锁现象。

解决办法思路：

（1）添加一个服务生，只有经过服务生同意之后才能拿筷子，服务生负责避免死锁发生。

（2）每个哲学家必须确定自己左右手的筷子都可用的时候，才能同时拿起两只筷子进餐，吃完之后同时放下两只筷子。

（3）规定每个哲学家拿筷子时必须拿序号小的那只，这样最后一位未拿到筷子的哲学家只剩下序号大的那只筷子，不能拿起，剩下的这只筷子就可以被其他哲学家使用，避免了死锁。这种情况不能很好地利用资源。

10. 项目练习：生产者消费者问题，准确地说是"生产者—消费者—仓储"模型，离开了仓储，生产者消费者模型就显得没有说服力了。

对于此模型，应该明确以下 4 点。

（1）生产者仅仅在仓储未满时生产，仓满则停止生产。

（2）消费者仅仅在仓储有产品时才能消费，仓空则等待。

（3）当消费者发现仓储没产品可消费时会通知生产者生产。

（4）生产者在生产出可消费产品时，应该通知等待的消费者去消费。

此模型将要结合 java.lang.Object 的 wait 与 notify、notifyAll 方法来实现以上的需求。这是非常重要的。

第 12 章
输入输出流

本章要点
- 流的概念
- 流的分类
- 文件类
- 字节流和字符流
- 缓冲流
- 随机流
- 对象流

　　在程序运行时，可能需要输入一些原始数据；程序运行结束后，要将数据处理的结果永久保存。Java 中提供的 I/O 流技术可以使数据在不同设备之间进行传送，通过输入流，可以方便地从输入设备中获得数据，通过输出流，可以容易地将数据传送到存储设备中。

12.1　流的概念

12.1.1　流

　　Java 语言是通过 I/O（输入/输出）流技术完成数据读写操作的。流是一个无结构化的数据组成的序列，流中的数据没有任何格式和含义，只是以字节或字符形式进行流入或流出。数据流的流入和流出都以程序本身作为核心，即流入是指数据从外部数据源流入到程序内部，也就是常说的读操作。流出是指数据从程序内部向外部流出到数据的目的地，也就是常说的写操作。

　　不管是流入，还是流出，其数据的流动都是通过一个管道进行的，管道两端分别连接数据源和数据目的地。

　　流的本质就是进行数据传输，因此 Java 根据数据传输的特性将流抽象成各种类，以方便进行数据操作。图 12.1 所示的是数据通过 I/O 流的传输过程。

图 12.1　数据流示意图

12.1.2　流的分类

根据处理数据类型的不同，可以分为字节流和字符流；根据数据的流向不同，又可以分为输入流和输出流；根据处理数据功能的不同，可以分为实体流和装饰流。实体流对数据不做任何处理，只完成基本的读写操作。装饰流是在实体流的基础上，提供更高级的功能，例如提供缓存处理、将多个流合并处理等，以满足不同使用的需要。这些流都在 java.io 包中。

1．字节流

字节流是指在数据传输过程中以字节为单位进行输入和输出，因此适用于传输各种类型的文件或数据。

在字节输入流中，InputStream 类是所有输入字节流的父类，它是一个抽象类。其子类中的 ByteArrayInputStream、FileInputStream 是两种基本的实体流，它们分别从 Byte 数组和本地文件中读取数据。PipedInputStream 从与其他线程共用的管道中读取数据。ObjectInputStream 和所有 FilterInputStream 的子类都是装饰流，这些流在实体流的基础上进行数据加工以满足特定的需求。

在字节输出流中，OutputStream 是所有的输出字节流的父类，它是一个抽象类。ByteArrayOutputStream、FileOutputStream 是两种基本的实体流，它们分别向 Byte 数组和本地文件中写入数据。PipedOutputStream 向与其他线程共用的管道中写入数据，ObjectOutputStream 和所有 FilterOutputStream 的子类都是装饰流。图 12.2 所示是 Java I/O 流中字节流的常用类关系图，其中*表示装饰流。

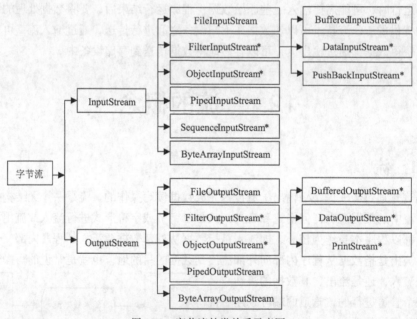

图 12.2　字节流的类关系示意图

2．字符流

字符流是指在数据传输过程中以字符为单位进行输入和输出。根据字符编码表，一个字符占用两个字节，因此字符流只适用于字符类型数据的处理。

在字符输入流中，Reader 是所有的输入字符流的父类，它是一个抽象类。InputStreamReader 是一个连接字节流和字符流的桥梁，它使用指定的字符集读取字节并转换成字符。其 FileReader

子类可以更方便地读取字符文件，也是常用的 Reader 流对象。CharArrayReader、StringReader 也是基本的实体流类，它们可以从 char 数组和 String 中读取原始数据。BufferedReader 是装饰流类，实现具有缓存区的数据输入。FilterReader 是具有过滤功能的类，其子类 PushbackReader 可以对 Reader 对象进行回滚处理。PipedReader 从与其他线程共用的管道中读取数据。

在字符输出流中，Writer 是所有的输出字符流的父类，也是一个抽象类。相对输入流的子类，输出流当中也有相应的输出子类，只是数据传输方向相反。这些类有 OutputStreamWriter 及其子类 FileWriter、CharArrayWriter、StringWriter、BufferedWriter、PipedWriter 等。

掌握了输入输出流类及其特点，就可以根据需要选择合适的类进行数据的输入和输出。图 12.3 所示是 Java I/O 流中字符流的常用类关系示意图。其中*表示装饰流。

图 12.3　字符流的类关系示意图

12.2　File 类

如果想访问磁盘上的文件系统，就需要使用到 File 类。File 类的对象被用来表示文件的一些基本信息，如文件名称、所在路径、文件大小等，它不会对文件进行读写操作。目录（文件夹）也是 File 类的对象。

12.2.1　文件对象与文件属性

文件用文件类的对象表示，有了文件对象就可以获取文件的属性。表 12.1 列出的是 File 类的常用构造方法和获取属性的方法。

文件对象与属性

表 12.1   File 类常用构造方法和获取属性方法

类 型	方 法 名	功 能
	File(String filename)	在当前路径下，创建一个名字为 filename 的文件
	File(String path,String filename)	在给定的 path 路径下，创建一个名字为 filename 的文件
String	getName()	获取此文件（目录）的名称
String	getPath()	获取路径名字符串
String	getAbsolutePath()	获取路径名的绝对路径名字符串
long	length()	获取文件的长度。如果表示目录，则返回值不确定
boolean	canRead()	判断文件是否可读
boolean	canWrite()	判断文件是否可写
boolean	canExecute()	判断文件是否执行
boolean	exists()	判断文件（目录）是否存在
boolean	isFile()	判断文件是否是一个标准文件
boolean	isDirectory()	判断文件是否是一个目录
boolean	isHidden()	判断文件是否是一个隐藏文件
long	lastModified()	获取文件最后一次被修改的时间

【例 12.1】读取给定文件的相关属性，如果该文件不存在，则创建该文件。

```java
import java.io.*;
import java.util.Scanner;
public class Example12_01
{
    public static void main(String[] args)
    {
        Scanner scanner=new Scanner(System.in);
        System.out.println("请输入文件名，例如：d:\\1.png");
        String s=scanner.nextLine();
        File file=new File(s);

        System.out.println("文件名："+file.getName());
        System.out.println("文件大小为："+file.length()+"字节");
        System.out.println("文件所在路径为："+file.getAbsolutePath());

        if (file.isHidden())
        {
            System.out.println("该文件是一个隐藏文件");
        }
        else
        {
            System.out.println("该文件不是一个隐藏文件");
        }
        if (!file.exists())
        {
            System.out.println("该文件不存在");
            try
            {
                file.createNewFile();
```

```
                System.out.println("新文件创建成功");
            }
            catch(IOException e){}
        }
    }
}
```

程序运行结果如图 12.4 所示。

图 12.4 例 12.1 运行结果

12.2.2 目录

Java 把目录作为一种特殊的文件进行处理，它除了具备文件的基本属性如文件名、所在路径等信息以外，同时也提供了专用于目录的一些操作方法。表 12.2 是有关目录操作的常用方法。

表 12.2   有关目录操作的常用方法

类　型	方　法　名	功　　能
boolean	mkdir()	创建一个目录，并返回创建结果。成功返回 true，失败（目录已存在）返回 false
boolean	mkdirs()	创建一个包括父目录在内的目录。创建所有目录成功返回 true，如果失败，返回 false，但要注意的是有可能部分目录已创建成功
String[]	list()	获取目录下字符串表示形式的文件名和目录名
String[]	list(FilenameFilter filter)	获取满足指定过滤器条件的字符串表示形式的文件名和目录名
File[]	listFiles()	获取目录下文件类型表示形式的文件名和目录名
File[]	listFiles(FileFilter filter)	获取满足指定过滤器文件条件的文件表示形式的文件名和目录名
File[]	listFiles(FilenameFilter filter)	获取满足指定过滤器路径和文件条件的文件表示形式的文件名和目录名

在获取文件时，如果只想获取特定类型的文件（如只获取扩展名为.java 的文件），则可以使用带过滤器的方法。

过滤器 FileFilter 接口和 FilenameFilter 接口都可以对获取的文件名进行过滤。这两个接口中都只有一个方法，FileFilter 接口中的方法是：

```
boolean accept(File pathname)
```

FilenameFilter 接口中的方法是：

```
boolean accept(File dir,String name)
```

这两个接口的不同之处只是方法参数不同，所以可以选择合适的过滤器进行过滤。

【例 12.2】列出给定目录下的所有文件名，并列出给定扩展名的所有文件名。

```
import java.io.*;
import java.util.Scanner;

public class Example12_02
{
    public static void main(String args[])
    {
        Scanner scanner = new Scanner(System.in);
        System.out.println("请输入要访问的目录: ");
        String s = scanner.nextLine();                  //读取待访问的目录名

        File dirFile = new File(s);                      //创建目录文件对象
```

```
                String[] allresults = dirFile.list();              //获取目录下的所有文件名
                for (String name : allresults)
                    System.out.println(name);                      //输出所有文件名

                System.out.println("请输入要列出的文件扩展名,例如：.java");
                s = scanner.nextLine();
                Filter_Name fileAccept = new Filter_Name();        //创建文件名过滤对象
                fileAccept.setExtendName(s);                       //设置过滤条件
                String result[] = dirFile.list(fileAccept);        //获取满足条件的文件名
                for (String name : result)
                    System.out.println(name);                      //输出满足条件的文件名
        }
}
class Filter_Name implements FilenameFilter
{
        String extendName;
        public void setExtendName(String s)
        {
                extendName = s;
        }
        public boolean accept(File dir, String name)
        {//重写接口中的方法，设置过滤内容
                return name.endsWith(extendName);
        }
}
```

图 12.5　例 12.2 运行结果

程序运行结果如图 12.5 所示，其中第 1 次输入的 "." 表示当前目录。

12.2.3　文件的操作

对文件的操作主要有在磁盘上创建新文件、删除文件、运行可执行文件等，
Java 中提供了相应的方法来实现这些操作。

文件的操作

1. 创建文件

File 类的方法：

```
public boolean createNewFile()
```

可以创建一个新文件。例如，要想在 D 盘根目录下创建一个 hello.txt 文件，则首先由 File 类创建
一个文件对象：

```
File file = new File("D:\\","hello.txt");
```

然后使用语句：

```
file.createNewFile();
```

就可以创建文件。

2. 删除文件

File 类中的方法：

```
public boolean delete()
```

可以将当前对象表示的文件删除。例如上述的 hello.txt 文件可以使用语句：

```
file.delete();
```

删除。

3. 运行可执行文件

要想运行磁盘上的可执行命令，需要使用 java.lang.Runtime 类。首先利用 Runtime 类的静态方法创建一个 Runtime 对象：

```
Runtime ec=Runtime.getRuntime();
```

然后用 ec 调用方法：

```
Process exec(String command);
```

方法执行本地的命令，参数 command 为指定的系统命令。

【例 12.3】调用记事本命令，打开一个新记事本。

```java
import java.io.File;
public class Example12_03
{
    public static void main(String[] args)
    {
        try
        {
            Runtime ec = Runtime.getRuntime();
            File file=new File("c:\\windows","Notepad.exe");
            ec.exec(file.getAbsolutePath());
        }
        catch (Exception e){}
    }
}
```

Scanner 类与文件

12.2.4　Scanner 类与文件

在 2.2.3 节和 9.1.3 节中分别讲解了 Scanner 类的用法。利用 Scanner 类的对象还可以从文件中读取数据。如果从文件中读数据，则应采用下面的形式实例化一个 Scanner 类的对象：

```
Scanner input=new Scanner(文件类对象);
```

创建的 Scanner 类的对象仍然用表 2.3 中的方法即可从文件中读数据。读数据时默认以空格作为数据的分隔标记。

【例 12.4】有一个购物清单：

电视机 3200.00 元，智能手机 2200.00 元，笔记本 4200.00 元，午餐 120.25 元，统计该次购物共花费多少。该购物清单存放在一个文件 record.txt 中。

【问题分析】由于购物清单在一个文件中，所以应定义一个文件对象，用该文件对象再创建 Scanner 类的对象，再用 Scanner 类的对象调用方法读取数据。程序如下，程序运行结果与例 9.5 相同。

```java
import java.io.*;
import java.util.*;

public class Example12_04
{
    public static void main(String args[])
    {
        File file = new File("record.txt");          //文件对象
        Scanner reader=null;                          //声明 Scanner 对象
        double price,total=0;

        try
        {
```

```
        reader=new Scanner(file);       //实例化时 file 可能不存在，所以要放在 try 中
        reader.useDelimiter("[^0-9.]+");    //数据间分隔符

        while(reader.hasNextDouble())       //是否还有数?
        {
            price=reader.nextDouble();      //有，读出并相加
            total=total+price;
        }
        System.out.println("总花费: "+total+"元");
    }
    catch(Exception e)
    {}
    }
}
```

12.3　字节流和字符流

字节流

12.3.1　字节流

字节流提供了处理字节的输入、输出方法，例如读写二进制数据时就只能使用字节流。抽象类 InputStream 和抽象类 OutputStream 是所有字节流类的根类，其他字节流类都继承自这两个类，这些子类为数据的输入、输出提供了多种不同的功能。

1. 字节输入流 InputStream

字节输入流的作用是从数据输入源（例如从磁盘、网络等）获取字节数据到应用程序（内存）中。字节输入流类 InputStream 中的常用方法如表 12.3 所示。

表 12.3　　　　　　　　　　　　InputStream 类中的常用方法

类　型	方　法　名	功　能
int	read()	从输入流中读取下一个字节，返回读入的字节数据；如果读到末尾，返回-1
int	read(byte b[ ])	从输入流中读取一定数量的字节保存到字节数组中，并返回实际读取的字节数
int	read(byte b[],int off,int len)	从输入流中读取最多 len 个字节，保存到数组 b 中从 off 开始的位置，并返回实际读入的字节数；如果 off+len 大于 b.length，或者 off 和 len 中有一个是负数，那么会抛出 IndexOutOfBoundsException 异常
long	skip(long n)	从输入流中跳过并丢弃 n 个字节，同时返回实际跳过的字节数
void	close()	关闭输入流，释放资源。对流的读取完毕后调用该方法以释放资源
int	available()	返回此输入流可以读取（或跳过）的估计字节数
void	mark(int readlimit)	在输入流中标记当前的位置。参数 readlimit 为标记失效前最多读取的字节数。如果读取的字节数超出此范围则标记失效
void	reset()	将输入流重新定位到最后一次调用 mark 方法时的位置
boolean	markSupported()	测试此输入流是否支持 mark 和 reset 方法。只有带缓存的输入流支持标记功能

2.　文件字节输入流类 FileInputStream

在进行字节输入流操作时，经常使用的是 InputStream 类的子类 FileInputStream，实现简单的文件数据读取。FileInputStream 类的常用构造方法：

```
public FileInputStream(File file) throws FileNotFoundException
public FileInputStream(String name) throws FileNotFoundException
```

分别通过给定的 File 对象和文件创建文件字节输入流对象。在创建输入流时，如果文件不存在或出现其他问题，会抛出 FileNotFoundException 异常，所以要注意捕获。

通过字节输入流读数据时，应首先设定输入流的数据源，然后创建指向这个数据源的输入流，再从输入流中读取数据，最后关闭输入流。

【例 12.5】从磁盘文件中读取指定文件并显示出来。

```
import java.io.*;
import java.util.Scanner;
public class Example12_05
{
    public static void main(String[] args)
    {
        byte[] b=new byte[1024];                              //设置字节缓冲区
        int n=-1;
        System.out.println("请输入要读取的文件名:(例如: d:\\hello.txt)");
        Scanner scanner =new Scanner(System.in);
        String str=scanner.nextLine();                       //获取要读取的文件名

        try
        {
            FileInputStream in=new FileInputStream(str);     //创建字节输入流
            while((n=in.read(b,0,1024))!=-1)
            {//读取文件内容到缓冲区，并显示
                String s=new String (b,0,n);
                System.out.println(s);
            }
            in.close();                                      //读取文件结束，关闭文件
        }
        catch(IOException e)
        {
            System.out.println("文件读取失败");
        }
    }
}
```

3.　字节输出流

字节输出流的作用是将字节数据从应用程序（内存）中传送到输出目的地，如外部设备、网络等。表 12.4 列出的是字节输出流类 OutputStream 中的常用方法。

表 12.4　　　　　　　　　　　OutputStream 类中的常用方法

类　型	方　法　名	功　能
void	write(int b)	将整数 b 的低 8 位写到输出流
void	write(byte b[ ])	将字节数组中数据写到输出流
void	write(byte b[ ],int off,int len)	从字节数组 b 的 off 处写 len 个字节数据到输出流

类　　型	方　法　名	功　　能
void	flush()	强制将输出流保存在缓冲区中的数据写到输出流
void	close()	关闭输出流，释放资源

4. 文件字节输出流类 FileOutputStream

在进行字节输出流操作时，经常使用的是 OutputStream 类的子类 FileOutputStream，用于将数据写入 File 或其他的输出流。FileOutputStream 类的常用构造方法：

```
public FileOutputStream(File file) throws IOException
public FileOutnputStream(String name) throws IOException
public FileOutputStream(File file, boolean append) throws IOException
public FileOutputStream(String name, boolean append) throws IOException
```

在创建输出流时，如果文件不存在或出现其他问题，会抛出 IOException 异常，所以要注意捕获。

通过字节输出流输出数据时，应首先设定输出流的目的地，然后创建指向这目的地的输出流，再向输出流中写入数据，最后关闭输出流。

在这里，关闭输出流很重要。在完成写操作过程中，系统会将数据暂存到缓冲区中，缓冲区存满后再一次性写入到输出流中。执行 close()方法时，不管缓冲区是否已满，都会把其中的数据写到输出流，从而保证数据的完整性。如果不执行 close()方法，则输出的一些数据不能保存到目的地中。

【例 12.6】向一个磁盘文件中写入数据，第二次写操作采用追加方式完成。

```java
import java.io.*;
import java.util.Scanner;
public class Example12_06
{
    public static void main(String[] args)
    {
        String content;                         //待输出字符串
        byte[] b;                               //输出字节流
        FileOutputStream out;                   //文件输出流
        Scanner scanner = new Scanner(System.in);
        System.out.println("请输入文件名：（例如，d:\\hello.txt）");
        String filename=scanner.nextLine();
        File file = new File(filename);         //创建文件对象

        if (!file.exists())
        {//判断文件是否存在
            System.out.println("文件不存在，是否创建? (y/n)");
            String f =scanner.nextLine();
            if (f.equalsIgnoreCase("n"))
                System.exit(0);                 //不创建，退出
            else
            {
                try
                {
                    file.createNewFile();       //创建新文件
                }
```

```
            catch(IOException e)
            {
                System.out.println("创建失败");
                System.exit(0);
            }
        }
    }

    try
    {//向文件中写内容
        content="Hello";
        b=content.getBytes();
        out = new FileOutputStream(file);        //建立文件输出流
        out.write(b);                            //完成写操作
        out.close();                             //关闭输出流
        System.out.println("文件写操作成功! ");
    }
    catch(IOException e)
    {e.getMessage();}

    try
    {//向文件中追加内容
        System.out.println("请输入追加的内容: ");
        content = scanner.nextLine();
        b=content.getBytes();
        out = new FileOutputStream(file,true); //创建可追加内容的输出流
        out.write(b);                          //完成追加写操作
        out.close();                           //关闭输出流
        System.out.println("文件追加写操作成功! ");
        scanner.close();
    }
    catch(IOException e)
    {e.getMessage();}
    }
}
```

字符流

12.3.2　字符流

Java 语言规定一个字符占用两个字节，因此使用字节流进行传输时，一旦编码不当会产生乱码的情况。为此，Java 提供了专门的字符流来完成字符的输入、输出，所以字符流通常用于文本文件的传输。抽象类 Reader 和抽象类 Writer 是所有字符流类的根类，其他字符流类都继承自这两个类，其中一些子类还在传输过程中对数据做了进一步处理以方便用户的使用。

1．字符输入流 Reader

字符输入流 Reader 是所有字符输入流类的父类，提供了一系列方法实现从数据源读入字符数据。表 12.5 列出的是类 Reader 中的常用方法。

表 12.5　　　　　　　　　　　　　Reader 类中的常用方法

类　型	方　法　名	功　能
int	read()	从输入流读取单个字符

类　型	方　法　名	功　　能
int	read(char[] cbuf)	从输入流读取字符保存到数组 cbuf 中，返回读取的字符数，如果已到达流的末尾，则返回-1
int	read(char[] cbuf,int off,int len)	从输入流读取最多 len 个字符保存到字符数组 cbuf 中，存放的起始位置在 off 处。返回读取的字符数，如果已到达流的末尾，则返回-1
long	skip(long n)	跳过 n 个字符。返回实际跳过的字符数
void	mark(int readAheadLimit)	标记流中的当前位置
void	reset()	重置该流
boolean	markSupported()	判断此流是否支持 mark() 操作
void	close()	关闭该流，释放资源

2. 文件字符输入流 FileReader 类

与字节输入流类似，在进行字符输入流操作时，经常使用的是 Reader 类的子类 FileReader，用于从输入流读取数据。FileReader 类与字节输入流 FileInputStream 类相对应，其构造方法也很相似。FileReader 类的常用构造方法：

```
public FileReader(File file) throws FileNotFoundException
public FileReader(String name) throws FileNotFoundException
```

通过给定的 File 对象或文件名创建字符输入流。

在创建输入流时，如果文件不存在或出现其他问题，会抛出 FileNotFoundException 异常。

3. 字符输出流类 Writer

字符输出流 Writer 用于将字符数据输出到目的地。表 12.6 列出的是类 Writer 的常用方法。

表 12.6　　　　　　　　　　　　　　Writer 类中的常用方法

类　型	方　法　名	功　　能
void	write(int c)	将整数 c 的低 16 位写到输出流
void	write(char[ ] cbuf)	将字符数组中数据写到输出流
void	write(cbuf[ ],int off,int len)	从字符数组 cbuf 的 off 处开始取 len 个字符写到输出流
void	write(String str)	将字符串写到输出流
void	write(String str,int off,int len)	从字符串 str 的 off 处开始取 len 个字符数据写到输出流
void	flush()	强制将输出流保存在缓冲区中的数据写到输出
void	close()	关闭输出流，释放资源

4. 文件字符输出流 FileWriter 类

FileWriter 类和字节流 FileOutputStream 类相对应，只是变成了字符的输出操作，实现方法也基本相同。FileWriter 类的常用构造方法：

```
public FileWriter(File file) throws IOException
public FileWriter(String name) throws IOException
public FileWriter(File file, boolean append) throws IOException
public FileWriter(String name, boolean append) throws IOException
```

通过给定的 file 对象/文件名创建字符输出流。如果第二个参数为 true，则将字符写入文件末尾处，而不是写入文件开始处。

在创建输出流时，如果文件不存在或出现其他问题，会抛出 IOException 异常。

【例 12.7】利用文件流实现文件的复制功能。

```java
import java.io.*;
import java.util.Scanner;
public class Example12_07
{
    public static void main(String[] args) throws IOException
    {
        Scanner scanner=new Scanner(System.in);
        System.out.println("请输入源文件名和目的文件名，中间用空格分隔");
        String s=scanner.next();                //读取源文件名
        String d=scanner.next();                //读取目的文件名
        File file1=new File(s);                 //创建源文件对象
        File file2=new File(d);                 //创建目的文件对象

        if(!file1.exists())
        {
            System.out.println("被复制的文件不存在");
            System.exit(1);
        }

        InputStream input=new FileInputStream(file1);       //创建源文件流
        OutputStream output=new FileOutputStream(file2);     //创建目的文件流
        if((input!=null)&&(output!=null))
        {
            int temp=0;
            while((temp=input.read())!=(-1))                 //读入一个字符
                output.write(temp);             //复制到新文件中
        }
        input.close();                          //关闭源文件流
        output.close();                         //关闭目的文件流
        System.out.println("文件复制成功! ");
    }
}
```

开动脑筋

例 12.7 能否复制图像文件？如果不能复制，该如何修改程序？

12.4 数据流

数据流是 Java 提供的一种装饰类流，它建立在实体流基础上，让程序不需考 数据流
虑数据所占字节个数的情况下就能够正确地完成读写操作。DataInputStream 类和
DataOutputStream 类分别为数据输入流类和数据输出流类。

12.4.1 数据输入流

数据输入流 DataInputStream 类允许程序以与机器无关方式从底层输入流中读取基本 Java 数据类型。表 12.7 列出的是 DataInputStream 类的常用方法。

表 12.7　　　　　　　　　　　　　　DataInputStream 类中的常用方法

类　　型	方　法　名	功　　能
	DataInputStream(InputStream in)	使用指定的实体流 InputStream 创建一个 DataInputStream
boolean	readBoolean()	读取一个布尔值
byte	readByte()	读取一个字节
char	readChar()	读取一个字符
long	readLong()	读取一个长整型数
int	readInt()	读取一个整数
short	readShort()	读取一个短整型数
float	readFloat()	读取一个 Float 数
double	readDouble()	读取一个 Double 数
String	readUTF()	读取一个 UTF 字符串
int	skipBytes(int n)	跳过并丢弃 n 个字节，返回实际跳过的字节数

12.4.2 数据输出流

数据输出流允许程序以适当方式将基本 Java 数据类型写入输出流中。与数据输入流相配合，应用程序可以很方便地按数据类型完成数据的读写操作，而无需考虑格式和占用空间的问题。表 12.8 列出的是 DataOutputStream 类的常用方法。

表 12.8　　　　　　　　　　　　　　DataOutputStream 类中的常用方法

类　　型	方　法　名	功　　能
	DataOuputStream(OutputStream out)	创建一个新的数据输出流，将数据写入指定基础输出流
void	writeBoolean(Boolean v)	将一个布尔值写出到输出流
void	writeByte(int v)	将一个字节写出到输出流
void	writeBytes(String s)	将字符串按字节（每个字符的高八位丢弃）顺序写出到输出流中
void	writeChar(int c)	将一个 char 值以 2 字节值形式写入输出流中，先写入高字节
void	writeChars(String s)	将字符串按字符顺序写出到输出流
void	writeLong(long v)	将一个长整型数写出到输出流
void	writeInt(int v)	将一个整数写出到输出流
void	writeShort(int v)	将一个短整型数写出到输出流
void	writeFloat(float v)	将一个 Float 数写出到输出流
void	writeDouble(double v)	将一个 Double 数写出到输出流
void	writeUTF(String s)	将一个字符串用 UTF_8 编码形式写出到输出流
int	size()	返回写到数据输出流中的字节数
void	flush()	清空输出流，使所有缓冲中的字节被写出到流中

【**例 12.8**】将几个 Java 基本数据类型的数据写入到一个文件中，再将其读出来后显示出来。

```java
import java.io.*;
public class Example12_08
{
    public static void main(String args[])
    {
        File file=new File("data.txt");
        try
        {
            FileOutputStream out=new FileOutputStream(file);
            DataOutputStream outData=new DataOutputStream(out);
            outData.writeBoolean(true);
            outData.writeChar('A');
            outData.writeInt(10);
            outData.writeLong(88888888);
            outData.writeFloat(3.14f);
            outData.writeDouble(3.1415926897);
            outData.writeChars("hello,every one!");
        }
        catch(IOException e){}

        try
        {
            FileInputStream in=new FileInputStream(file);
            DataInputStream inData=new DataInputStream(in);
            System.out.println(inData.readBoolean());    //读取 boolean 数据
            System.out.println(inData.readChar());       //读取字符数据
            System.out.println(inData.readInt());        //读取 int 数据
            System.out.println(inData.readLong());       //读取 long 数据
            System.out.println(+inData.readFloat());     //读取 float 数据
            System.out.println(inData.readDouble());     //读取 double 数据

            char c = '\0';
            while((c=inData.readChar())!='\0')           //读入字符不为空
                System.out.print(c);
        }
        catch(IOException e){}
    }
}
```

12.5　缓冲流

缓冲流

缓冲流在实体 I/O 流基础上增加一个缓冲区，应用程序和 I/O 设备之间的数据传输都要经过缓冲区来进行。缓冲流分为缓冲输入流和缓冲输出流。缓冲输入流是将从输入流读入的字节/字符数据先存在缓冲区中，应用程序从缓冲区而不是从输入流读取数据；缓冲输出流是在进行数据输出时先把数据存在缓冲区中，当缓冲区满时再一次性地写到输出流中。

使用缓冲流可以减少应用程序与 I/O 设备之间的访问次数，提高传输效率；可以对缓冲区中的数据进行按需访问和预处理，增加访问的灵活性。

12.5.1　缓冲输入流

输入缓冲流包括字节缓冲输入流 BufferedInputStream 类和字符缓冲输入流 BufferedReader 类。

1. BufferedInputStream 类

字节缓冲输入流 BufferedInputStream 类在进行输入操作时，先通过实体输入流（例如 FileInputStream 类）对象逐一读取字节数据并存入缓冲区，应用程序则从缓冲区中读取数据。BufferedInputStream 类的构造方法：

```
public BufferedInputStream(InputStream in)
public BufferedInputStream(InputStream in,int size)
```

第一个构造方法创建一个默认大小输入缓冲区的缓冲字节输入流对象，第二个构造方法创建一个指定大小输入缓冲区的缓冲字节输入流对象。

BufferedInputStream 类继承自 InputStream，所以该类的方法与 InputStream 类的方法相同。

2. BufferedReader 类

字符缓冲输入流 BufferedReader 类与字节缓冲输入流 BufferedInputStream 类在功能和实现上基本相同，但它只适用于字符读入。在输入时，该类提供了按字符、数组和行进行高效读取的方法。BufferedReader 类的构造方法：

```
public BufferedReader(Reader in)
public BufferedReader(Reader in,int sz)
```

第一个构造方法创建一个使用默认大小输入缓冲区的缓冲字符输入流对象，第二个构造方法创建一个指定大小输入缓冲区的缓冲字符输入流对象。

BufferedReader 类继承自 Reader，所以该类的方法与 Reader 类的方法相同。除此以外，还增加了按行读取的方法：

```
String readLine()
```

读一行时，以字符换行 ('\n')、回车 ('\r') 或回车后直接跟着换行作为行结束符。该方法返回值为该行不包含结束符的字符串内容，如果已到达流末尾，则返回 null。

12.5.2　缓冲输出流

输出缓冲流包括字节缓冲输出流 BufferedOutputStream 类和字符缓冲输出流 BufferedWriter 类。

1. BufferedOutputStream 类

字节缓冲输出流 BufferedOutputStream 类在完成输出操作时，先将字节数据写入缓冲区，当缓冲区满时，再把缓冲区中的所有数据一次性写到底层输出流中。BufferedOutputStream 类的构造方法：

```
public BufferedOutputStream(OutputStream out)
public BufferedOutputStream(OutputStream out,int size)
```

第一个构造方法创建一个使用默认大小输出缓冲区的缓冲字节输入流对象，第二个构造方法创建一个使用指定大小输出缓冲区的缓冲字节输出流对象。

BufferedOutputStream 类继承自 OutputStream，所以该类的方法与 OutputStream 类的方法相同。

2. BufferedWriter 类

字符缓冲输出流 BufferedWriter 类与字节缓冲输出流 BufferedOutputStream 类在功能和实现上是相同的，但它只适用于字符输出。在输出时，该类提供了按单个字符、数组和字符串的高效输出方法。BufferedWriter 类的构造方法：

```
        public BufferedWriter(Writer out)
        public BufferedWriterr(Writer out,int sz)
```
第一个构造方法创建一个使用默认大小输出缓冲区的缓冲字符输出流对象，第二个构造方法创建
一个使用指定大小输出缓冲区的缓冲字符输出流对象。

BufferedWriter 类继承自 Writer，所以该类的方法与 Writer 类的方法相同。除此以外，其增加
了写行分隔符的方法：
```
        String newLine()
```
行分隔符字符串由系统属性 line.separator 定义。

【例 12.9】向指定文件写入内容，并重新读取该文件内容。
```java
import java.util.Scanner;
import java.io.*;
public class Example12_09
{
    public static void main(String[] args)
    {
        File file;
        FileReader fin;
        FileWriter fout;
        BufferedReader bin;
        BufferedWriter bout;
        Scanner scanner = new Scanner(System.in);
        System.out.println("请输入文件名，例如 d:\\hello.txt");
        String filename = scanner.nextLine();

        try
        {
            file = new File(filename);              //创建文件对象
            if (!file.exists())
            {
                file.createNewFile();               //创建新文件
                fout = new FileWriter(file);        //创建文件输出流对
            }
            else
                fout = new FileWriter(file, true);  //创建追加内容的文件输出流对象

            fin = new FileReader(file);             //创建文件输入流
            bin = new BufferedReader(fin);          //创建缓冲输入流
            bout = new BufferedWriter(fout);        //创建缓冲输出流

            System.out.println("请输入数据，最后一行为字符'0'结束。");
            String str = scanner.nextLine();        //从键盘读取待输入字符串
            while (!str.equals("0"))
            {
                bout.write(str);                    //输出字符串内容
                bout.newLine();                     //输出换行符
                str = scanner.nextLine();           //读下一行
            }
            bout.flush();                           //刷新输出流
            bout.close();                           //关闭缓冲输出流
```

```
        fout.close();                              //关闭文件输出流
        System.out.println("文件写入完毕！");
        //重新将文件内容显示出来
        System.out.println("文件" + filename + "的内容是：");
        while ((str = bin.readLine()) != null)
            System.out.println(str);               //读取文件内容并显示

        bin.close();                               //关闭缓冲输入流
        fin.close();                               //关闭文件输入流
    }
    catch (IOException e)
    {e.printStackTrace();}
    }
}
```

12.6　随机流

随机流

12.6.1　随机流的概念

在前面学习的输入流、输出流中，每个流类都只能单向传输。如果对一个文件既要进行输入，也要进行输出操作，就需要建立两个流。而随机流可以同时实现输入和输出。

随机流 RandomAccessFile 类创建的对象既可以作为输入流，也可以作为输出流，因此建立一个随机流就可以完成读写操作。

RandomAccessFile 类与其他流不同，它既不是 InputStream 类的子类，也不是 OutputStream 类的子类，而是 java.lang.Object 根类的子类。

RandomAccessFile 类的实例对象支持对随机访问文件的读取和写入。随机访问文件的过程可以看作访问文件系统中的一个大型 Byte 数组，指向数组位置的隐含指针称为文件指针。输入操作从文件指针开始读取字节，并随着对字节的读取移动此文件指针。输出操作从文件指针开始写入字节，并随着对字节的写入而移动此文件指针。

随机流可以用于多线程下载或多个线程同时写数据到文件，为快速完成访问提供了便利。

12.6.2　RandomAccessFile 流类

由于利用 RandomAccessFile 类的对象既可以读数据，又可以写数据，所以该类中既有读操作的方法，也有写操作的方法。表 12.9 列出的是类中的常用方法，其中 1 和 2 是构造方法，3～6 是读操作方法，7～11 是写操作方法，其余的是其他常用方法。

表 12.9　　　　　　　　　　　　　　RandomAccessFile 类中的常用方法

序　号	类　型	方　法　名	功　能
1		RandomAccessFile(String name, String mode)	参数 name 为待访问的文件名，参数 mode 为读写模式，常用的值有："r" 以只读方式打开文件，如果进行写操作会产生异常；"rw" 以读写方式打开文件，如果文件不存在，则创建
2		RandomAccessFile(File file, String mode)	
3	int	read()	从文件中读取一个数据字节并以整数形式返回此字节

序　号	类　型	方　法　名	功　　能
4	int	read(byte[] b)	从文件中读取最多 b.length 个数据字节到 b 数组中，并返回实际读取的字节数
5	int	read(byte[] b, int off, int len)	从文件中读取 len 个字节数据到 b 数组中。off 为字节在数组中存放的地址
6	XXX	readXXX()	从文件中读取一个 XXX 类型数据，XXX 包括：boolean，byte，char，short，int，lang，float，double
7	void	write(int b)	写入指定的字节
8	void	write(byte[] b)	写入字节数组内容到文件
9	void	writeXXX(XXX v)	写入指定类型数据到文件，XXX 包括：boolean，byte，char，short，int，lang，float，double
10	void	writeChars(String s)	写入字符串到文件
11	void	writeUTF(String s)	按 UTF_8 编码形式将字符串写入到文件
12	long	getFilePointer()	获取文件的当前偏移量
13	void	seek(long pos)	设置文件的指针偏移量
14	long	length()	获取文件的长度
15	void	setLength(long newLength)	设置此文件的长度。如果 length 方法返回的文件的现有长度大于 newLength 参数，则该文件将被截短。超过则加大文件，多出部分没有内容
16	int	skipBytes(int n)	跳过输入的 n 个字节并丢弃跳过的字节
17	void	close()	关闭文件流，释放资源

【例 12.10】以随机流的方式完成文件的读写操作。

```
import java.io.*;
public class Example12_10
{
    public static void main(String[] args)
    {
        try
        {
            RandomAccessFile file = new RandomAccessFile("file", "rw");
            file.writeInt(10);                 // 占 4 个字节
            file.writeDouble(3.14159);         // 占 8 个字节
            //下面长度写在当前文件指针的前两个字节处，可用 readShort()读取
            file.writeUTF("UTF 字符串");
            file.writeBoolean(true);           // 占 1 个字节
            file.writeShort(100);              // 占 2 个字节
            file.writeLong(12345678);          // 占 8 个字节
            file.writeUTF("又一个 UTF 字符串");
            file.writeFloat(3.14f);            // 占 4 个字节
            file.writeChar('a');               // 占 2 个字节

            file.seek(0);                      // 把文件指针位置设置到文件起始处
            System.out.println("—从 file 文件起始位置开始读数据—");
```

```
        System.out.println(file.readInt());
        System.out.println(file.readDouble());
        System.out.println(file.readUTF());
        //将文件指针跳过 3 个字节，本例中即跳过了一个 boolean 值和 short 值
        file.skipBytes(3);
        System.out.println(file.readLong());
        // 跳过文件中"又是一个 UTF 字符串"所占字节，
        //注意 readShort()方法会移动文件指针，所以不用加 2
        file.skipBytes(file.readShort());
        System.out.println(file.readFloat());
        file.close();
    }
    catch (IOException e)
    {
        System.out.println("文件读写错误! ");
    }
    }
}
```

12.6.3　字符串乱码的处理

当进行字符串读取的时候，有时会出现"乱码"的现象。这是因为存取时所使用的编码格式不同。要想解决这一问题，就需对字符串重新进行编码。

重新编码时，先读字符串：

```
        String str = in.readLine();
```

再将字符串恢复成标准字节数组：

```
        byte [] b=str.getBytes("iso-8859-1");
```

最后将字节数组按当前机器的默认编码重新转化为字符串：

```
        String result=new String(b);
```

经过这样重新编码，就能够显示正确的字符串内容。如果想显式地指明编码类型，也可以直接给出编码类型：

```
        String result=new String(b, "GB2312");
```

12.7　对象流

对象流

通过前面学习的 I/O 流，可以实现多种数据类型的输入输出操作，包括整型、实型、字符型等。但是对于对象，作为一种复合数据类型，却无法使用这些流来完成 I/O 操作。因为，对象中不仅包括多种不同类型的属性数据，还有跟类相关的信息，所以简单的流处理无法实现对象的传输和永久保存。为此，Java 提供了对象流和对象序列化机制，来保证对象作为一个整体进行 I/O 流传输。

12.7.1　对象流概念

对象流是在实体流基础上，通过对对象数据的处理和变换，实现对象的永久保存和读取。ObjectInputStream 和 ObjectOutputStream 分别是对象输入流类和对象输出流类，它们也是InputStream 和 OutputStream 的子类。通过对象输出流，可以把对象写入到文件或进行网络传输，

而对象输入流类则可以从文件或网络上，把读取的数据还原成对象。但要想实现对象的传输，待传输的对象要先进行序列化处理，才能保证对象能准确地保存和读取。

12.7.2　对象的序列化

对象的序列化是指把对象转换成字节序列的过程，而把字节序列恢复为对象的过程称为对象的反序列化。

一个类如果实现了 java.io.Serializable 接口，这个类的实例（对象）就是一个序列化的对象。Serializable 接口中没有方法，因此实现该接口的类不需要额外实现其他的方法。当实现了该接口的对象进行输出时，JVM 将按照一定的格式（序列化信息）转换成字节进行传输和存储到目的地。当对象输入流从文件或网络上读取对象时，会先读取对象的序列化信息，并根据这一信息创建对象。

实现了序列化接口的类中会有一个 Long 型的静态常量 serialVersionUID，这个值用于识别具体的类。如果不设置，JVM 会自动分配一个值。为了保证类的准确识别，在定义类时应显式设置该值。

12.7.3　对象输入流与对象输出流

1. 对象输入流 ObjectInputStream 类

ObjectInputStream 类可以实现对象的输入操作。其构造方法：

```
public ObjectInputStream(InputStream in)
```

创建从指定输入流读取的 ObjectInputStream。类中的方法：

```
Object readObject()
```

从 ObjectInputStream 流中读取对象。

2. 对象输出流 ObjectOutputStream 类

ObjectOutputStream 类可以实现对象的输出操作。其构造方法：

```
public ObjectOutputStream(OutputStream out)
```

创建写入指定输出流的 ObjectOutputStream 对象。类中的方法：

```
void writeObject(Object o)
```

将指定对象 o 写入 ObjectOutputStream 流中。

【例 12.11】创建一个可序列化类，将该类的对象写入到文件中。用对象输入流读取并显示对象信息。

```
import java.io.*;
import java.util.Scanner;
public class Example12_11
{
    public static void main(String[] args)
    {
        try
        {
            File file;
            FileInputStream fin;
            FileOutputStream fout;
            ObjectInputStream oin;
            ObjectOutputStream oout;
            Scanner scanner = new Scanner(System.in);
```

```
            System.out.println("请输入文件名，例如 d:\\foo");
            String filename = scanner.nextLine();
            file = new File(filename);              //创建文件对象
            if (!file.exists())
                file.createNewFile();               //创建新文件
            fout= new FileOutputStream(file);       //创建文件输出流
            oout = new ObjectOutputStream(fout);    //创建对象输出流

            Person person=new Person("张三",20);
            oout.writeObject(person);
            oout.close();                           //关闭对象输出流
            fout.close();                           //关闭文件输出流
            System.out.println("对象写入完毕! ");
            System.out.println("文件" + filename + "的内容是: ");

            Person object;
            fin = new FileInputStream(file);        //创建文件输入流
            oin = new ObjectInputStream(fin);       //创建对象输入流
            try
            {
                object=(Person)oin.readObject();
                System.out.println("读取的对象信息: ");
                System.out.println("用户名: "+object.getName());
                System.out.println("年龄: "+object.getAge());
            }
            catch(ClassNotFoundException e)
            {System.err.println("读取对象失败! ");}
            oin.close();                            //关闭对象输入流
            fin.close();                            //关闭文件输入流
        }
    catch (IOException e)
    {e.printStackTrace();}
    }
}
class Person implements Serializable             //对象序列化
{
    private static final long serialVersionUID = 1234567890L;
    String name;
    int age;
    public Person(String name, int age)
    {
        this.name = name;
        this.age = age;
    }
    public String getName()
    {
        return name;
    }
    public void setName(String name)
    {
        this.name = name;
```

```
    }
    public int getAge()
    {
        return age;
    }
    public void setAge(int age)
    {
        this.age = age;
    }
}
```

程序运行结果如图 12.6 所示。

图 12.6　例 12.11 运行结果

12.8　小　　结

本章主要介绍了 Java 的输入输出流及相关操作。首先，给出了 I/O 流的概念和基本分类，java 的 I/O 流主要分为字节流和字符流，其中，字符流主要用于文本信息的传输。然后，学习了 File 文件类，该类定义了文件对象，并可以获取文件的相关属性。文件对象通常用于输入流、输出流操作源端或目的端。

字节流的根类是 InputStream 类和 OutputStream 类，字符流的根类是 Reader 类和 Writer 类。分别对这些类的功能和方法进行了介绍，并通过实例给出了实现过程。在 I/O 流的传输过程中，经常使用这些类的子类来完成一些特定的功能。本章对其中常用的几种子类进行了详细介绍。

数据流类 DataInputStream 和 DataOutputStream 可以允许程序按照机器无关的格式进行 Java 基本数据类型数据的读写。缓冲流类通过建立缓冲区来缓存数据，使得传输效率更高，处理能力更强。随机流类 RandomAccessFile 能够同时完成输入、输出操作，功能更强，更灵活。对象流利用序列化机制支持对象类型的 I/O 传输，利用它可以实现对对象的克隆。

12.9　习　　题

1. Java 的输入输出流有哪几种分类形式？各有什么分类？
2. 什么是装饰流？本章介绍的各种类中，哪些是装饰流类？
3. 如果想按倒序读取一个文本文件使用哪个类合适？
4. 是否所有对象都可以使用对象流完成 I/O 操作？为什么？
5. 编写程序，读取一个文本文件的内容，并统计单词的数量。

第13章
图形用户界面

本章要点
- 图形用户界面概述
- 窗口定义和使用
- 常用组件
- 常用容器
- 事件处理机制

图形用户界面设计是程序设计的重要组成部分，界面设计的功能性、简洁性、方便性、友好性是衡量一个应用程序实现人机交互能力的重要指标。Java 语言提供了丰富的组件来完成界面设计，并通过事件机制实现功能处理。

13.1　图形用户界面概述

GUI 概述

13.1.1　抽象窗口工具集 AWT

图形用户界面（Graphic User Interface，GUI）是实现人机交互的窗口，用户使用图形界面可以非常方便地进行操作和数据处理。Java 早期提供的抽象窗口工具包（Abstract Window Toolkit，AWT）中包括了图形用户界面设计的基本类库，它是 Java 设计 GUI 的核心，为用户提供基本的界面组件。这些类都放在了 java.awt 包中。

AWT 的 Component 类结构如图 13.1 所示。

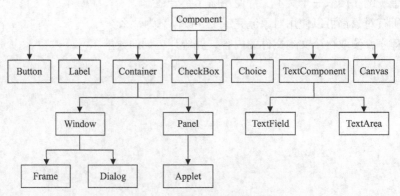

图 13.1　AWT 部分类关系

AWT 主要由以下 4 个部分组成。

- Component（组件）：按钮、标签、菜单等组件。
- Container（容器）：扩展组件的抽象类，如 Window、Panel、Frame 等。
- LayoutManager（布局管理器）：定义容器中各组件的放置位置和大小等。
- Graphics（图形类）：与图形处理相关的类。

早期的 AWT 组件有些重大的缺陷。它本身是一个重量级组件，耗费资源多，而且其开发的图形用户界面依赖于本地系统，在一个系统上开发的图形用户界面迁移到另一个系统界面会有所变化，失去了统一的风格。为此，后来又出现了 Swing 组件。

13.1.2　Swing 组件

Swing 组件是在 AWT 组件基础上发展而来的轻量级组件。它提供了 AWT 所能提供的所有功能并进行了扩充，而且这些组件均用 Java 语言进行开发，使得图形用户界面在不同平台上具有了相同的外观特性，界面更为美观，因此现在的用户界面开发都使用 Swing 组件。该组件都放在了 javax.swing 包中。javax.swing 包中的 JComponent 类是 java.awt 包中 Container 类的一个直接子类，其部分类结构如图 13.2 所示。

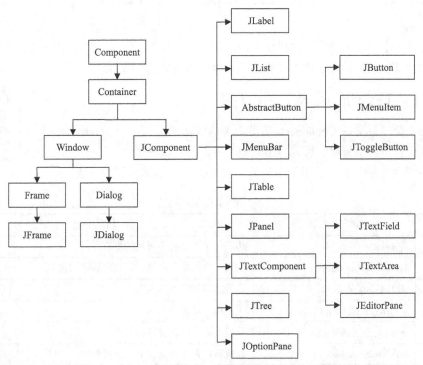

图 13.2　JComponent 部分类层次关系

从两个图中可以看到，javax.swing 包中的很多类与 java.awt 包中的类是对应的关系，只是在相关名称前加了一个字符 "J"，其功能相同，但性能有很大差异，在程序设计中应优先使用 javax.swing 包中的类。

下面的章节都以 javax.swing 包中的类为主进行介绍。

13.1.3　组件与事件

Java 是以组件的形式进行界面设计的，即界面中的每一个组成部分都是一个组件，如按钮、菜单、文本框、窗口等。这些组件直接或间接继承自 Component 类。Container 容器类是一个特殊的组件，它用于承载和显示其他组件，这些组件按照一定的顺序或位置装入容器，然后才能够显示和使用。

当组件填入容器中后并不能够直接工作，例如界面中设计了一个按钮，但这个按钮并不知道要做什么，只有将这个按钮与要完成的功能连接起来，才能实现具体的功能，这就是 Java 的事件机制。

在事件机制下，一个事件分为事件源、监听器和事件处理程序。仍以按钮为例，一个按钮就是一个事件源，它可以产生"单击按钮"事件。但什么时间点击按钮并不知道，所以还需要有个"监听"这个按钮的监听器对象。当监听器对象监听到"单击按钮"这个事件后，就通知相应的事件处理程序完成对应的功能，从而实现一次事件的处理。

13.2　窗　　口

要想设计一个 GUI（图形用户界面）应用程序，首先要有一个可以和系统进行交互的顶层容器，用于容纳其他的组件。下面首先介绍最常用的顶层容器 JFrame。

13.2.1　JFrame 类及常用方法

JFrame（窗口）类是 Container（容器）类的间接子类，一个 JFrame 对象显示出来后就是一个窗口，可以容纳其他组件。

JFrame 类的方法很多，多继承于父类，表 13.1 列出的是常用的方法。

JFrame 类及使用

表 13.1　　　　　　　　　　　　　　JFrame 类的常用方法

类　　型	方　法　名	功　　能
	JFrame()	构造一个初始时不可见的窗口
	JFrame(String title)	创建一个初始不可见的、指定标题的窗口
void	setTitle(String title)	设置窗口标题栏的内容
void	setSize(int width,int height)	设置窗口的大小
void	setRisizable(boolean r)	设置是否可以改变窗口大小
void	setVisible(boolean v)	设置窗口是否可见，默认不可见
void	setLocation(int x,int y)	设置窗口的位置（窗口左上角坐标）
void	setLocationRelativeTo(null)	设置窗口居中显示
Container	Container getContentpane()	获取内容面板
void	setDefaultCloseOperation(int o)	设置在此窗口上发起"close"时默认执行的操作

【例 13.1】创建一个新窗口，定义该窗口大小为 300*200，初始化位置为（200，200），并且大小不可调整。

```java
import javax.swing.JFrame;
public class Example13_01
{
    public static void main(String[] args)
    {
        JFrame frame = new JFrame("一个简单窗口");
        frame.setSize(300, 200);                  //设置窗口大小为 300*200
        //设置窗口左上角坐标为横坐标 200 像素，纵坐标为 200 像素
        frame.setLocation(200, 200);
        frame.setResizable(false);                //设置窗口是否可以调整大小
        frame.setVisible(true);                   //设置窗口可见，默认为不可见
        //点击窗口右上角的关闭按钮时关闭程序
        frame.setDefaultCloseOperation(JFrame.EXIT_ON_CLOSE);
    }
}
```

运行结果如图 13.3 所示。

【例 13.2】通过继承方式创建一个新窗口，其他设置同例 13.1。

```java
import javax.swing.*;

public class Example13_02
{
    public static void main(String[] args)
    { //直接生成一个 MyFrame 类的对象
        new MyFrame("一个简单窗口",200,200,300,200);
    }
}
class MyFrame extends JFrame
{
    MyFrame(String title,int x,int y,int width,int height)
    {
        super(title);                       //调用父类的构造方法设置窗口标题
        setLocation(x,y);
        setSize(width,height);
        setResizable(false);
        setVisible(true);
        setDefaultCloseOperation(EXIT_ON_CLOSE);
                    //如果注释掉该行，会有什么变化?
    }
}
```

该例与上例的不同之处在于通过继承方式创建了一个窗口，请注意构造方法中与上例的不同之处。程序运行结果如图 13.3 所示。

图 13.3　例 13.1 和例 13.2 运行结果

13.2.2　窗口菜单

窗口的菜单设计比较特殊，是由多个组件共同完成的。

1. JMenuBar 类

JMenuBar（菜单条）是 JComponent 的子类，用于创建一个菜单条。一个窗口中只能有一个菜单条，并且只能添加到窗口顶端。Frame 添加 JMenuBar 的方法是：

窗口菜单

```
        setJMenuBar(JMenuBar menubar)
```

2. JMenu 类

JMenu（菜单）类用于创建菜单，一个菜单条中可以添加多个菜单对象。在一个菜单中也可以添加另一个菜单，以实现菜单的嵌套。JMenu 类的常用构造方法是：

```
        JMenu(String s)
```

3. JMenuItem 类

JMenuItem（菜单项）类用于创建菜单项，每一个菜单中可以包含多个菜单项。JMenuItem 类的常用构造方法是：

```
        JMenuItem(String text)
        JMenuItem(String text,Icon icon)
```

第一个构造方法用于创建带有指定文本的 JMenuItem，第二个构造方法用于创建带有指定文本和图标的 JMenuItem。下面通过一个例子看一下菜单的创建。

【例 13.3】创建一个带有菜单的窗口。

```java
import javax.swing.*;
class FrameWithMenu extends JFrame
{
    JMenuBar menubar;
    JMenu menu1, menu2, menu3, menu4, submenu11, submenu12;
    JMenuItem menuItemOpen, menuItemFlush, menuItemPackage, menuItemClass,
        menuItemClose, menuItemSave, menuItemCut, menuItemPaste,
        menuItemAbout;

    void init(String s)
    {
        setTitle(s);                    //设置窗口标题
        menubar = new JMenuBar();       //创建一个菜单条

        menu1 = new JMenu("文件");       //创建一个"文件"菜单
        menu2 = new JMenu("编辑");       //创建一个"编辑"菜单
        menu3 = new JMenu("搜索");       //创建一个"搜索"菜单
        menu4 = new JMenu("帮助");       //创建一个"帮助"菜单

        submenu11 = new JMenu("新建"); //创建一个"新建"子菜单
        //下面是创建菜单项
        menuItemPackage = new JMenuItem("包");  //创建一个"包"菜单项
        menuItemClass = new JMenuItem("类");    //创建一个"类"菜单项
        menuItemOpen = new JMenuItem("打开");   //创建一个"打开"菜单项
        menuItemFlush = new JMenuItem("刷新");  //创建一个"刷新"菜单项
        menuItemClose = new JMenuItem("关闭");  //创建一个"关闭"菜单项
        menuItemSave = new JMenuItem("保存");   //创建一个"保存"菜单项
        menuItemCut = new JMenuItem("剪切");    //创建一个"剪切"菜单项
        menuItemPaste = new JMenuItem("粘贴");  //创建一个"粘贴"菜单项
        menuItemAbout = new JMenuItem("关于");  //创建一个"关于"菜单项
        //下面是将菜单项加入到相应的菜单中
        submenu11.add(menuItemPackage);         //将"包"菜单项加入"新建"子菜单
        submenu11.add(menuItemClass);           //将"类"菜单项加入"新建"子菜单
```

```
        menu1.add(submenu11);              //将"新建"子菜单加入"文件"菜单
        menu1.add(menuItemOpen);           //将"打开"菜单项加入"文件"菜单
        menu1.add(menuItemClose);          //将"关闭"菜单项加入"文件"菜单
        menu1.add(menuItemFlush);          //将"刷新"菜单项加入"文件"菜单
        menu1.add(menuItemSave);           //将"保存"菜单项加入"文件"菜单
        menu2.add(menuItemCut);            //将"剪切"菜单项加入"编辑"菜单
        menu2.add(menuItemPaste);          //将"粘贴"菜单项加入"编辑"菜单
        menu4.add(menuItemAbout);          //将"关于"菜单项加入"帮助"菜单
        //下面是将菜单加入到菜单条中
        menubar.add(menu1);                //将"文件"菜单加入菜单条
        menubar.add(menu2);                //将"编辑"菜单加入菜单条
        menubar.add(menu3);                //将"搜索"菜单加入菜单条
        menubar.add(menu4);                //将"帮助"菜单加入菜单条

        setJMenuBar(menubar);              //设置窗口菜单条
        setLocation(100, 300);             //窗口位置
        setSize(300, 200);                 //窗口大小
        setVisible(true);                  //窗口可见
        setDefaultCloseOperation(EXIT_ON_CLOSE);
    }
}

public class Example13_03
{
    public static void main(String[] args)
    {//创建对象后直接初始化
        new FrameWithMenu().init("Java 菜单设计");
    }
}
```

程序运行结果如图 13.4 所示。

图 13.4　例 13.3 运行结果

13.3　常用组件与布局

Java 中提供了大量的实用组件来方便图形界面设计，这里只列出其中常用的组件，要想了解更为详细的内容，请参考 JDK 帮助文档。

13.3.1　常用组件

1. JButton 按钮类

JButton 类用于创建普通按钮，其常用的构造方法为：

```
public JButton(String text)
public JButton(String text,Icon icon)
```

第一个构造方法用于创建一个带有文本的按钮，第二个构造方法用于创建一个带初始文本和图标的按钮。

按钮类及 Label 类

2. JRadioButton 单选按钮类和 ButtonGroup 按钮作用域类

JRadioButton 类用于创建单选按钮，并将多个单选按钮对象加入到 ButtonGroup 按钮作用域中，同一个域中只能有一个单选按钮处于选中状态。JRadiaoButton 类的构造方法是：

```
public JRadioButton(String text)
public JRadioButton(String text,boolean selected)
```

第一个构造方法用于创建一个带初始文本的状态为未选择的单选按钮，第二个构造方法用于创建一个带初始文本和选择状态的单选按钮。

ButtonGroup 按钮作用域类的构造方法：

```
public ButtonGroup()
```

创建了作用域对象后，调用 add(AbstractButton b)方法将单选按钮加入到指定作用域中。

3. JCheckBox 复选框

JCheckBox 类用于创建复选框，常用的构造方法是：

```
JCheckBox(String text)
JCheckBox(String text,boolean selected)
```

第一个构造方法创建一个带初始文本的状态为未选择的复选框；第二个构造方法用于创建一个带文本的复选框，并指定其最初是否处于选定状态。

4. JLabel 标签

JLabel 类用于创建显示短文本字符串或图像的标签，常用的构造方法是：

```
JLabel()
JLabel(String text)
JLabel(String text,Icon icon,int horizontalAlignment)
```

第一个构造方法用于创建无文本的标签，需要时可以重设标签文本；第二个构造方法用于创建具有指定文本的标签；第三个构造方法用于创建具有指定文本、图像和水平对齐方式的标签。

5. JTextField 文本框

JTextField 类用于创建编辑单行字符串的文本框，其常用的构造方法是：

```
JTextField(String text)
JTextField(String text,int columns)
```

编辑组件类

第一个构造方法用于创建一个带初始文本的文本框；第二个构造方法用于创建一个带初始文本，并指定显示宽度的文本框。

6. JPasswordField 密码框

JPasswordField 类功能与 JTextField 类相同，不同之处在于 JPasswordField 类创建的文本框，在输入内容时不直接显示，而是用 "*" 或 "●" 代替。其常用的构造方法是：

```
JPasswordField(String text)
JPasswordField(String text,int columns)
```

第一个构造方法用于创建一个带初始文本的密码框；第二个构造方法用于创建一个带初始文本，并指定显示宽度的密码框。

7. JTextArea 文本区和 JScrollPane 滚动条视图

JTextArea 类用于创建显示多行文本的文本区。与 JScrollPane 类配合，当文本区内容超出显示范围时显示滚动条。JTextArea 类的常用构造方法是：

```
JTextArea(String text)
JTextArea(int rows,int columns)
JTextArea(String text,int rows,int columns)
```

第一个构造方法用于创建一个显示指定文本的文本区，第二个构造方法用于创建一个具有指定行数和列数的空文本区，第三个构造方法用于创建一个具有指定文本、行数、列数的文本区。

　　JScrollPane 类用于创建一个滚动条视图，其常用的构造方法是：

```
JScrollPane(Component view)
```

创建一个显示指定组件内容的滚动条视图，只要组件的内容超过视图大小就会显示水平和垂直滚动条。

　　下面通过一个示例看一下这些组件的应用。

　　【例 13.4】常用组件的使用。

```java
import java.awt.FlowLayout;
import javax.swing.*;
public class Example13_04
{
    public static void main(String[] args)
    {
        new JComponent_UI();
    }
}
class JComponent_UI extends JFrame
{
    JTextField text;
    JButton button;
    JCheckBox checkBox1,checkBox2,checkBox3,checkBox4;
    JRadioButton radio1,radio2;
    ButtonGroup group;
    JComboBox comBox;
    JTextArea area;

    public JComponent_UI()
    {
        init();
        setSize(300,300);                              //设置窗口大小
        setVisible(true);                              //设置窗口可见
        setDefaultCloseOperation(EXIT_ON_CLOSE);       //设置关闭窗口操作
    }
    void init()
    {
        setLayout(new FlowLayout());                   //设置窗口布局为流式布局
        add(new JLabel("姓名:"));                       //向窗口中加入新标签
        text=new JTextField(10);
        add(text);                                     //向窗口中加入文本框
        add(new JLabel("性别:"));
        group = new ButtonGroup();                     //创建单选按钮作用域
        radio1 = new JRadioButton("男");
        radio2 = new JRadioButton("女");
        group.add(radio1);                             //将单选按钮加入作用域
        group.add(radio2);
        add(radio1);                                   //向窗口中加入单选按钮
        add(radio2);
        add(new JLabel("初始密码:"));
        add(new JPasswordField(10));

        add(new JLabel("爱好:"));
```

```
checkBox1 = new JCheckBox("喜欢徒步");    //创建复选框
checkBox2 = new JCheckBox("喜欢旅游");
checkBox3 = new JCheckBox("喜欢读书");
checkBox4 = new JCheckBox("喜欢音乐");
add(checkBox1);                          //向窗口中加入复选框
add(checkBox2);
add(checkBox3);
add(checkBox4);
add(new JLabel("栏目列表："));
comBox = new JComboBox();            //创建下拉列表
comBox.addItem("程序设计");          //向列表中加入条目
comBox.addItem("数据分析");
comBox.addItem("智能处理");
add(comBox);                         //向窗口中加入下拉列表

add(new JLabel("自我介绍："));
area = new JTextArea(6,12);          //创建文本区
add(new JScrollPane(area));
                           //向窗口中加入带滚动条的文本区
button=new JButton("提交");          //创建提交按钮
add(button);                         //向窗口中加入按钮
    }
}
```

程序运行结果如图 13.5 所示。

图 13.5　例 13.4 运行结果

13.3.2　常用容器

Java 提供了多种容器为程序设计所使用，通常将这些容器分为以下三类：

常用容器与 JWindow 类

- 顶层容器，包括 JFrame、JDialog、JApplet、JWindow。
- 普通容器，包括 JPanel、JScrollPane、JSplitPane、JTabbedPane、JOptionPane。
- 特殊容器，JInternalFrame、JLayeredPane、JRootPane、JToolBar。

顶层容器中，JFrame 是使用最多的顶层窗口；JDialog 类用于创建对话框窗口；JApplet 是 Applet 的子类，用于 Java 小应用程序；JWindow 与 JFrame 类似，但没有标题栏和窗口管理按钮。顶层容器不允许相互嵌套。

普通容器中 JPanel 面板类是使用最多的普通容器，而且它允许嵌套，因此利用 JPanel 可以实现比较复杂的界面设计；JScrollPane 实现组件的滚动条显示；JSplitPane 可以将显示区按指定需求水平或垂直分割成两部分；JTabbedPane 容器可以装载多个卡片（如 JPanel），通过单击实现卡片之间的切换；JOptionPane 实现简单的对话框。需要注意的是普通容器不能够独立应用，需要嵌入到顶层容器中才能操作。

特殊容器中，JInternalFrame 的使用跟 JFrame 几乎相同，唯一区别，它是一个轻量级组件，所以需要添加到顶层容器中才能显示；JLayerPane 允许容器内的组件按照一定的深度层次进行重叠显示；JRootPane 在 JFrame 窗口创建时就添加进来的面板，负责管理其他的面板；JToolBar 工具栏创建后可以向其中添加组件，并且用户可以在窗口周围拖动工具栏来改变工具栏的方向。

在这些容器中，只有顶层容器可以直接显示，其他容器都需要加入到顶层容器中才能显示。

前面我们已经学习了 JFrame，下面再介绍几种常用容器的用法。顶层容器中的 JDialog 容器将在后面详细介绍。

1. JWindow

JWindow 也是顶层容器，但与 JFrame 不同的是它只有一个空白界面，不具有标题栏和窗口管理按钮。下面看一个简单示例。

【例 13.5】JWindow 的简单显示。

```java
import javax.swing.*;
public class Example13_05
{
    public static void main(String[] args)
    {
        JFrame frame = new JFrame("window");
        JWindow window =new JWindow(frame);          //创建一个 JWindow 窗口
        window.setSize(200,200);
        frame.setSize(300,300);
        JButton b = new JButton("按钮");
        window.add(b);                               //向 JWindow 窗口中加入按钮
        frame.setVisible(true);
        window.setLocationRelativeTo(frame);         //设置 JWindow 窗口显示位置
        window.setVisible(true);
        frame.setDefaultCloseOperation(JFrame.EXIT_ON_CLOSE);
    }
}
```

程序运行结果如图 13.6 所示。

2. JPanel

JPanel 又称面板，是 Java 中最常用的轻量级容器之一，其默认布局管理器是 FlowLayout。JPanel 可以容纳其他组件，但本身不可见，需要加入到顶层容器中才能存在，因此也称为中间容器。JPanel 之间可以嵌套，对组件进行组合，利用这一特性可以方便地进行界面设计。JPanel 的常用构造方法是：

面板类与窗格类

图 13.6　例 13.5 运行结果

```java
public JPanel()
public JPanel(LayoutManager layout)
```

第一个构造方法用于创建具有双缓冲和流布局的面板，第二个构造方法用于创建具有指定布局管理器的面板。

3. JScrollPane

JScrollPane 提供轻量级组件的 Scrollable 视图用于管理滚动条，常用于 TextArea 文本框中，它不支持重量级组件。JScrollPane 类的常用构造方法是：

```java
public JScrollPane()
public JScrollPane(Component view)
```

第一个构造方法用于创建一个空的 JScrollPane，需要时水平和垂直滚动条都可显示；第二个构造方法用于创建一个显示指定组件内容的 JScrollPane，只要组件的内容超过视图大小就会显示水平和垂直滚动条。例如：

```java
TextArea text=new TextArea(6,6);
JScrollPane p=new JScrollPane(text);
```

这样，当文本框中字符超过 6 行 6 列后就会显示滚动条。

4. JSplitPane

JSplitPane 用于分隔两个组件，即将容器拆分成两个部分，每个部分各放一个组件。容器拆分时可以水平拆分和垂直拆分，中间的拆分线可以进行移动。JSplitPane 的常用构造方法是：

```
public JSplitPane(int orientation,Component left,Component right)
public JSplitPane(int orientation,boolean c,Component left,Component right)
```

第一个构造方法创建一个指定方向、指定组件的 JSplitPane，其中参数 orientation 为 JSplitPane.HORIZONTAL_SPLIT（水平分割）或 JSplitPane.VERTICAL_SPLIT（垂直分割），left 为放在左边（或上边）的组件，right 为放在右边（或下边）的组件；第二个构造方法用于创建一个指定方向、指定组件的 JSplitPane，其中参数 c 为 true 表示拆分线移动时组件跟着连续变化，为 false 则拆分线停止移动后组件再发生变化。

13.3.3　常用布局

当往容器中添加组件时，可以调用相应的方法指定组件的大小和位置，这种指定方式一般称为手工布局。手工布局可以根据设计者的意图随意布置界面，布置时灵活、方便，但是当容器的大小改变时（如窗口的缩放），就很难保证组件在容器中的合理布局，所以布置组件时较少使用手工布局，而多使用布局管理器布置界面。手工布局方法参见例 13.11。

一旦使用布局管理器后，组件在容器中的大小和位置完全由布局管理器控制和管理，程序员不需要，也不能再对组件的位置和大小进行控制。如果想让某个容器使用某种布局管理器，可以使用 setLayout()方法设置布局管理器。每一种容器都有默认的布局管理器，根据需要可以用 setLayout()方法改为其他的布局管理器。对于较复杂的界面，多采用容器嵌套的方式进行布局。下面列出常用的布局管理器。

1. FlowLayout

java.awt.FlowLayout 类称流式布局管理器，是把所有组件按照流水一样的顺序进行排列，一行满了后自动排到下一行。组件的显示位置随着窗口的缩放而发生变化，但顺序不变，位置与添加顺序密切相关，所以使用时要按一定的顺序进行添加。FlowLayout 是 JPanel 的默认布局管理器。它的构造方法有：

布局与顺序布局

```
public FlowLayout()
public FlowLayout(int align,int hgap,int vgap)
```

第一个构造方法创建一个居中对齐的流式布局，默认水平和垂直间隔为 5 个像素；第二个构造方法创建一个指定对齐方式及间隔的流式布局。参数 align 的值有 FlowLayout.LEFT（左对齐）、FlowLayout.RIGHT（右对齐）、FlowLayout.CENTER（居中对齐）、FlowLayout.LEADING（与容器方向开始边对齐）和 FlowLayout.TRAILING（与容器结束边对齐），参数 hgap 为组件间的水平间隔，参数 vgap 为组件间的垂直间隔。

【例 13.6】FlowLayout 应用举例。

```
import javax.swing.*;
import java.awt.*;
class FrameWithFlowLayout extends JFrame
{
    JButton button1,button2,button3;
    JTextField text1,text2;
    FlowLayout f;
```

```
        void display()
        {
            f=new FlowLayout();                    //创建 FlowLayout 布局
            setLayout(f);                          //设置当前窗口的布局管理器
            setTitle("流式布局管理器示例");          //设置窗口标题栏

            button1=new JButton("第一个按钮");      //创建按钮对象
            button2=new JButton("第二个按钮");
            button3=new JButton("第三个按钮");
            add(button1);                          //将按钮加入窗口
            add(button2);
            add(button3);

            text1=new JTextField(10);              //设置文本框对象
            text1.setText("第一个文本框");          //设置文本框的初始内容
            text2=new JTextField(10);
            text2.setText("第二个文本框");
            add(text1);                            //将文本框加入窗口
            add(text2);
            setSize(300,200);                      //设置窗口大小
            setVisible(true);                      //设置窗口为可见
            setDefaultCloseOperation(EXIT_ON_CLOSE);
        }
}
public class Example13_06
{
    public static void main(String[] args)
    {
        FrameWithFlowLayout flow = new FrameWithFlowLayout();
        flow.display();
    }
}
```

程序运行结果如图 13.7 所示。

图 13.7　例 13.6 运行结果

2. BorderLayout

java.awt.BorderLayout 类称为边框布局管理器,是把一个容器分成五个区域,这五个区域分别是东西南北中。每个区域最多只能包含一个组件,如果想放置多于组件,则可以采用容器嵌套的方法。这五个区域的常量标识为:EAST、WEST、SOUTH、NORTH 和 CENTER。BorderLayout 是 JFrame 的默认布局管理器,它的构造方法有:

```
        public BorderLayout()
        public BorderLayout(int hgap,int vgap)
```

第一个构造方法创建一个组件之间没有间距的边框布局管理器;第二个构造方法创建一个指定组件间距的边框布局,参数 hgap 为水平间距,vgap 为垂直间距。

边界布局

【例 13.7】BorderLayout 应用举例。

```
import javax.swing.*;
import java.awt.*;
class FrameWithBorderLayout extends JFrame
{
```

```
            JButton ebutton,wbutton,nbutton,sbutton,cbutton;
            JTextField text;

            void display()
            {
                setTitle("边界布局管理器示例");
                ebutton=new JButton("东");                    //创建按钮对象
                wbutton=new JButton("西");
                sbutton=new JButton("南");
                nbutton=new JButton("北");
                cbutton=new JButton("中");

                JPanel panel = new JPanel();                 //创建 JPanel 容器
                text=new JTextField("中间区域");
                panel.add(text);                             //向 JPanel 中加入组件
                panel.add(cbutton);

                add(ebutton,BorderLayout.EAST);              //将按钮加到窗口的指定位置
                add(wbutton, BorderLayout.WEST);
                add(sbutton, BorderLayout.SOUTH);
                add(nbutton, BorderLayout.NORTH);
                add(panel, BorderLayout.CENTER);             //将 JPanel 容器加到窗口的指定位置
                setSize(300,300);                            //设置窗口大小
                setVisible(true);                            //设置窗口可见
                setDefaultCloseOperation(EXIT_ON_CLOSE);
            }
        }
public class Example13_07
{
            public static void main(String[] args)
            {
                FrameWithBorderLayout ex=new FrameWithBorderLayout();
                ex.display();                                //显示窗口内容
            }
}
```

在例 13.7 中，中间区域是一个 JPanel 对象，它作为一个组件
放在窗口中，而它本身又是一个容器，其默认布局方式为流式布
局，其中放置了一个文本框和一个按钮，形成嵌套布局。程序运
行结果如图 13.8 所示。

图 13.8　例 13.7 运行结果

3. GridLayout

java.awt.GridLayout 类称为网格布局管理器，它将容器划分
成网格结构，每一个网格中可以放置一个组件。所有组件的大小
都相同，均填充满整个网格。这些组件按照添加顺序从左到右、
从上到下加入到网格中并显示。GridLayout 的构造方法有：

```
        public GridLayout()
        public GridLayout(int rows,int cols)
        public GridLayout(int rows,int cols,int hgap,int vgap)
```
第一个构造方法创建具有默认格式的网格布局，即每个组件占据一行一列；第二个构造方法创建
具有指定行数和列数的网格布局；第三个构造方法创建具有指定行数和列数的网格布局，其中参

数 rows 为行数，cols 为列数，hgap 为水平间距，vgap 为垂直间距。参数 rows 和 cols 可以有一个值为 0，表示可以将任意数量的对象置于行中或列中。

网格布局

【例 13.8】GridLayout 应用举例，简单电话拨号界面设计。根据按键的分布情况，首先定义一个 3 行 4 列的网格，然后在每个网格单元中添加一个相应的按键。

```
import java.awt.*;
import javax.swing.*;
class FrameWithGridLayout extends JFrame
{
    void display()
    {
        setTitle("网格布局管理器示例");
        JTextField text=new JTextField(20);
        add(text, BorderLayout.NORTH);

        JPanel p = new JPanel();               //设置一个 JPanel 容器对象
        //将 JPanel 的布局管理器设置为网格布局管理器,
        //网格为 4 行 3 列，网格之间行、列间距均为 4 个像素
        p.setLayout(new GridLayout(4,3,4,4));
        String[] name = {"1","2","3","4","5","6","7","8","9","*","0","#"};
        for (int i = 0; i < name.length; ++i)
            p.add(new JButton(name[i]));       //JPanel 的各个网格中加入按钮对象
        add(p);                                //将 JPanel 容器加入到窗口中，默认为中间位置
        pack();                                //设置窗口为合适大小

        setVisible(true);
        setDefaultCloseOperation(EXIT_ON_CLOSE);
    }
}
public class Example13_08
{
    public static void main(String[] args)
    {
        new FrameWithGridLayout().display();
    }
}
```

程序运行结果如图 13.9 所示。

图 13.9　例 13.8 运行结果

4. GridBagLayout

java.awt.GridBagLayout 类称为网格包布局管理器，它是一个灵活的布局管理器，不需要组件大小相同就可以按水平、垂直或沿着基线对齐。GridBagLayout 中的组件可以占用一个或多个网络单元格，但这些组件的具体放置位置和放置方式需要通过 GridBagConstraints 类的实例进行设置。也就是说，加入 GridBagLayout 中的组件需要由 GridBagConstraints 对象来设定存放的位置，以及占用的网格区域大小、空白边界处理等相关信息。GridBagLayout 的构造方法只有一个：

网格包布局

```
public GridBagLayout()
```

GridBagConstraints 的构造方法有：

```
public GridBagConstraints()
public GridBagConstraints(int gridx,int gridy,int gridwidth,int gridheight,
                          double weightx, double weighty,int anchor,int fill,
                          Insets insets,int ipadx,int ipady)
```

第一个构造方法创建一个 GridBagConstraint 对象，将其所有字段都设置为默认值；第二个构造方法创建一个带有完整属性参数的 GridBagConstraints 对象。虽然提供了这种构造方法，但在实际应用中很少使用，通常是先构造一个基本的对象，然后根据需要设置相应的属性。要想使用 GridBagLayout 实现灵活的布局，就需要对这些属性做准确的设定，否则可能会出现一些意料不到的显示结果。

上述的这些参数都是 GridBagConstraints 的相关属性（实例变量），下面详细介绍这些属性（以下均基于从左到右的组件方向）。

- gridx，gridy
  指定组件放置的起始位置（左上角的行和列），最左边的列是 gridx=0，最左边的行为 gridy=0。默认值为 GridBagConstrains.RELATIVE，表示正要添加的组件放在上一个被添加组件的右面或下面，即紧挨上一个组件。

- gridwidth，gridheight
  指定组件占用显示区域的行数和列数，默认值为 1，表示该组件只占用单行单列。如果 gridwidth(gridheight)=GridBagConstrains.REMAINDER，则代表这是该行（列）的最后一个组件，后面剩余的单元格由该组件全部占用。如果值为 GridBagConstrains.RELATIVE，则让该组件跟在前一个组件之后。

- weightx，weighty
  指定组件如何分配各自的水平空间和垂直空间比例，默认值为 0，表示组件都聚在容器的中间，额外的空间都放在单元格和容器的边缘。这个值的设置在改变面板大小时十分重要，因为当面板空间大小改变时，组件周围的空间就会发生变化，这时就需要按照设置的结果重新调整各自的额外空间显示，否则整个界面的显示就会发生混乱。一般地，值的范围是 0.0 到 1.0，更大的值表示行或列应获得更大的空间。

- anchor
  当组件小于其显示区域时，使用该值可以确定在显示区域中放置组件的位置，默认值是 CENTER，表示居中显示。该值可分为相对于方向的值、相对于基线的值和绝对值。绝对值有 CENTER（居中）、NORTH（最上方）、NORTHEAST（右上角）、EAST（右侧）、SOUTHEAST（右下角）、SOUTH（最下方）、SOUTHWEST（左下角）、WEST（左侧）和 NORTHWEST（左上角）。方向相对值有 PAGE_START、PAGE_END、LINE_START、LINE_END、FIRST_LINE_START、FIRST_LINE_END、LAST_LINE_START 和 LAST_LINE_END。相对于基线的值有：BASELINE、BASELINE_LEADING、BASELINE_TRAILING、ABOVE_BASELINE、ABOVE_BASELINE_LEADING、ABOVE_BASELINE_TRAILING、BELOW_BASELINE、BELOW_BASELINE_LEADING 和 BELOW_BASELINE_TRAILING。

- fill
  指定组件是否调整大小以满足显示区域的需要，默认值是 NONE，表示不调整大小。其有 4 个值常量，分别是 NONE（不调整组件大小）、HORIZONTAL（沿水方向填满其显示区域，高度不变）、VERTICAL（沿垂直方向填满其显示区域，宽度不变）和 BOTH（使组件完全填满其显示区域）。

- insets
  指定组件的外填充空间，即组件和显示单元格边缘的最小空间。此值通过 Inset 对象来指定，默认没有外填充空间。

- ipadx，ipady

指定组件内容的填充空间，即给组件的最小宽度（高度）添加多大的空间。组件的宽度（高度）至少为其最小宽度（高度）加上 ipadx （ipady）像素。默认值为 0。

【例 13.9】利用 GridBagLayout 布局，设计一个简单计算器。在这个界面中，按钮 "=" 需要占用两行一列，按钮 "0" 需要占用一列两行。

```java
import java.awt.*;
import javax.swing.*;
class FrameWithGridBagLayout extends JFrame
{
    void display()
    {
        setTitle("网格包布局管理器示例");
        JTextField text=new JTextField();
        add(text, BorderLayout.NORTH);

        JPanel p = new JPanel();          //设置一个 JPanel 容器对象
        GridBagLayout layout = new GridBagLayout();
        p.setLayout(layout);              //JPanel 的布局为网格包布局

        String[] name = {"C","ln","*","÷","7","8","9","-",
                "4","5","6","+","1","2","3"," = ","0","."};
        JButton [] button=new JButton[name.length];
        for (int i = 0; i < name.length; ++i)
            button[i]=new JButton(name[i]);
        //定义一个 GridBagConstraints，使组件充满显示区域
        GridBagConstraints s= new GridBagConstraints();
        s.fill = GridBagConstraints.BOTH;

        for(int i=1;i<16;i++)
        {
            if(i%4!=0)         //设置组件水平所占用的网格数，如果为 0，组件是该行的最后一个
                s.gridwidth=1;
            else
                s.gridwidth=0;          //设置组件为该行的最后一个组件
            //设置组件水平的拉伸幅度，为 0 不拉伸，不为 0 就随着窗口增大进行拉伸
            s.weightx = 1;
            //设置组件垂直的拉伸幅度，为 0 不拉伸，不为 0 就随着窗口增大进行拉伸
            s.weighty=1;
            p.add(button[i-1],s);//将生成的按钮按照 GridBagConstraints 设置位置进行添加
        }
        s.gridwidth=0;                    //设置组件为该行的最后一个组件
        s.gridheight=2;                   //设置组件占用 2 行
        s.weightx = 1;                    //组件水平可拉伸
        s.weighty=1;                      //组件垂直可拉伸
        p.add(button[15],s);              //将 "=" 按钮设置为占用两行一列

        s.gridx=0;                        //组件位置在第 0 列
        s.gridy=4;                        //组件位置在第 4 行
        s.gridheight=1;                   //组件占用 1 行
```

```
            s.gridwidth=2;                      //组件占用2列
            s.weightx = 1;                      //组件水平可拉伸
            s.weighty=1;                        //组件垂直可拉伸
            //将"0"按钮设置在第4行，第0列显示，并占用两列一行，添加入面板
            p.add(button[16],s);

            s.gridx=2;                          //组件位置在第2列
            s.gridy=4;                          //组件位置在第4行
            s.gridwidth=1;//
            s.gridheight=1;
            s.weightx = 0;
            s.weighty=0;
            p.add(button[17],s);                //将"."按钮设置在第4行，第2列显示，添加入面板

            add(p);                             //将JPanel容器加入到窗口中，默认为中间位置
            setSize(250,250);                   //设置窗口大小为250*250
            setVisible(true);
            setDefaultCloseOperation(EXIT_ON_CLOSE);
    }
}
public class Example13_09
{
    public static void main(String[] args)
    {
        new FrameWithGridBagLayout().display();
    }
}
```

程序运行结果如图 13.10 所示。

图 13.10　例 13.9 运行结果

5. CardLayout

java.awt.CardLayout 类称为卡片布局管理器，把添加的每个组件像卡片一样叠加在一起，每次只显示最上面的一个组件，卡片的顺序由组件对象本身在容器内部的顺序决定。CardLayout 定义了一组方法，这些方法允许应用程序按顺序浏览这些卡片，或者显示指定的卡片。CardLayout 的常用方法如表 13.2 所示。

卡片布局

表 13.2　　　　　　　　　　　　　CardLayout 类的常用方法

类　型	方　法　名	功　　能
	CardLayout()	创建一个间距为 0 的卡片布局
	CardLayout(int hgap,int vgap)	创建一个具有水平间距和垂直间距的卡片布局
void	first(Container parent)	翻转到容器的第一张卡片
void	next(Container parent)	翻转到指定容器的下一张卡片
void	previous(Container parent)	翻转到指定容器的前一张卡片。如果当前可见卡片是第一个，则翻转到最后一张
void	last(Container parent)	翻转到容器的最后一张卡片
void	show(Container parent,String name)	显示指定 name 的组件

关于 CardLayout 的实现示例可参看例 13.12。

6. BoxLayout

盒式布局

javax.swing.BoxLayout 类称为盒式布局管理器，允许以水平或垂直方向布置多个组件，这些组件排在一行或一列。BoxLayout 是 javax.swing.Box 容器的默认布局管理器。BoxLayout 的构造方法是：

```
public BoxLayout(Container target,int axis)
```

创建一个沿给定轴放置组件的盒式布局。参数 target 为需要布置的容器，axis 为布置组件时使用的轴，axis 常用的值有 BoxLayout.X_AXIS（指定组件从左到右排在一排）和 BoxLayout.Y_AXIS（指定组件从上到下排在一列）。

在实际应用中，多使用 Box 类，而不是直接使用 BoxLayout。Box 类是使用 BoxLayout 的轻量级容器，它提供了一些方法来便于使用 BoxLayout 布局管理器。Box 还可以以嵌套的方式组合成更加丰富的布局。

Box 中定义了多个有用的静态方法。例如，createHorizontalBox()方法用于创建一个从左到右显示组件的 Box，createVerticalBox()方法创建一个从上到下显示组件的 Box。如果希望组件按固定间隔存放，可以通过 createHorizontalStrut(int width)方法或 createVerticalStrut(int height)方法创建一个不可见的固定宽度（高度）的组件，然后插入到两个组件之间。

【例 13.10】BoxLayout 应用举例，设计一个简单的用户注册界面。

```java
import java.awt.BorderLayout;
import java.awt.FlowLayout;
import javax.swing.*;
class FrameWithBoxLayout extends JFrame
{
    Box box1,box2,box;
    public void display()
    {
        box1=Box.createVerticalBox();        //创建一个列排列的 Box，存放提示信息
        box2=Box.createVerticalBox();        //创建一个列排列的 Box，存放输入文本框
        box=Box.createHorizontalBox();       //创建一个行排列的 Box，存放 box1 和 box2

        box1.add(new JLabel("用户名: "));     //向列排列 box1 中加入一个 label
        box1.add(Box.createVerticalStrut(10)); //向 box1 中加入一个高 10 像素的间隔组件
        box1.add(new JLabel("密码: "));
        box1.add(Box.createVerticalStrut(10));
        box1.add(new JLabel("重复密码: "));

        box2.add(new JTextField(10));
        box2.add(Box.createVerticalStrut(10));
        box2.add(new JTextField(10));
        box2.add(Box.createVerticalStrut(10));
        box2.add(new JTextField(10));
        box2.add(Box.createVerticalStrut(10));

        box.add(box1);
        box.add(Box.createHorizontalStrut(10));//向 box 中加入一个宽 10 像素的间隔组件
        box.add(box2);
        add(box,BorderLayout.CENTER);
```

```
            pack();
            setVisible(true);
            setDefaultCloseOperation(EXIT_ON_CLOSE);
    }
}
public class Example13_10
{
    public static void main(String[] args)
    {
            new FrameWithBoxLayout().display();
    }
}
```

程序运行结果如图 13.11 所示。

图 13.11　例 13.10 运行结果

7.　null（空布局）

一般容器都有默认的布局管理器，但有时候需要精确设置各个组件的位置和大小，这时就需要用到空布局。容器使用 setLayout(null)方法将布局设为空，这时添加进入容器的组件就需要使用 setBounds(int x,int y,int width,int height)方法指定该组件在容器中的位置和大小。加入的组件都是一个矩形结构，参数 x 和 y 是组件的左上角位置坐标，width 和 height 是组件的宽和高。

空布局

【例 13.11】null（空布局）应用举例，在窗口中构造一个围棋的棋盘。

```
import java.awt.*;
import javax.swing.*;
class ChessPad extends JPanel
{//创建棋盘类、面板类容器
    ChessPad()
    {
            setSize(440,440);                       //设置棋盘大小
            setLayout(null);                        //设置棋盘布局为 null（空）
            setBackground(Color.orange);            //设置棋盘背景色为橙色
    }
    public void paintComponent(Graphics g)
    {
            super.paintComponent(g);                //调用父类方法，保证背景的显示

            for(int i=40;i<=400;i=i+20)             //绘制棋盘的横线
                g.drawLine(40,i,400,i);             //从给定的左上角坐标到右下角坐标绘制直线
            for(int j=40;j<=400;j=j+20)             //绘制棋盘的纵线
                g.drawLine(j,40,j,400);

            //在棋盘的指定位置绘制实心圆，注意是左上角坐标，不是圆心坐标
            g.fillOval(97,97,6,6);
            g.fillOval(337,97,6,6);
            g.fillOval(97,337,6,6);
            g.fillOval(337,337,6,6);
            g.fillOval(217,217,6,6);
    }
}
class FrameWithNullLayout extends JFrame
{//创建窗口
    public void display()
```

```
    {
        setLayout(null);                    //设置窗口布局为 null (空), 手工布局
        ChessPad chesspad = new ChessPad();    //创建棋盘
        add(chesspad);                      //将棋盘加入到窗口
        chesspad.setBounds(5,5,440,440);      //设置棋盘在窗口中的显示位置和大小
        setSize(460, 470);                  //设置窗口大小
        setVisible(true);                   //设置窗口可见
        setDefaultCloseOperation(EXIT_ON_CLOSE);
    }
}
public class Example13_11
{
    public static void main(String[] args)
    {
        new FrameWithNullLayout().display();
    }
}
```

程序运行结果如图 13.12 所示。

图 13.12　例 13.11 运行结果

13.4　事件处理

本章前 11 个例子介绍了如何设计图形用户界面,但是,这些界面无法实现用户和程序之间的交互。如果想使用户和程序之间能够交互,就要使用 java 的事件处理机制。

13.4.1　事件处理模型

Java 的事件处理模型把整个事件分为三部分。

1. 事件源

能够产生事件的组件都可以成为事件源,例如按钮、菜单、文本框等。

事件处理模型

2. 事件监视器

事件监视器用于对发生事件的事件源进行监视。如果没有监视器,即使这些事件源产生了事件程序也无法知道,因此,必须要有事件监视器监视事件源。根据事件源产生事件的类型和需要,可以为事件源绑定一个或多个监视器,绑定监视器又称为注册监视器。注册监视器的方法是:

```
        事件源对象.add×××Listener(监视器)
```

其中,×××为对应的事件类型。

当注册了监视器后,一旦事件源发生了事件,监视器就会监测到,这时,监视器就会对这个事件进行相应的处理。

3. 处理事件的接口

当监视器监听到事件源发生了相关的事件后,就要调用方法来处理事件。为了规范统一的行为,Java 将事件进行了分类,并封装成对应的事件接口,在这些接口中给出了指定的方法。这样监视器要想实现事件的处理,就需要实现对应的事件接口,并重写其中的方法,从而实现事件的处理。

完成一个事件处理分为三步。

第一步，确定事件源。在一个窗口界面中可能包含多个组件，但不是每个组件对象都需要进行事件处理。因此，首先要根据功能需求，确定哪些事件源对象产生的哪些事件需要监听和处理。

第二步，对确定的事件源注册监视器。一个事件源可能会产生多个事件，例如按钮对象既可以产生 ActionEvent 事件，也可以产生 MouseEvent 事件，这时，就要根据实际需要，对相应事件进行监视器的注册。同时，具有相同事件的事件源可以注册到同一个监视器上，例如窗口中的多个按钮可以注册到同一个监听器上进行监听。

第三步，对事件接口的监视器类重写其中的方法，以完成具体的功能。这也是整个事件处理的核心部分。

13.4.2　ActionEvent 事件

ActionEvent 是动作事件类。

1. ActionEvent 事件源

ActionEvent 称为动作事件。能产生 ActionEvent 事件的事件源有按钮、文本框、密码框、菜单项、单选按钮等。例如，用户单击按钮，该按钮对象就会产生 ActionEvent 事件，如果在文本框中按下回车键后也会产生 ActionEvent 事件。

2. 注册监视器

注册 ActionEvent 事件的事件源监视器的方法为：

```
事件源对象.addActionListener(ActionListener listener)
```

参数 listener 就是监听"事件源对象"的监听器，并能对事件进行处理，它是一个实现 ActionListener 接口的类的对象。

3. ActionListener 接口

ActionListener 是动作监视器接口，在这个接口中只有如下一个方法：

```
public void actionPerformed(ActionEvent e)
```

当事件源产生了 ActionEvent 事件后，监听器就会调用重写的 actionPerformed(ActionEvent e) 方法对这个事件进行处理，参数 e 就是产生这次事件的对象，它含有事件源对象。

4. ActionEvent 类

ActionEvent 是动作事件类，其对象用于表示产生的动作事件，该类常用的一个方法是：

```
public Object getSource()
```

通过这个方法，可以获取产生这个事件的事件源对象。例如，如果有 button1、button2 按钮对象同时注册到一个监视器上，那么通过这个方法就能判断出是哪个按钮发生了 ActionEvent 事件，从而完成相应的处理。

另一个常用的方法是：

```
public String getActionCommand()
```

返回与此动作相关的命令字符串。每个事件源都有一个默认的命令字符串。例如按钮产生这个事件时，这个按钮默认的命令字符串就是按钮上的文本内容，对于文本框，当产生这个事件时，默认的命令字符串就是文本框中的字符串内容。

【例 13.12】利用 ActionEvent 事件，实现扑克牌的逐一显示。

【问题分析】根据题意，要想实现扑克牌的逐一显示，需要使用 CardLayout 布局管理器，按顺序添加各张扑克牌。由于图片对象不能直接加入到容器中，可以将图片添加到 JLabel 组件中。

ActionEvent 事件类

262

为了实现图片的逐一显示，可以根据需要创建若干个按钮，通过 ActionEvent 事件的监听，完成不同的翻看动作。

```java
import java.awt.*;
import java.awt.event.ActionEvent;
import java.awt.event.ActionListener;
import javax.swing.*;
class ComponentWithActionEvent extends JFrame
            implements ActionListener                        //实现动作监视器接口
{//创建一个窗口界面
    JButton button_up,button_down,button_first,button_last; //声明所需的按钮组件
    JLabel label1,label2,label3;        //声明所需的 JLabel 组件
    JPanel panel;                       //声明一个 JPanel 容器，用于图片的载入和显示
    CardLayout card;                    //声明一个 CardLayout 布局管理器，用于组件的叠加存放

    public ComponentWithActionEvent()
    {
        button_up=new JButton("上一张");
        button_down=new JButton("下一张");
        button_first=new JButton("第一张");
        button_last=new JButton("最后一张");

        label1=new JLabel();            //创建 JLabel，用于装入图片
        label2=new JLabel();
        label3=new JLabel();
        label1.setIcon(new ImageIcon("1.png"));    //将图片加入 label，实现图片的显示
        label2.setIcon(new ImageIcon("2.png"));
        label3.setIcon(new ImageIcon("3.png"));

        panel=new JPanel();             //创建一个 JPanel 容器，用于载入各个 JLabel 组件
        card=new CardLayout();          //将 JPanel 容器的布局管理器设为 CardLayout，
        panel.setLayout(card);          //实现图片的逐一显示

        panel.add(label1);             //将各个 JLabel 组件加入到 JPanel 容器
        panel.add(label2);
        panel.add(label3);

        card.first(panel);
        add(panel,BorderLayout.CENTER);             //将 JPanel 容器加入到窗口的中间位置
        add(button_up, BorderLayout.WEST);          //将各个按钮组件加入到窗口的指定位置
        add(button_down, BorderLayout.EAST);
        add(button_first, BorderLayout.NORTH);
        add(button_last, BorderLayout.SOUTH);

        button_up.addActionListener(this);      //注册监视器。用当前对象 this 作监视器
        button_down.addActionListener(this);    //因为当前对象所在的类实现了 ActionEvent
        button_first.addActionListener(this);   //接口，所以它可以作监视器
        button_last.addActionListener(this);

        setTitle("动作事件示例");
```

```
        setSize(260,260);
        setVisible(true);
        this.setDefaultCloseOperation(JFrame.EXIT_ON_CLOSE);
    }
//actionPerformed 是 ActionEvent 接口中的方法，必须定义
//当事件发生后，该方法就会被调用，并将事件对象传递给参数 e
public void actionPerformed(ActionEvent e)
{//一个监视器同时监视 4 个按钮，所以要判断是哪一个事件源产生的事件
    if(e.getSource()==button_up)              //监听 up 按钮，显示上一张图片
        card.previous(panel);
    else if(e.getSource()==button_down)       //监听 down 按钮，显示上一张图片
        card.next(panel);
    else if(e.getSource()==button_first)      //监听 first 按钮，显示第一张图片
        card.first(panel);
    if(e.getSource()==button_last)            //监听 last 按钮，显示最后一张图片
        card.last(panel);
}
}
public class Example13_12
{
    public static void main(String[] args)
    {
        new ComponentWithActionEvent();
    }
}
```

程序运行结果如图 13.13 所示。

图 13.13　例 13.12 运行结果

 开动脑筋

如何实现把 4 个按钮都放在 South 位置？

13.4.3　MouseEvent 事件

MouseEvent 是鼠标事件类。

1. MouseEvent 事件源

MouseEvent 称为鼠标事件，所有的组件都可以产生鼠标事件。当鼠标在一个组件上进行单击、移动、拖动等操作时都会触发 MouseEvent 事件。

MouseEvent 事件类

2. 注册监视器

事件源注册监听器有两个方法，分别对应鼠标事件的两个接口。

```
addMouseListener(MouseListener listener)
addMouseMotionListener(MouseMotionListener listener)
```

第一个方法是注册鼠标监视器，第二个方法是注册鼠标移动监视器。

3. 鼠标事件接口

实现鼠标事件的接口有两个，一个是 MouseListener 接口，主要处理鼠标单击事件，另一个 MouseMotionListener 接口主要处理鼠标移动和拖动事件。MouseListener 和 MouseMotionListener 接口中的方法如表 13.3 所示，其中方法名后有*的为 MouseMotionListener 中的方法。

表 13.3　　　　　　　　　　　MouseListener 和 MouseMotionListener 接口的常用方法

类　型	方　法　名	功　　能
void	mouseClicked(MouseEvent e)	鼠标按键在组件上单击（按下并释放）时调用该方法
void	mousePressed(MouseEvent e)	鼠标按键在组件上按下时调用该方法
void	mouseReleased(MouseEvent e)	鼠标按钮在组件上释放时调用该方法
void	mouseEntered(MouseEvent e)	鼠标进入到组件上时调用该方法
void	mouseExited(MouseEvent e)	鼠标移出组件时调用该方法
void	mouseDragged(MouseEvent e)	鼠标按键在组件上按下并拖动时调用该方法
void	mouseMoved(MouseEvent e)	鼠标光标移动到组件上但无按键按下时调用

由于监视器是继承的接口，所以即使其中一些方法并不使用，也需要在类中对这些方法进行定义。

为了提高编程效率，减少程序的编写量，Java 提供了对应的适配器类来代替接口进行事件的处理。当处理事件的接口中多于一个方法时，Java 相应地就提供一个适配器类，这个类继承了相应的接口，并重写了所有的方法，只是这些方法均为空。当用户继承这个类后，只要重写想完成的方法即可。对于鼠标事件，MouseAdapter 类就实现了 MouseListener 接口和 MouseMotionListener 接口，监视器可以通过继承 MouseAdapter 类来代替继承鼠标接口，简化了程序设计。但是，这样类就不能再有其他的父类。

4. MouseEvent 类

MouseEvent 类用于表示产生鼠标事件的对象，该类的常用方法如表 13.4 所示。

表 13.4　　　　　　　　　　　　　MouseEvent 类的常用方法

类　型	方　法　名	功　　能
Object	getSource()	获取产生鼠标事件的事件源
int	getButton()	获取触发事件的鼠标按键。 单击鼠标左键的返回值为 1，对应的常量为 MouseEvent.BUTTON1； 单击鼠标右键的返回值为 3，对应的常量为 MouseEvent.BUTTON3； 单击鼠标滚轮的返回值为 2，对应的常量为 MouseEvent.BUTTON2
int	getClickCount()	获取鼠标连击的次数
int	getX()	获取鼠标指针在事件源中的 X 坐标值
int	getY()	获取鼠标指针在事件源中的 Y 坐标值

【例 13.13】使用鼠标适配器类，监听鼠标在按钮上的单击动作，显示单击的按键、单击的次数和单击时鼠标的坐标位置。

```
import java.awt.BorderLayout;
import java.awt.event.*;
import javax.swing.*;
class FrameWithMouseEvent extends JFrame
{
    JButton button1,button2;
    JTextField text;
    Listen listen;
    void display()
    {
```

```
            button1 = new JButton("按钮1");       //创建待监听的按钮组件1
            button2 = new JButton("按钮2");       //创建待监听的按钮组件2
            text = new JTextField(10);            //创建JTextField组件，用于显示监听信息

            listen = new Listen();                // 创建一个继承了MouseAdapter类的监听器
            listen.setButton(button1, button2, text);   //传递待监听对象到监听器

            button1.addMouseListener(listen);     //注册监听器
            button2.addMouseListener(listen);

            add(button1, BorderLayout.SOUTH);
            add(text, BorderLayout.CENTER);
            add(button2, BorderLayout.NORTH);

            setSize(300, 200);
            setVisible(true);
            setDefaultCloseOperation(EXIT_ON_CLOSE);
    }
}
public class Example13_13
{
    public static void main(String[] args)
    {
        new FrameWithMouseEvent().display();
    }
}
class Listen extends MouseAdapter
{//定义一个监听类，继承MouseAdapter类，实现鼠标动作的监听和处理
    JButton button1;
    JButton button2;
    JTextField text;
    public void setButton(JButton b1,JButton b2,JTextField t)
    {//传递组件对象到类中
        this.button1=b1;
        this.button2=b2;
        this.text=t;
    }
    public void mouseClicked(MouseEvent e)
    {//重写mouseClicked方法，完成鼠标单击事件的处理
        if(e.getSource()==button1)
        {//鼠标单击的是按钮1
            if(e.getButton()==MouseEvent.BUTTON1)    //鼠标左键被单击
                text.setText("单击了"+button1.getText()+"的左键 ");
            if(e.getButton()==MouseEvent.BUTTON3)    //鼠标右键被单击
                text.setText("单击了"+button1.getText()+"的右键 ");
            text.setText(text.getText()+e.getClickCount()+"次"+";"
                +"单击的坐标位置是: "+e.getX()+","+e.getY());
        }
        else if(e.getSource()==button2)
        {//鼠标单击的是按钮2
            if(e.getButton()==MouseEvent.BUTTON1)    //鼠标左键被单击
                text.setText("单击了"+button2.getText()+"的左键 ");
```

```
            if(e.getButton()==MouseEvent.BUTTON3)    //鼠标右键被单击
                text.setText("单击了"+button2.
getText()+"的右键 ");
                text.setText(text.getText()+
e.getClickCount()+"次"+";"
                +"单击的坐标位置是: "+e.getX()+
","+e.getY());
            }
        }
    }
```

图 13.14　例 13.13 运行结果

程序运行结果如图 13.14 所示。

13.4.4　KeyEvent 事件

KeyEvent 是键盘事件类。

KeyEvent 事件类

1. 事件源

当一个组件处于激活状态时，敲击键盘上的按键就会产生 KeyEvent 键盘事件。

2. 注册监视器

事件源注册监听器的方法是：

```
addKeyListener(KeyListener listener);
```

3. KeyListener 接口

KeyListener 接口实现键盘事件监听，在接口中定义的方法有：

```
public void keyPressed(KeyEvent e)
public void keyReleased(KeyEvent e)
public void keyTyped(KeyEvent e)
```

第一个方法在事件源上按下按键时被调用，第二个方法在事件源上松开按下的键时被调用，第三个方法在事件源上键入某个键又松开时被调用。

Java 为 KeyListener 接口提供的适配器类是 KeyAdapter 类。

4. KeyEvent 类

KeyEvent 类用于产生键盘事件对象，该类的常用方法如表 13.5 所示。

表 13.5　　　　　　　　　　　　KeyEvent 类的常用方法

类　型	方　法　名	功　　能
Object	getSource()	获取产生键盘事件的事件源
char	getKeyChar()	获取与此事件中的键关联的字符，例如，shift + "a" 的返回值是 "A"，这种关联字符只在 keyType()方法中才生效
int	getKeyCode()	键盘上实际键的整数代码，在 KeyEvent 类中以 "VK_" 开头的静态常量代表各个按键的 KeyCode。常用的 KeyCode 键值如表 13.6 所示
static String	getKeyText(int keyCode)	获得描述 keyCode 的字符串，如 "HOME" "F1" 或 "A" 等
boolean	isActionKey()	判断此事件中的键是否为 "动作" 键。如果是，则返回 true，否则返回 false

KeyCode 键值表如表 13.6 所示。

表 13.6   KeyCode 键值表

KeyCode 常量	键 值	KeyCode 常量	键 值
VK_0～VK_9	0～9 键	VK_SLASH	/键
VK_A～VK_Z	a～z 键	VK_BACK_SLASH	\键
VK_F1～VK_F12	功能键 F1～F12	VK_OPEN_BRACKET	[键
VK_SHIFT	Shift 键	VK_CLOSE_BRACKET	]键
VK_CONTROL	Ctrl 键	VK_QUOTE	左单引号键
VK_ALT	Alt 键	VK_BACK_QUOTE	右单引号键
VK_ENTER	回车键	VK_LEFT	向左箭头键
VK_BACK_SPACE	退格键	VK_RIGHT	向右箭头键
VK_ESCAPE	Esc 键	VK_UP	向上箭头键
VK_SPACE	空格键	VK_DOWN	向下箭头键
VK_COMMA	逗号键	VK_END	End 键
VK_SEMICOLON	分号键	VK_HOME	Home 键
VK_PERIOD	.键	VK_TAB	Tab 键

13.4.5 ItemEvent 事件

ItemEvent 是项目事件类。

ItemEvent 事件类

1. 事件源

产生 ItemEvent 事件的事件源有选择框 JCheckBox、下拉列表 JComboBox、
菜单项 JMenuItem 等。例如，用户对选择框 JCheckBox 进行操作，当从未选中状态变成选中状态或从选中状态变成未选中状态时都会触发该事件。而对于下拉列表 JComboBox，当选中其中的一项时也会触发该事件。

2. 注册监视器

事件源注册监听器的方法是：

```
addItemListener(ItemListener listener)
```

3. ItemListener 接口

ItemListener 接口实现项目状态改变事件的监听，该接口中只有如下一个方法：

```
public void itemStateChanged(ItemEvent e)
```

当选择项发生改变时调用该方法。

4. ItemEvent 类

ItemEvent 类用于产生项目状态改变事件的对象，该类的常用方法有：

```
public Object getItem()
public int getStateChange()
public String paramString()
```

第一个方法可以获取受事件影响的对象；第二个方法可以获取状态更改的类型，有 2 个常量值，分别是 ItemEvent.SELECTED（选择项改变，值为 1）和 ItemEvent.DESELECTED（选择项未改变，值为 2）；第三个方法获取标识此项事件的参数字符串。这个方法会得到一系列与此事件相关的信息，包括事件源、item 选项值、项目改变状态等，因此在程序调试时非常有用。

【例 13.14 】设计一个图形用户界面，界面中有编辑域 JTextField、按钮 JButton、选择框 JCheckBox 和下拉列表 JComboBox 等组件，并设置相应的监视器对组件进行监听，并将监听结果显示在 TextArea 中。

```java
import java.awt.FlowLayout;
import java.awt.event.ItemEvent;
import java.awt.event.ItemListener;
import javax.swing.*;
class FrameWithItemEvent extends JFrame implements ItemListener
{//定义一个窗口，继承并实现 ItemListener 接口
    JTextField text;
    JButton button;
    JCheckBox checkBox1,checkBox2,checkBox3;
    JRadioButton radio1, radio2;
    ButtonGroup group;
    JComboBox comBox;
    JTextArea area;

    public void display()
    {
        setLayout(new FlowLayout());

        add(new JLabel("文本框:"));
        text = new JTextField(10);
        add(text);
        add(new JLabel("按钮:"));
        button = new JButton("确定");
        add(button);

        add(new JLabel("选择框:"));
        checkBox1 = new JCheckBox("喜欢音乐");
        checkBox2 = new JCheckBox("喜欢旅游");
        checkBox3 = new JCheckBox("喜欢篮球");
        checkBox1.addItemListener(this);           //注册监听器，监听 JcheckBox 组件
        checkBox2.addItemListener(this);
        checkBox3.addItemListener(this);
        add(checkBox1);
        add(checkBox2);
        add(checkBox3);

        add(new JLabel("单选按钮:"));
        group = new ButtonGroup();
        radio1 = new JRadioButton("男");
        radio2 = new JRadioButton("女");
        group.add(radio1);
        group.add(radio2);
        add(radio1);
        add(radio2);

        add(new JLabel("下拉列表:"));
        comBox = new JComboBox();
        comBox.addItem("请选择");
```

```
            comBox.addItem("音乐天地");
            comBox.addItem("武术天地");
            comBox.addItem("象棋乐园");
            comBox.addItemListener(this);        //注册监听器，监听 JComboBox 组件
            add(comBox);

            add(new JLabel("文本区:"));
            area = new JTextArea(6, 12);
            add(new JScrollPane(area));

            setSize(300, 300);
            setVisible(true);
            setDefaultCloseOperation(JFrame.EXIT_ON_CLOSE);
        }
    public void itemStateChanged(ItemEvent e)
    {//重写 itemStateChange 方法，实现监听的处理
        if(e.getItem()==checkBox1)
        {//如果监听到的对象是 checkBox1，显示对象内容和选择状态
            String str=checkBox1.getText()+checkBox1.isSelected();
            area.append(str+"\n");
        }
        else if(e.getItemSelectable()==checkBox2)
        {//如果监听到的对象是 checkBox2，显示对象内容和选择状态
            String str=checkBox2.getText()+checkBox2.isSelected();
            area.append(str+"\n");
        }
        else if(e.getSource()==checkBox3)
        {//如果监听到的对象是 checkBox3，显示对象内容和选择状态
            String str=checkBox3.getText()+checkBox3.isSelected();
            area.append(str+"\n");
        }
        else if(e.getItemSelectable()==comBox)
        {//如果监听到的对象是 comBox，显示当前选择的内容
            if(e.getStateChange()==ItemEvent.SELECTED)
            {
                String str=comBox.getSelectedItem().toString();
                area.append(str+"\n");
            }
        }
    }
}

public class Example13_14
{
    public static void main(String[] args)
    {
        new FrameWithItemEvent().display();
    }
}
```

程序运行结果如图 13.15 所示。

图 13.15　例 13.14 运行结果

13.4.6　FocusEvent 事件

FocusEvent 是焦点事件类。

FocusEvent 事件类

1. 事件源

每个 GUI 组件都能够作为 FocusEvent 焦点事件的事件源，即每个组件在获得焦点或失去焦点时都会产生焦点事件。例如，TextField 文本框，当光标移入到文本框时就会产生焦点事件，而光标移出文本框时也会产生焦点事件。

2. 注册监视器

事件源注册监听器的方法是：

```
addFocusListener(FocusListener listener)
```

3. FocusListener 接口

FocusListener 接口实现焦点事件的监听，该接口中有两个方法：

```
public void focusGained(FocusEvent e)
public void focusLost(FocusEvent e)
```

第一个方法当组件从无焦点变成有焦点时调用该方法，第二个方法当组件从有焦点变成无焦点时调用该方法。

FocusListener 接口的适配器类是 FocusAdapter 类。

4. FocusEvent 类

FocusEvent 类用于产生焦点事件对象，该类的常用方法有：

```
public Component getOppositeComponent()
public boolean isTemporary()
```

第一个方法用于获得此焦点更改中涉及的另一个 Component，对于 FOCUS_GAINED 获得焦点事件，返回的组件是失去当前焦点的组件，对于 FOCUS_LOST 失去焦点事件，返回的组件是获得当前焦点的组件；第二个方法用于获得焦点更改的级别，如果焦点更改是暂时性的，则返回 true，否则返回 false。

焦点事件有持久性的和暂时性的两个级别。当焦点直接从一个组件移动到另一个组件时，会发生持久性焦点更改事件。如果失去焦点是暂时的，例如窗口拖放时失去焦点，拖放结束后就会自动恢复焦点，这就是暂时性焦点更改事件。

13.4.7　DocumentEvent 事件

DocumentEvent 是文档事件接口。

DocumentEvent 事件类

1. 事件源

能够产生 javax.swing.event.DocumentEvent 事件的事件源有文本框 JTextField、密码框 JPasswordField、文本区 JTextArea。但这些组件不能直接触发 DocumentEvent 事件，而是由组件对象调用 getDocument() 方法获取文本区维护文档，这个维护文档可以触发 DocumentEvent 事件。

2. 注册监视器

事件源注册监听器的方法是：

```
addDocumentListener(DocumentListener listener)
```

3. DocumentListener 接口

DocumentListener 接口实现文本事件的监听，该接口中有 3 个方法：

```
public void changedUpdate(DocumentEvent e)
public void removeUpdate(DocumentEvent e)
public void insertUpdate(DocumentEvent e)
```

当文本区内容改变时调用第一个方法，当文本区做删除修改时调用第二个方法，当文本区做插入修改时调用第三个方法。

4. DocumentEvent 接口

DocumentEvent 接口用于处理文本事件，该接口的方法有：

```
Document getDocument()
DocumentEvent.EventType getType()
int getOffset()
int getLength()
```

第一个方法可以获得发起更改事件的文档，第二个方法可以获得事件类型，第三个方法可以获得文档中更改开始的偏移量，第四个方法可以获得更改的长度。

13.4.8 窗口事件

1. 事件源

窗口事件的事件源均为 Window 的子类，即 Window 的子类对象都能触发窗口事件。

2. 注册监视器

事件源注册监听器有 3 个方法，分别对应窗口事件的 3 个接口：

```
addWindowListener(WindowListener listener)
addWindowFocusListener(WindowFocusListener listener)
addWindowStateListener(WindowStateListener listener)
```

3. Window 接口

和 Window 接口有关的接口有三个。WindowListener 接口实现窗口事件的监听，WindowFocusListener 接口实现窗口焦点事件的监听，WindowStateListener 接口实现窗口状态事件的监听。三个接口中的方法如表 13.7 所示，其中方法后有角标 1 的为 WindowFocusListener 接口中的方法，方法后有角标 2 的为 WindowStateListener 接口中的方法，其余的都是 WindowListener 接口中的方法。

表 13.7　　　　　　　　　　　　　　　　Window 接口中的方法

类　型	方　法　名	功　　能
void	windowOpened(WindowEvent e)	当窗口被打开时，调用该方法
void	windowClosing(WindowEvent e)	当窗口正在被关闭时，调用该方法。在这个方法中必须执行 dispose()方法，才能触发"窗口已关闭"，监视器才会再调用 windowClosed()方法
void	windowClosed(WindowEvent e)	当对窗口调用 dispose 而将其关闭时，调用该方法
void	windowIconified(WindowEvent e)	当窗口从正常状态变为最小化状态时，调用该方法
void	windowDeiconified(WindowEvent e)	当窗口从最小化状态变为正常状态时，调用该方法
void	windowActivated(WindowEvent e)	当 Window 设置为活动 Window 时，调用该方法
void	windowDeactivated(WindowEvent e)	当 Window 不再是活动 Window 时，调用该方法
void	windowGainedFocus(WindowEvent e)	当 Window 被设置为聚焦 Window 时，调用该方法
void	windowLostFocus(WindowEvent e)	当 Window 不再是聚焦 Window 时，调用该方法
void	windowStateChanged(WindowEvent e)	当窗口状态改变时（例如最大化、最小化等），调用该方法

窗口事件

Java 为 Window 接口提供的适配器类是 WindowAdapter 类，它实现了这 3 个接口中的所有方法。

4．WindowEvent 类

WindowEvent 类用于产生窗口事件对象，该类的常用方法有：

```
public Window getWindow()
public int getNewState()
public int getOldState()
public Window getOppositeWindow()
```

第一个方法用于获得窗口事件的事件源；当处于窗口状态改变事件时，第二个方法可返回新的窗口状态；当处于窗口状态改变事件时，第三个方法可返回以前的窗口状态；第四个方法可返回在此焦点或活动性变化中所涉及到的其他窗口对象。例如，对于活动性窗口或焦点性窗口事件，返回的是失去活动性或焦点的窗口对象。如果是失去活动性或焦点性事件，那么返回的是活动性或焦点的窗口对象。

13.5　对话框

对话框

对话框用于用户和程序之间进行信息交换，可以用类 JDialog（对话框）及其子类（用户定义）的对象表示对话框。

JDialog 类和 JFrame 类一样都是 Window 的子类，同属于顶层容器。对话框分为有模式对话框和无模式对话框两类。有模式对话框在弹出后会阻塞其他线程的执行，其他窗口无法获得焦点（如打开文件对话框）；无模式对话框在运行时，不影响其他窗口的执行（如查找/替换对话框）。

而在创建一些简单、标准的对话框时，主要使用 javax.swing.JOptionPane 类来完成。如果想创建一个自定义的对话框，则可以使用 javax.swing.JDialog 类。

13.5.1　消息对话框

消息对话框 showMessageDialog 是显示指定内容的、带有一个按钮的对话框，通常用于显示一些提示信息，它是一个有模式对话框。

创建消息对话框的常用方法为：

```
public static void showMessageDialog(Component parentComponent, Object message,
    String title, int messageType)
```

它是 JOptionPane 类的一个静态方法，有 4 个参数：

- 参数 parentComponent，用于确定显示对话框的父窗口，并在这个父窗口的中间显示；如果为 null 或者 parentComponent 不具有 Frame，则使用默认的 Frame。
- 参数 message，用于在对话框中显示提示信息，一般为字符串内容。
- 参数 title，用于设置对话框的标题栏内容。
- 参数 messageType，指定要显示的消息类型，给定的类常量有 ERROR_MESSAGE、INFORMATION_MESSAGE、WARNING_MESSAGE、QUESTION_MESSAGE 和 PLAIN_MESSAGE。

下面的语句可以显示图 13.16 所示的对话框（消息类型 ERROR_MESSAGE 会使对话框显示一个"×"）。

```
JOptionPane.showMessageDialog(this,"您输入了错误的字符",
"消息对话框", JOptionPane. ERROR_MESSAGE);
```

图 13.16   消息对话框

13.5.2   输入对话框

输入对话框 showInputDialog 类可以让用户在对话框中输入信息，实现动态交互。对话框中包括用户输入文本的文本区、确认按钮和取消按钮三个部分。创建输入对话框的常用方法为：

```
public static String showInputDialog(Component parentComponent, Object message,
    String title, int messageType)
```

它是 JOptionPane 类的一个静态方法，方法中的参数定义与消息对话框相同。这个方法返回值是用户输入的字符串内容。

下面的语句可以显示图 13.17 所示的输入对话框，方法返回输入的字符串并存放在 str 中。

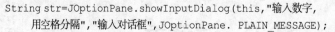

图 13.17   输入对话框样式

```
String str=JOptionPane.showInputDialog(this,"输入数字,
    用空格分隔","输入对话框",JOptionPane. PLAIN_MESSAGE);
```

13.5.3   确认对话框

确认对话框 showConfirmDialog，用于显示一个提示信息让用户进行确认，常用于一些重要信息的变更或提交前进行确认。确认对话框是有模式对话框。创建确认对话框的常用方法为：

```
public static int showConfirmDialog(Component parentComponent, Object message,
    String title, int optionType,int messageType)
```

它是 JOptionPane 类的一个静态方法，方法中的参数定义与消息对话框中相同名称的参数定义相同。增加的参数 optionType 指定显示的按钮类型和格式，给定的类常量有 YES_NO_OPTION、YES_NO_CANCEL_OPTION 或 OK_CANCEL_OPTION。方法调用结束后会返回下列整数值 JOptionPane.YES_OPTION、JOptionPane.NO_OPTION、JOptionPane.CANCEL_OPTION、JOptionPane.OK_OPTION 或 JOptionPane.CLOSED_OPTION。

下面的语句可以显示图 13.18 所示的确认对话框，方法返回的值存放在 n 中。

```
int n=JOptionPane.showConfirmDialog(this,"确认是否
    正确", "确认对话框",JOptionPane. YES_NO_OPTION );
```

图 13.18   确认对话框样式

13.5.4   颜色对话框

颜色对话框使用 javax.swing.JColorChooser 类创建，方便用户在颜色对话框中选取合适的颜色。

创建颜色对话框的方法可以用 JColorChooser 类的静态方法：

```
public static Color showDialog(Component component, String title,Color initialColor)
```

该方法是个静态方法，返回值是本次选择的颜色。方法中的参数定义与消息对话框中相同名称的参数定义相同，参数 initialColor 为初始选择的颜色。

下面的语句可以显示图 13.19 所示的颜色对话框，方法返回颜色对象。

```
Color color=JColorChooser.showDialog(this, "color", Color.RED);
```

图 13.19　颜色对话框样式

13.5.5　自定义对话框

如果用户想根据需要创建一个自定义对话框，就可以使用 JDialog 类来进行创建。JDialog 本身就是一个容器，其默认布局是 BorderLayout，通过向其中添加组件就可以定制合适的对话框。

13.6　小　　　结

本章主要介绍了 Java 的图形用户界面的设计方法。

首先，介绍了 Java 图形用户界面的根类和子类，以及之间的层次关系。其次，讲解了顶层容器窗口 JFrame 的创建与设置方法，以及菜单的定义与设计。然后，对界面设计中常用的组件类、容器类和布局管理器进行了介绍，并通过示例讲解了各种组件的使用方法。在其后，重点对 Java 的事件处理机制进行了详细介绍，包括事件处理模型和事件处理类的使用。最后，简单介绍了对话框的分类和使用方法。

界面设计是实现人机交互的重要组成部分。在进行界面设计时，应先进行规划，在确定基本架构后，选择合适的组件和布局管理器进行设计，界面确定后，根据功能需求，对相关组件通过事件机制进行监听和处理，这样才能够比较好地进行用户应用程序的设计与实现。

13.7　习　　　题

1. 什么是 GUI？Java 的两类 GUI 组件有何不同？
2. AWT 常见的分类有哪些？
3. Java 的容器有哪几类？JFrame 容器的默认布局管理器是什么？
4. 简述 Java 的事件处理机制。
5. 给例 13.9 的界面添加 ActionEvent 和 KeyEvent 事件，实现完整的计算器功能。

第14章
网络编程

本章要点
- 网络基本概念
- URL 编程
- InetAddress 类
- Socket 套接字
- UDP 数据报
- 广播数据报

网络编程是 Java 编程技术中一个重要的组成部分，本章将学习 Java 语言中专门用于网络编程的基础类，通过这些类可以很方便地实现网络通信。

14.1　网络基础

在学习网络编程之前，有必要先了解一下跟编程有关的网络知识，有了这些背景知识，能让我们非常容易地理解和掌握网络编程技术。

14.1.1　网络基本概念

所谓计算机网络，简单地说，就是指将地理位置不同的计算机通过通信线路连接起来，实现资源共享和信息传递。这里所说的计算机通常称为主机。

网络编程就是通过程序实现两台（或多台）主机之间的数据通信。要想实现这一目标，首先要建立连接，然后按照事先规定好的格式进行数据传输，从而完成主机之间的信息传输。

实际的网络通信要复杂很多，但 Java 语言提供了强大而丰富的网络类，这些类屏蔽了底层的实现细节，只要知道一些网络基础知识就可以编写出满足用户需求的程序。下面就先学习一下这些基本知识。

1. IP 地址和域名

为了能够方便地识别接入网络的主机，每台主机都有一个唯一的身份标识，就是 IP 地址。IP 地址由 32 位二进制数组成（根据 IP 协议的不同分为 IPv4 和 IPv6 地址，在这里只讨论 IPv4 地址）。为了方便记忆通常写成 4 个 0～255 的数字，例如 10.10.0.1。每台接入网络的主机都拥有一个唯一的 IP 地址，这也是实现主机之间进行网络通信的前提条件。

实际上，在访问网络主机的时候更多的是使用另外一种标识，即主机名+域名的形式，例如

www.baidu.com，其中 baidu.com 为域名，www 为主机名。这种形式把枯燥无味的数字变成通俗易懂的名字，便于记忆与使用。但在网络通信中用的还是 IP 地址，而这个将名字转换成对应 IP 地址的工作就由域名解析系统（Domain Name System，DNS）完成，不需用户来操心。

2. 端口和 Socket

是否有了主机的 IP 地址就可以与其进行通信了呢？答案是不行。因为一台主机可以同时运行多个程序（称为进程），只有知道和哪个进程进行通信才能保证数据传输的准确性。解决这个问题的方法是为每个通信进程分配一个唯一的数字标识，即端口（port）。这样，一台主机就可以根据端口来区分收发的数据，即便同时运行多个网络进程，也不会出现相互干扰。

因此，网络通信的标识实际上由两部分组成：主机 IP 地址+端口号。这两者合在一起叫作 Socket，因此很多网络编程也称为基于 Socket 的编程。

3. C/S 模式

网络编程与单机编程的最大不同之处是需要交换数据的程序运行在不同的计算机上，虽然通过 Socket 定义可以找到网络上另一方运行的程序，但如何通信还需要进一步确定。

通常，网络通信采取的是"请求—响应"模型，即有一方首先发起请求，另一方根据请求进行响应，从而建立起连接。

在编程中，首先发起请求的这一方被称作客户端（Client），接受请求的另一方被称作服务器端（Server），这种网络编程的模式就称为客户端/服务器端模式，简称 C/S 模式。

使用 C/S 模式，需要分别开发客户端和服务器端程序，例如常使用的 QQ 就是典型的 C/S 模式。使用 C/S 模式，需要安装对应的客户端程序才能与服务器端通信，客户端程序不具备通用性，这也是为什么手机当中安装很多个 App（客户端应用程序）的原因。

有一些应用不需要安装额外的客户端程序，只要有一个浏览器（Browser）就可以访问，这种模式被称为 B/S（Browser/Server）模式，但其本质仍是 C/S 模式。

14.1.2 TCP 和 UDP 协议

网络通信中一个最重要的概念就是协议。网络协议实现起来很复杂，但理解很容易。例如两个人要进行交流，是用电话，还是用邮件？是用中文，还是用英文？如规定两人用邮件、使用中文进行交流，这就是制定了一个通信规则，而这个规则就可以看成是协议。

因此，网络协议就是为计算机网络中进行数据交换而建立的规则、标准或约定的集合。网络协议有很多，而在编程中主要用的两个通信协议是 TCP 协议和 UDP 协议。

1. TCP 协议

传输控制协议（Transmission Control Protocol，TCP）是一种面向连接的可靠的传输协议，它采用通信双方相互应答的方式来保证数据传送的可靠性，但网络的通信开销会有所增加，而且协议也更为复杂。目前，大部分网络通信都采用 TCP 协议。

2. UPD 协议

用户数据报协议（User Datagram Protocol，UDP）是一种面向无连接的传输协议，它不需要通信双方事先建立连接和应答就进行传输，所以协议简单，效率更高，但不保证通信的可靠性。因此，这种协议适用一些简单的网络应用。

14.2 基于 URL 的网络编程

URL（Uniform Resource Location），称为统一资源定位符，它是指向互联网 "资源" 的指针。这个资源可以是简单的文件或目录，也可以是对更为复杂的对象的引用，例如对数据库或搜索引擎的查询结果等。

Java 的 java.net 包中提供了 URL 类，一个 URL 对象封装了一个具体资源的引用，有了这个引用就可以访问对应的资源。

基于 URL 网络编程

14.2.1 URL 基础

最常见的 URL 就是在浏览器的地址栏中输入的地址。一个完整的 URL 格式是：

协议名://主机地址[:端口号][/资源路径][/资源对象]

其中的协议名表示访问该网络资源所采用的协议，如 http、ftp 等；主机地址指网络资源所在的服务器地址，可以使用域名或 IP 地址，例如 www.baidu.com；端口号指连接主机服务的进程端口，如果省略，则默认相关协议的熟知端口，例如 http 协议的熟知端口是 80，ftp 的熟知端口是 25，如果相关服务协议不使用熟知端口，则一定要给出端口号；资源路径表示资源对象所在的路径，如果省略，则为默认路径；资源对象指的是待访问的资源，例如文件名，如果省略，则为默认资源对象。

例如一个 URL：

```
http://www.163.com/
```

对应的完整格式是：

```
http://www.163.com:80/index.html
```

这个 URL 表示要访问网易 www 主机根目录下的 index.html 文件。一旦建立了连接，就可以读取该文件信息。

java.net.URL 类通常使用下面的构造方法创建一个 URL 对象：

```
public URL(String spec) throws MalformedURLException
```

其中 spec 为待解析的字符串形式的 URL。如果无法解析该字符串，则产生 MalformedURLException 异常。例如，构造一个 URL 对象应采用下面的形式。

```
try
{
    URL url = new URL("http://www.163.com:80/index.html");
}
catch(MalformedURLException e)
{
    System.out.println("URL error!");
}
```

另外一个常用的构造方法是：

```
public URL(String protocol,String host,int port,String file)
                        throws MalformedURLException
```

该构造方法分别给出了访问的协议、主机地址、端口和资源对象等参数。

14.2.2　网络资源访问

当创建成功一个 URL 对象后，就可以通过输入流来完成资源的访问。URL 中的方法：

```
public final InputStream openStream() throws IOException
```

可以获得输入流，用于客户端从服务器端读取数据。

【例 14.1】编程序从命令窗口读取一个网络资源（网页），并显示该资源的内容。

```
import java.net.*;
import java.io.*;
import java.util.*;
public class Example14_01                       //基于 URL 对象的访问示例
{
    public static void main(String[] args)
    {
        Scanner scanner;                        //创建一个输入对象
        URL url;                                //创建一个 URL 对象
        InputStream in;                         //创建一个输入流
        String addr;                            //URL 地址的字符串表示
        String str;                             //输入流的字符串表示
        System.out.println("请输入一个 URL 地址: ");
        scanner=new Scanner(System.in);
        addr=scanner.nextLine();                //从键盘读取一个 URL 字符串

        try
        {
            url=new URL(addr);                  //创建 URL 对象
            in=url.openStream();                //根据 URL 对象建立输入流
            byte [] b=new byte[1024];
            int n=-1;
            while ((n=in.read(b))!=-1)          //将读取的流内容输出
            {
                str=new String(b,0,n,"UTF-8");
                System.out.print(str);
            }
        }
        catch(Exception e)
        {
            System.out.println(e);
        }
    }
}
```

在本例中，通过 URL 对象就可以很容易实现网络通信，但如果要开发自己的网络应用程序，则需要使用其他的 Java 类。这些跟网络编程相关的类主要放在 java.net 包中，下面按使用顺序进行介绍。

14.3　InetAddress 类

InetAddress 类

开发网络程序的第一步是要确定通信双方的主机地址。在 Java 中，使用 InetAddress 类的对象来表示主机的 IP 地址，该对象中也包含了一系列关于 IP 地址和域名的相关操作方法。

14.3.1 地址的表示

表示主机地址主要有两种形式：IP 地址形式和主机名形式。以百度为例，其主机名形式为 www.baidu.com，IP 地址形式为 111.13.100.91/111.13.100.92。百度的主机名只有一个，而 IP 地址却有两个，这是为了实现网络访问的负载均衡。建议使用主机名的形式表示主机对象，因为这样做有两个好处。一个是可以由 DNS 服务器选择负载轻的主机 IP 地址返回给客户端，从而保证访问质量；另一个好处是如果主机进行了地址迁移，只要主机名不变，程序就不需要做任何修改仍能保证正常运行。

14.3.2 获取地址

java.net.InetAddress 类不是通过构造方法创建对象，而是通过若干个静态方法来获取表示主机 IP 地址的 InetAddress 对象的，最常用的静态方法是 InetAddress.getByName()。其完整格式是：

```
public static InetAddress getByName(String host) throws UnknownHostException
```

其中的参数 host 是一个字符串形式的域名或 IP 地址。例如，创建域名为 www.baidu.com 的 InetAddress 对象：

```
InetAddress address=InetAddress.getByName("www.baidu.com");
```

这个方法并不只是把 www.baidu.com 作为一个字符串，而是与本机所设置的 DNS 服务器建立连接，对该字符串域名进行解析，如果 DNS 找不到这个地址就会抛出 UnknownHostException 异常。

除了使用主机名形式外，也可以使用 IP 地址形式，例如：

```
InetAddress address=InetAddress.getByName("111.13.100.91");
System.out.println(address.getHostName());
```

下面通过一个完整示例来看一下该类的使用。

【例 14.2】InetAddress 类的使用示例。

```
import java.net.InetAddress;
import java.net.UnknownHostException;

public class Example14_02
{
    public static void main(String[] args)
    {
        try
        {   //使用域名创建对象
            InetAddress addr1 = InetAddress.getByName("www.baidu.com");
            System.out.println("地址 1: "+addr1);
            System.out.println("地址 1 主机"+addr1.getHostName());
            System.out.println("地址 1IP: "+addr1.getHostAddress());
            InetAddress addr2 = InetAddress.getByName("111.13.100.91");
                                            //使用 IP 创建对象
            System.out.println("地址 2"+addr2);
            byte[] ip_b= {111,13,100,91};        //用字节数组创建一个 InetAddress 对象
            InetAddress addr3 = InetAddress.getByAddress("www.null.cn",ip_b);
            System.out.println("地址 3: "+addr3);
            InetAddress addr4 = InetAddress.getLocalHost(); //获取本机地址对象
            System.out.println("本机的 IP 地址对象: "+addr4);
        }
```

```
        catch(UnknownHostException e)
        {
            System.out.println("host unknown or error!");
        }
    }
}
```

程序运行结果如图 14.1 所示。

InetAddress 类提供了两个实例方法 getHostName()和 getHostAddress()来分别获取其中的主机名部分与 IP 地址部分。在本例中使用了三种形式来创建 InetAddress 对象。

addr1 使用主机名的形式创建，其返回结果为 www.baidu.com/111.13.100.91，其中包括了该主机名和 DNS 解析的 IP 地址。前面已经提到 www.baidu.com 有两个 IP，所以返回结果也可能是 www.baidu.com/111.13.100.92。如果使用主机名形式，一旦解析不成功会产生 UnknownHostException 异常。

addr2 使用 IP 地址的字符串形式创建，其返回结果就是该 IP 地址，此地址不做任何连网验证。

addr3 使用主机名和 IP 地址的字节数组形式创建，其返回结果就是设置的内容 www.null.cn/111.13.100.91，这个主机名并不存在，但该对象的创建不进行连网验证，所以不会产生异常。在这里要注意与 addr1 创建的不同之处。

如果需要获取本机的 IP 地址对象，则使用 InetAddress.getLocalHost()方法，其返回结果为 zhrw-PC/192.168.216.1，不同的机器此处运行结果会有所不同。

另外，InetAddress 类有两个子类：Inet4Address 和 Inet6Address，分别针对具体的 IPv4 地址和 IPv6 地址，在这里不做具体介绍，有兴趣的读者可以自行参考相关文档。

```
addr1: www.baidu.com/111.13.100.91
addr1's host: www.baidu.com
addr1's IP: 111.13.100.91
addr2:/111.13.100.91
addr3: www.null.cn/111.13.100.91
本机的IP地址对象: zhrw-PC/192.168.216.1
```

图 14.1　例 14.2 运行结果

14.4　套接字

14.4.1　套接字概述

套接字与客户端套接字

14.1.1 节简单地介绍了端口和 socket 的概念。下面通过一个例子来进一步理解套接字的概念。

当我们（客户机 IP）要给手机充值时可以到相应的营业大厅（服务器 IP），来到大厅后，有多个窗口（端口）分别办理不同的业务，我们需要选择缴费窗口（端口）才能够完成缴费。而窗口的工作人员并不能确定哪个人（客户机）来进行缴费，所以需要一直在窗口等待（监听）用户（客户机）。

从这个例子看到，只知道主机的 IP 地址并不够，还需要知道相关进程的端口号才能够进行通信。计算机网络中规定端口号由 16 位二进制数表示，即十进制数范围为 0～65535。其中 0～1023 端口为公认端口或熟知端口，被系统进程或常用服务所占用，因此在选择端口时要选择 1024 以后的端口，并且注意不要和其他的应用程序端口产生冲突。

IP 地址+端口就构成了一个套接字，即 socket。套接字根据连接端的不同可分为客户端套接字和服务器端套接字。客户端套接字是发出连接请求的套接字，其需要指明连接端的 IP 和端口。而服务器端套接字是接受连接请求的套接字，只需指明监听的端口号即可，所以在编程时需要根据需求选择相应的套接字类。

Java 语言提供了 java.net.Socket 类和 java.net.ServerSocket 类用于客户机与服务器端的网络编程。其采用 TCP 进行通信，并且封装了底层网络的通信细节，使得网络编程非常简单，因此得到广泛的使用。

14.4.2 客户端套接字

1. 客户端编程步骤

客户端是发起连接请求的程序。编写客户端程序时，首先要建立网络连接，在建立连接时需要指出服务器端的 IP 地址和端口号；一旦连接建立成功，就可以实现数据交互了。数据交互时按照请求-响应模型由客户端向服务器端发送请求，服务器端根据请求内容进行处理，并将响应结果返回给客户端。数据的交互过程可以进行多次，每次均按照请求-响应模型进行；在数据交互结束后，要关闭网络连接，释放占用的端口、内存等资源，结束客户端程序。

2. 客户端套接字

在 Java 语言中，java.net.Socket 类代表客户端连接，其提供了多种构造方法，最常用的构造方法有两个：

```
public Socket(String host,int port)throws UnknownHostException, IOException
public Socket(InetAddress address,int port)throws IOException
```

通过调用构造方法，就可以创建 Socket 的对象，例如：

```
Socket socket1=new Socket("www.baidu.com",80);
Socket socket2=new Socket("127.0.0.1",8000);
```

其中，socket1 实现了连接 www.baidu.com 这台主机的 80 端口，socket2 实现了连接 127.0.0.1 这台主机的 8000 端口。

当第一步网络连接建立成功后，就可以开始数据交互过程。交互操作是通过输入流/输出流完成的，即发送的请求数据写入到连接对象的输出流中，而读取数据则从连接对象的输入流中获取。获取输出流的实例方法格式是：

```
public OutputStream getOutputStream() throws IOException
```

获取输入流的实例方法格式是：

```
public InputStream getInputStream() throws IOException
```

例如：

```
OutputStream out=socket1.getOutputStream();      //建立 socket1 的输出流对象
InputStream in=socket2.getInputStream();         //建立 socket2 的输入流对象
```

一旦建立好了输入输出流对象，就可以按照第 12 章的 I/O 流方式进行数据交互，而且可以通过流的嵌套将基本流转换成需要的装饰流对象，从而方便操作。

当数据交互完成后，关闭网络连接，释放占用的资源：

```
socket1.close();
```

通过上述三步就可以设计完成一个标准的网络客户端程序。下面给出一个完整的程序示例，该程序向服务器端发送一个问候字符串："你好，我是客户机 A"，并显示服务器端响应的字符串信息："你好，我是服务器 B"。数据交互只进行一次。

【例 14.3】客户机与服务器通信示例，客户端程序。

```
import java.io.DataInputStream;
import java.io.DataOutputStream;
import java.net.Socket;
public class Client_Example
{
```

例 14.3、例 14.4 编程视频

```
public static void main(String[] args)
{
    Socket client_socket=null;
    DataInputStream in=null;
    DataOutputStream out=null;
    String ip="127.0.0.1";                          //服务器 IP
    int port=5050;                                  //服务器端口
    try
    {
        client_socket=new Socket(ip,port);          //与服务器建立连接
        in=new DataInputStream(client_socket.getInputStream()); //创建输入流
        out=new DataOutputStream(client_socket.getOutputStream());//创建输出流
        out.writeUTF("你好，我是客户机A");             //向服务器端发送信息
        System.out.println("客户机启动，向服务器发送信息：你好，我是客户机A");
        String str=in.readUTF();           //等待读取服务器端响应的信息，进入阻塞状态
        System.out.println("服务器端的响应信息："+str);
    }
    catch (Exception e)
    {
        System.out.println(e);
    }
    finally
    {
        try                               //关闭网络连接
        {
            in.close();
            out.close();
            client_socket.close();
        }
        catch(Exception e){}
    }
}
```

　　本例的客户端程序运行前必须先运行例 14.4 的服务器端程序。当服务器端处于运行状态时，客户端向其发出连接请求。连接建立成功，客户端通过输出流向服务器发送请求内容，并从输入流读取服务器响应的内容，最后关闭连接。程序运行结果如图 14.2 所示。

图 14.2　例 14.3 运行结果

14.4.3　服务器端套接字

1．服务器端编程步骤

　　服务器端是网络中等待客户请求的程序，通常实现的是程序的核心功能。服务器端是处于被动等待连接的状态，所以服务器端启动以后，不需要发起连接，而是监听固定的端口；当服务器端监听到客户端的连接请求后，就可以与客户端建立一个网络连接。在这个连接中也包含客户端的相关信息，如 IP 地址等；连接建立成功后，双方就可以进行数据交互了。数据交互结束时，要关闭服务器端，释放占用的资源。

　　在实际编程中，为解决多用户响应问题，通常采用多线程机制。当获得一个连接后即启动一

服务器端套接字

个专门线程进行处理，主线程继续监听下一个连接请求。

2. 服务器端套接字

服务器端使用 java.net.ServerSocket 类的对象来表示服务器套接字，服务器套接字等待通过网络传入的请求。

ServerSocket 类的构造方法有 4 种，常用的构造方法格式为：

```
public ServerSocket(int port) throws IOException
```

该方法创建绑定到特定端口的服务器套接字对象。参数 port 为连接指定的端口，如果为 0，表示使用任何空闲的端口。在建立连接时，会创建一个连接请求队列，表示可以连接的最大请求数默认为 50。如果队列满时再收到连接请求，则拒绝该连接。用另一个构造方法可以指定请求队列的长度。

```
public ServerSocket(int port,int backlog) throws IOException
```

参数 backlog 为大于 0 的正整数，表示队列的最大长度。如果该值小于等于 0，则使用默认值。

创建好服务器套接字后，就需要进行连接监听了。连接监听的方法为：

```
public Socket accept() throws IOException
```

此方法监听并接受到此套接字的连接。其在连接传入之前一直阻塞。例如：

```
Socket socket=server_socket.accept();
```

一旦监听到请求并建立了 socket 连接后，就可以进行数据交互了。

根据服务器端的编程步骤，下面给出一个完整的程序示例。作为上例的服务器端程序，该程序监听来自客户端的连接请求，显示收到的客户端字符串内容："你好，我是客户机 A"，并回送响应的字符串信息："你好，我是服务器 B"。数据交互只进行一次。

【例 14.4】客户机与服务器通信示例，服务器端。

```java
import java.io.*;
import java.net.ServerSocket;
import java.net.Socket;
public class Example14_04
{
    public static void main(String[] args)
    {
        ServerSocket server_socket=null;
        Socket socket=null;
        DataInputStream in=null;
        DataOutputStream out=null;
        int port=5050;

        try
        {
            server_socket=new ServerSocket(port);   //创建绑定端口的服务器端 socket
        }
        catch(IOException e)
        {
            System.out.println(e);
        }

        try
        {
            System.out.println("服务器启动! ");
```

```
        //监听并接受到此套接字的连接。此方法在连接传入之前处于阻塞状态
        socket=server_socket.accept();
        in=new DataInputStream(socket.getInputStream());      //创建输入流
        out=new DataOutputStream(socket.getOutputStream()); //创建输出流
        String str=in.readUTF();   //从输入流读取字符串，读取结束之前处于阻塞状态
        System.out.println("客户机发送过来的信息是： "+str);
        out.writeUTF("你好，我是服务器B");                      //向输出流写入字符串
    }
    catch(Exception e)
    {
        System.out.println(e);
    }
    finally
    {
        try                                          //关闭网络连接
        {
            out.close();
            in.close();
            socket.close();
            server_socket.close();
        }
        catch(Exception e){}
    }
    }
}
```

该程序首先创建了绑定 5050 端口的服务器端套接字，并进行连接监听。如果有连接请求，则创建 socket 连接，并建立输入流对象和输出流对象。通过输入流对象读取客户端发来的内容，通过输出流向客户端发送响应内容。程序运行结果如图 14.3 所示。

注意，运行例 14.3 和例 14.4 时，应该先打开两个命令窗口，在一个命令窗口中先运行例 14.4，再在另一个窗口中运行例 14.3。如果在 Eclipse 中运行，则需切换到对应控制台界面才能看到运行结果。

图 14.3　例 14.4 运行结果

14.4.4　多线程网络编程

前面的示例中，完成了简单的网络编程工作。客户端建立了一次连接，只发送一次数据就进行了关闭。而服务器端也只监听了一个网络连接，进行了一次通信就关闭了。

如果想进行多次数据交互，可以在程序中设置一个循环，通过循环，不断地向对方发送请求即可完成多次的数据交互。

如果想让服务器同时响应多个客户端的请求，可以使用多线程的方法，即服务器端每接收到一个新的连接请求，就启动一个专门的线程与该客户端进行交互。

在下面的例子中，实现一个简单的四则运算过程：客户端从键盘输入四则运算表达式，但不进行运算，而是将该表达式传送给服务器端。服务器端接收到表达式后进行处理和计算，将运算结果返回给客户端进行显示。

这种方式将简单的交互和复杂的计算进行了有效分离，能充分发挥服务器的强大处理能力，因而是一种常见的网络编程形式。

【例 14.5】多线程通信示例。

本例由三个类组成，分别是 Example14_05_Client、Example14_05_Server 和 Example14_05_LogicThread。运行程序前，先打开几个命令窗口。在其中一个命令窗口中先运行服务器端程序，然后在其他窗口中分别运行客户端程序，观察多线程通信的过程和结果。

下面是客户端程序。客户端程序首先与服务器端建立连接。连接成功后生成 socket 对象，并进一步建立输入流对象和输出流对象。在本例中，使用了一个循环与服务器端进行多次数据交互：从键盘输入一个四则运算表达式，将该表达式通过输出流对象传递给服务器端进行计算；然后从输入流对象获取计算结果进行显示，直到输入字符"0"结束数据交互后，关闭网络连接。

```java
import java.io.*;
import java.net.*;
import java.util.*;
public class Example14_05_Client
{
    public static void main(String args[])
    {
        Scanner scanner = new Scanner(System.in);
        String input=null;
        Socket socket=null;
        DataInputStream in=null;
        DataOutputStream out=null;
        String serverIP="127.0.0.1";              //服务器地址
        int port=5050;                            //服务器端口

        try
        {
            socket=new Socket(serverIP,port);  //连接服务器
            in=new DataInputStream(socket.getInputStream());      //创建输入流
            out=new DataOutputStream(socket.getOutputStream());  //创建输出流
            System.out.println("请输入一个正整数的四则运算表达式: ");

            while(scanner.hasNext())
            {
                input=scanner.nextLine();        //从键盘输入一个待计算的四则运算表达式
                if (!input.equals("0"))
                {
                    out.writeUTF(input);        //向服务器端发送运算请求
                    String result=in.readUTF();                  //等待读取运算结果
                    System.out.println("服务器返回的计算结果: "+result);
                    System.out.println("请输入一个正整数的四则运算表达式(输入0退出):");
                }
                else
                    break;                      //请求结束
            }
        }
        catch(Exception e)
        {
            System.out.println("与服务器连接中断");
        }
```

```
        finally
        {
            try                                          //关闭网络连接
            {
                in.close();
                out.close();
                socket.close();
                System.out.println("连接结束");
            }
            catch(Exception e){}
        }
    }
}
```

客户端程序运行结果如图 14.4 所示。

图 14.4　客户端程序运行结果

下面是服务器端程序。服务器端程序由两部分组成，Example14_05_Server 类实现服务器端控制，接收客户端连接，然后启动专门的逻辑处理线程进行处理。

```
import java.io.*;
import java.net.*;
public class Example14_05_Server
{
    public static void main(String args[])
    {
        ServerSocket server_socket=null;
        Socket socket=null;
        int port=5050;

        while(true)
        {
            try
            {
                server_socket=new ServerSocket(port);
                System.out.println("服务器启动! ");
            }
            catch(IOException e1)
            {
                System.out.println("正在监听");        //ServerSocket 对象不能重复创建
            }

            try
            {
                System.out.println("等待客户请求");
                socket=server_socket.accept();
                System.out.println("客户的地址:"+
                    socket.getInetAddress()+":"+socket.getPort());
            }
            catch (IOException e)
            {
                System.out.println("正在等待客户");
            }

            if(socket!=null)
            {
```

```
                        new Example14_05_LogicThread(socket);    //为每个客户启动一个专门的线程
                    }
                }
            }
        }
```

服务器端程序运行结果如图 14.5 所示。

下面是一个线程类 Example14_05_LogicThread 程序。该
类实现对一个客户端的逻辑处理，对接收的表达式进行计算，
并将结果返回给客户端。

图 14.5　服务器端运行结果

```java
import java.io.DataInputStream;
import java.io.DataOutputStream;
import java.net.Socket;
public class Example14_05_LogicThread extends Thread
{
    Socket socket=null;
    DataInputStream in=null;
    DataOutputStream out=null;
    String str;
    String response;
    String ip;
    int port;

    public Example14_05_LogicThread(Socket socket)
    {
        this.socket=socket;
        start();
    }
    public void run()
    {
        try
        {
            in=new DataInputStream(socket.getInputStream());      //创建输入流
            out=new DataOutputStream(socket.getOutputStream());   //创建输出流
            ip=socket.getInetAddress().getHostAddress();          //客户端 IP 地址
            port=socket.getPort();                                //客户端的端口号

            while (true)
            {
                str=in.readUTF();                                 //获取客户端的表达式
                System.out.println("客户端"+ip+":"+port+"发送的请求内容: ");
                System.out.println(str+"=?");

                if (str.equals("0"))
                {
                    System.out.println("连接结束");
                    break;
                }
                else
                {
                    response =doComputer(str);                    //对表达式进行计算
                    out.writeUTF(response);                       //响应计算结果
```

```
                    }
                }
            }
        catch(Exception e)
        {
            System.out.println("连接结束");
        }
        finally
        {
            try
            {
                in.close();
                out.close();
                socket.close();
            }
            catch(Exception e){}
        }
    }
    public String doComputer(String str)
    {
        String input;
        String[] sym;
        String [] data;
        int a=0,b=0,result=0;
        input = str;
        data = input.split("\\D+");            //分解表达式中的正整数
        sym = input.split("\\d+");             //分解表达式中的运算符
        a = Integer.parseInt(data[0]);         //第一个正整数
        b = Integer.parseInt(data[1]);         //第二个正整数

        try
        {
            switch(sym[1])                     //判断运算符，完成相应的运算
            {
            case "+":
                result=a+b;break;
            case "-":
                result=a-b;break;
            case "*":
                result=a*b;break;
            case "/":
                result=a/b;
            }
            System.out.println("计算结果: "+input+"="+result);
            return String.valueOf(result);
        }
        catch(java.lang.ArithmeticException e)
        {
            System.out.println("数据错误!");
            return "数据错误!";
        }
    }
}
```

14.5　UDP 数据报

上节介绍的 socket 通信采用的是 TCP 传输协议，通信双方通过输入、输出流进行交互，就跟打电话交流一样。

除了 TCP 方式外，还有另一种方式就是 UDP（用户数据报）方式。这种方式的通信类似于发送短信，不需建立连接就可以进行数据传输，所以网络开销小，效率高，但不保证传输的可靠性，传输过程中可能有数据丢失。

传输不可靠为什么还要提供呢？这里所说的不可靠并不是丢失很多，它跟网络质量有关，在现有的网络环境下，丢失率已经很小了，不到 1%。对于传送数据比较少，并能容忍小错误的一些应用还是很方便的。

UDP 方式通信时，不需要先建立连接，所以速度快。发送数据时都需要将其封装成数据包，相当于将信件装入信封中，指明发送的地址和端口，再进行发送。接收者收到数据包后，就可以查看数据包中的数据了。

14.5.1　发送数据包

在 UDP 编程中，数据发送前先要进行打包封装。java.net.DatagramPacket 类用于将数据打包，即封装成一个数据包对象，其构造方法常用的有两个。

```
public DatagramPacket(byte[] buf,int length,InetAddress address, int port)
```
该方法构造的数据报包，用来将长度为 length 的包发送到指定主机上的指定端口号。其中的参数 buf 表示包数据，length 是包长度，length 参数必须小于或等于 buf.length，address 是发送的目的地址，port 是目的端口号。

```
public DatagramPacket(byte[] buf,int offset,int length,InetAddress address, int port)
```
该方法构造数据报包，用来将长度为 length、偏移量为 offset 的包发送到指定主机上的指定端口号。其中的参数 offset 指的是从 buf 的 offset 处开始的数据。例如：

```
byte data[]="hello".getByte();                    //字节数组
InetAddress addr=InetAddress.getByName("127.0.0.1");
DatagramPacket data_send=new DatagramPacket(data,data.length,addr,5151);
```
封装好数据包后，再用 java.net.DatagramSocket 类创建一个连接对象，这个连接对象将数据包发送出去。例如：

```
DatagramSocket send_socket=new DatagramSocket();
send_socket.send(data_send);
```

14.5.2　接收数据包

接收端与发送端类似，也需要创建 DatagramSocket 对象和 DatagramPacket 对象。只不过 DatagramSocket 对象用于监听接收端口，并将接收到的数据存到 DatagramPacket 对象中。接收数据包的 DatagramSocket 类的对象用下面的构造方法创建：

```
public DatagramSocket(int port) throws SocketException
```
参数 port 为要使用的端口号。例如：

```
DatagramSocket receive_socket=new DatagramSocket(5151);
```

接收数据包还需要一个 DatagramPacket 对象，这个对象的作用是保存接收到的 DatagramPacket 数据包。接收端 DatagramPacket 类的构造方法为：

```
public DatagramPacket(byte[] buf,int length)
```

其中的参数 buf 是保存传入数据包的缓冲区，len 是要读取的字节数。如果想读取发送端的 InetAddress 地址，可调用方法：

```
InetAddress getAddress()
```

如果想获得发送端的端口号，可调用方法：

```
int getPort()
```

如果想获得收到的数据字节长度，可调用方法：

```
int getLength()
```

例如：

```
byte[] data=new byte[1024];
int length=512;
DatagramPacket packet=new DatagramPacket(data,length);
```

然后使用 receive_socket 对象的 receive(DatagramPacket packet)方法就可以接收数据包了。

下面看一个简单示例，客户端向服务器端发送问候信息"你好，我是客户机 A"，服务器端接收到后回送响应信息："你好，我是服务器 B"。

【例 14.6】基于 UDP 的通信示例。

本例程序由两个类组成，分别是客户端程序 Example14_06_Client_UDP 和服务器端程序 Example14_06_Server_UDP。运行前先打开两个命令窗口，在一个窗口中先运行服务器端程序，再在另一个窗口中运行客户端程序。下面是客户端程序。

```java
import java.net.DatagramPacket;
import java.net.DatagramSocket;
import java.net.InetAddress;
public class Example14_06_Client_UDP
{
    public static void main(String[] args)
    {
        DatagramSocket socket=null;
        DatagramPacket packet_send=null;
        DatagramPacket packet_receive=null;
        String server="127.0.0.1";          //服务器端IP地址
        int port=5151;                       //服务器端口号
        String str="你好，我是客户机A";
        byte[] data=str.getBytes();          //将发送信息转换成字节数组

        try
        {
            socket=new DatagramSocket();     //创建连接socket对象
            //将服务器端IP地址封装成InetAddress对象
            InetAddress addr=InetAddress.getByName(server);
            packet_send=new DatagramPacket(data,data.length,addr,port);
            //创建数据包对象
            socket.send(packet_send);        //向服务器端发送数据
            byte [] r=new byte[1024];        //设置接收缓冲区
            packet_receive=new DatagramPacket(r,r.length);  //创建数据包对象
```

```
        socket.receive(packet_receive);                //接收数据包
        byte [] response=packet_receive.getData();    //读取数据包中的数据信息
        int len=packet_receive.getLength();            //获取数据长度
        String str1=new String (response,0,len);      //将字节数据转换成字符串
        System.out.println("服务器响应的信息是: "+str1);
    }
    catch(Exception e)
    {
        System.out.println(e);
    }
    finally
    {
        socket.close();
    }
    }
}
```

程序运行结果如图 14.6 所示。

下面是服务器端程序。

服务器响应的信息是：你好，我是服务器B

图 14.6　UDP 客户端程序运行结果

```
import java.net.DatagramPacket;
import java.net.DatagramSocket;
import java.net.InetAddress;
public class Example14_06_Server_UDP
{
    public static void main(String[] args)
    {
        DatagramSocket socket=null;
        DatagramPacket packet_send=null;
        DatagramPacket packet_receive=null;
        int port=5151;                                 //服务器监听端口
        try
        {
            socket=new DatagramSocket(port);           //创建连接对象
            System.out.println("服务器启动! ");
            byte [] r=new byte[1024];                   //创建缓存数组
            packet_receive=new DatagramPacket(r,r.length);  //创建数据包对象
            socket.receive(packet_receive);            //接收数据包
            InetAddress client_ip=packet_receive.getAddress();  //客户机地址
            int client_port=packet_receive.getPort();  //客户机端口号
            byte [] data=packet_receive.getData();     //客户机字节数据
            int len=packet_receive.getLength();        //数据有效长度
            String str1=new String (data,0,len);       //将字节数据转换成字符串
            System.out.println("客户机"+client_ip+":"+client_port+"\n发送的信息是:
                        "+str1);
            String response="你好，我是服务器 B";
            byte [] s=response.getBytes();
            //创建响应数据包对象
            packet_send=new DatagramPacket(s,s.length,client_ip,client_port);
            socket.send(packet_send);                  //发送响应数据包
        }
        catch(Exception e)
```

```
        {
            System.out.println(e);
        }
        finally
        {
            socket.close();
        }
    }
}
```

程序运行结果如图 14.7 所示。

该段程序与例 14.3 类似，也完成了一次数据交互，如果想实现与多客户端的交互仍然需要使用到多线程编程。

图 14.7　服务器端程序运行结果

14.6　广播数据报

广播数据报

前面学习的网络编程，都是把一个数据报发送给一个主机，如果想发给两个以上的主机就需要重复发送。那么有没有什么方法将一个数据报同时发送给多个主机，甚至是全网的主机呢？在网络通信中，提供了一种特殊的数据报——组播数据报（广播数据报），这种数据报不是发给一个主机，而是发给指定范围的多台主机（或全部主机）。

这种通信类似于收音机的广播，用户只要调到指定的频道上就能收听到广播的内容，而要想实现这个功能就需要使用特殊的 IP 地址。

网络中的主机识别都是通过 IP 地址实现的。为了便于分配和管理，Internet 把 IP 地址分为 A、B、C、D、E 类，每一类地址中都包含一组地址，其中 A、B、C 类地址用于主机地址，比如一个 C 类地址中最多包含 254 个有效的主机地址，一个地址对应一台主机。而 D 类地址比较特殊，称为多播地址，它不代表某个主机的地址，而是一类地址，要想实现多播或广播通信的主机都必须要加入到同一个 D 类地址中。

D 类地址的十进制表示范围是：224.0.0.0～239.255.255.255。

14.6.1　广播端

要想实现网络广播，需要使用 java.net.MulticastSocket 类。该类是一种基于 UDP 的 DatagramSocket，用于发送和接收 IP 多播包。该类的对象可以加入 Internet 上其他多播主机的 "组" 中。类 MulticastSocket 的常用方法如下。

（1）MulticastSocket(int port) throws IOException

创建一个多播套接字，并将其绑定到指定端口上。

（2）MulticastSocket(SocketAddress bindaddr) throws IOException

创建一个多播套接字，并将其绑定到一个指定套接字地址上。

（3）public void joinGroup(InetAddress mcastaddr) throws IOException

将多播套接字加入到指定多播组中。

（4）public void leaveGroup(InetAddress mcastaddr) throws IOException

将多播套接字移出多播组。

（5）public void setTimeToLive(int ttl) throws IOException

设置在此 MulticastSocket 上发出的多播数据包的默认生存时间，1 为本地网络。

【例 14.7】广播数据报发送端示例。

```
import java.io.IOException;
import java.net.*;
class BroadCast
{
    public void send()
    {
        String msg="hello";                    //多播的内容
        int port=6666;                          //多播端口
        InetAddress group=null;
        MulticastSocket ms=null;

        try
        {
            group=InetAddress.getByName("224.1.1.1");    //创建多播地址
            ms=new MulticastSocket(port);  //创建多播套接字
            ms.joinGroup(group);                //将套接字加入多播地址
            ms.setTimeToLive(1);                //设置数据报发送范围为本地
            //创建待发送的数据报
            DatagramPacket dp=new DatagramPacket(msg.getBytes(),msg.length(),group,port);
            ms.send(dp);                        //发送数据报
        }
        catch(IOException e)
        {
            System.out.println(e);
        }
        finally
        {
            ms.close();                         //关闭套接字
        }
    }
}

public class Example14_07
{
    public static void main(String[] args)
    {
        new BroadCast().send();
    }
}
```

14.6.2　接收端

接收端与发送端类似，只是该机处于接收状态。

【例 14.8】广播数据报接收端示例。

```
import java.io.IOException;
import java.net.*;
class Receiver
{
    public void receive()
    {
        byte [] data=new byte[1024];            //数据缓存区
        int port=6666;                          //多播端口
```

```
        InetAddress group=null;
        MulticastSocket ms=null;

        try
        {
            group=InetAddress.getByName("224.1.1.1");           //创建多播地址
            ms=new MulticastSocket(port);          //创建多播套接字
            ms.joinGroup(group);                        //将套接字加入多播地址
            //创建待接收的数据报
            DatagramPacket dp = new DatagramPacket(data, data.length,group, port);
            ms.receive(dp);                         //接收数据报
            String msg=new String(dp.getData(),0,dp.getLength());
            System.out.println("接收的广播数据为："+msg);
        }
        catch(IOException e)
        {
            System.out.println(e);
        }
        finally
        {
            ms.close();                             //关闭套接字
        }
    }
}

public class Example14_08
{
    public static void main(String[] args)
    {
        new Receiver().receive();
    }
}
```

14.7　小　　结

本章主要学习了 Java 的网络编程技术。首先，介绍了网络的基本知识，包括网络协议、IP 地址等。然后介绍了基于 URL 的编程技术，以及跟 IP 地址有关的 InetAddress 类。根据网络传输层的两个协议 TCP 和 UDP，通过实际案例详细介绍了相关的类及其用法。

14.8　习　　题

1. 网络通信协议有哪两种？
2. 一个 URL 包括哪些内容？
3. ServerSocket 进行服务器端编程时，主要分为哪几个步骤？
4. 参照例 14.5，编写程序，实现带括号的四则运算。

第15章
数据库编程

本章要点

- 数据库编程基础
- 数据库连接
- 数据库添加、删除和更新
- 查询操作
- 事务处理

　　JDBC 是 Java 程序访问数据库的应用程序接口（API），JDBC 向应用程序开发者提供了独立于数据库的统一的 API，提供了数据库访问的基本功能，它为多种关系数据库提供了统一的访问接口。JDBC API 包括 java.sql（是 JDBC 内核 API）和 javax.sql（是 JDBC 标准扩展）两个包，它们合在一起构成了用 Java 开发数据库应用程序所需的类。

15.1　数据库编程基础

15.1.1　JDBC 数据库应用模型

　　JDBC 由两层构成，一层是 JDBC API，负责在 Java 应用程序中与 JDBC 驱动程序管理器之间进行通信，负责发送程序中的 SQL 语句。其下一层是 JDBC 驱动程序 API，与实际连接数据库的第三方驱动程序进行通信，返回查询信息或者执行规定的操作，如图 15.1 所示。

图 15.1　JDBC 结构图

下面对图 15.1 所示的各部分功能进行说明。

1. Java 应用程序

Java 程序包括应用程序、Applet 以及 Servlet，这些类型的程序都可以利用 JDBC 实现对数据库的访问。JDBC 在其中可以进行请求与数据库建立连接、向数据库发送 SQL 请求、处理查询、错误处理等操作。

2. JDBC 驱动程序管理器

JDBC 驱动程序管理器动态地管理和维护数据库查询所需要的驱动程序对象，实现 Java 程序与特定驱动程序的连接。它可以为特定的数据库选取驱动程序，处理 JDBC 初始化调用，为每个驱动程序提供 JDBC 功能的入口，为 JDBC 调用传递参数等。

3. 驱动程序

驱动程序一般由数据库厂商或者第三方提供，由 JDBC 方法调用，向特定数据库发送 SQL 请求，并为程序获取结果。驱动程序完成建立与数据库的连接、向数据库发送请求、在用户程序请求时进行翻译、错误处理等操作。

4. 数据库

数据库指数据库管理系统和用户程序所需要的数据库。

15.1.2　JDBC 驱动程序

JDBC 驱动程序分为以下 4 种类型。

（1）类型一：JDBC-ODBC Bridge Driver 类型，这种驱动方式通过 ODBC 驱动器提供数据库连接，使用这种方式要求客户机装入 ODBC 驱动程序。

（2）类型二：Native-API partly-Java Driver 类型，这种驱动方式将数据库厂商所提供的特殊协议转换为 Java 代码及二进制代码，利用客户机上的本地代码库与数据库进行直接通信。和（1）一样，这种驱动方式也存在很多局限，由于要使用本地库，必须将这些库预先安装在客户机上。

（3）类型三：JDBC-Net All-Java Driver 类型，这种类型的驱动程序是纯 Java 代码的驱动程序，它将 JDBC 指令转换成独立于 DBMS 的网络协议形式并与某种中间层连接，再通过中间层与特定的数据库通信。该类型驱动具有最大的灵活性，通常由非数据库厂商提供，是四种类型中最小的。

（4）类型四：Native-protocol All-Java Driver 类型，这种驱动程序也是一种纯 Java 的驱动程序，它通过本地协议直接与数据库引擎相连接，这种驱动程序也能应用于 Internet。在全部四种驱动方式中，这种方式具有最好的性能。

以上 4 种驱动类型在实际应用中以类型一和类型四最为常见。类型一简单易用，但是应用程序的可移植性较差，因其依赖于操作系统的 ODBC 功能。类型四则由于是纯 Java 代码的驱动程序且具有良好的性能而得到广泛应用。

15.1.3　用 JDBC–ODBC 桥驱动连接数据库

用 JDBC-ODBC 桥驱动方式连接并访问数据库的操作过程如下。

1. 创建数据库

我们以 Microsoft Access 数据库为例说明创建数据库的基本操作。

首先创建数据库 xsgl.mdb。进入 Access，选择"空 Access 数据库"，命名之后保存，如图 15.2 所示。

图 15.2　使用设计器创建表界面

图 15.3　表设计界面

然后创建表 studentInfo，选择"使用设计器创建表"，输入该表字段：studentID、studentName、studentSex。确定 studentID 为主键，如图 15.3 所示。

最后输入若干测试用数据，在表管理界面双击表名即进入表数据添加界面。

2.　建立 ODBC 数据源

对 32 位操作系统可以直接按下面介绍的方法创建 ODBC 数据源，对 64 位系统则需执行 c:\windows\Syswow64\odbcad32.exe 后才能进行。

在"控制面板"选择"管理工具"，双击"ODBC 数据源"进入 ODBC 数据源管理器，如图 15.4 所示。

单击"添加"按钮，进入"创建数据源"窗口（见图 15.5），选择 Microsoft Access Driver（*.mdb），单击"完成"按钮，进入"ODBC Microsoft Access 安装"界面（见图 15.6），在这个窗口，首先为数据源命名（student），然后单击"选择"按钮，选择所要连接的数据库（xsgl.mdb）。单击"确定"按钮，返回 ODBC 数据源管理器，可以看到新建的数据源 student 在用户数据源表中，如图 15.7 所示。

图 15.4　ODBC 数据源管理器

图 15.5　创建数据源窗口

图 15.6　数据源命名

图 15.7　选择数据库

3. 数据库驱动与连接

利用 ODBC 数据源，采用 JDBC-ODBC 桥驱动方式与 Microsoft Access 数据库建立连接分为
以下两个步骤。

（1）加载驱动程序

```
try
{
    Class.forName("sun.jdbc.odbc.JdbcOdbcDriver");
}
catch(ClassNotException e)
{
    System.out.println(e);
}
```

（2）创建数据库连接对象

```
String url = "jdbc:odbc:student"; //student 是在数据源管理器创建的数据源名字
Connection con = DriverManager.getConnection(url);
```

如果数据库设置了登录名和口令，则在创建连接时需在方法中包含相关的参数。

```
DriverManager.getConnection(String url,String loginName,String password)
```

在实际应用中，有一种无数据源连接数据库的方式，语句如下：

```
con=DriverManager.getConnection("jdbc:odbc:driver=
    {Microsoft Access Driver (*.mdb)}; DBQ=d:\\xsgl.mdb")
```

 在 Driver 和（*.mdb）之间有一个空格。

4. 执行 SQL 语句

与数据库建立连接之后，需要向访问的数据库发送 SQL 语句。在特定的程序环境和功能需求
下，可能需要不同的 SQL 语句，例如数据库的增、删、改、查等操作，或者数据库表的创建及维
护操作等。Java 程序中所用到的 SQL 语句是否能得到正确的执行，是否会产生异常或错误，需要
关注的不仅是语句本身的语法正确性，而且关注所访问的数据库是否支持，例如有的数据库不支
持存储过程操作，则发送调用存储过程的语句，即抛出异常。

有如下 3 个类用于向数据库发送 SQL 语句。

（1）Statement 类，调用其 createStatement()方法可以创建语句对象，然后利用该语句对象可
以向数据库发送具体的 SQL 语句。例如：

```
String query = "select * from table1";     //查询语句
Satement st = con.createStatement();        //或用带参数的 createStatement()方法
ResultSet rs = st.executeQuery(query);      //发送 SQL 语句，获得结果
```

（2）PreparedStatement 类，调用其方法 prepareStatement()创建一个编译预处理语句对象，可
以向数据库发送带有参数的 SQL 语句。该类有一组 setXXX()设置参数值。这些参数被传送到数
据库，预处理语句被执行。这个过程类似于给函数传递参数之后执行函数，完成预期的处理。使
用 PreparedStatement 与使用 Statement 相比较有较高的效率，关于这一点详见后面相关部分的阐
述。具体的例子如下：

```
PreparedStatement ps;
ResultSet rs=null;
String query="select name,age,addr  from xsda  where addr = ?";
ps=con.prepareStatement(query);
ps.setString(1,"hei");
rs=ps.executeQuery();
```

（3）CallableStatement 类的方法 prepareCall()可用于创建对象，该对象用于向数据库发送一条调用某存储过程的 SQL 语句。prepareCall()和 prepareStatement()一样，所创建的语句允许带有参数，用 setXXX()设置输入参数，即 IN 参数，同时需接收和处理 OUT 参数、INOUT 参数以及存储过程的返回值。概要说明其使用方法的语句例子如下：

```
CallableStatement cstmt;
ResultSet rs;
cstmt = con.prepareCall("{?=call stat(?,?)}");
//stat 是一个存储过程的名字，它有两个参数，且有返回值
cstmt.setString(2,"Java Programming Language");
rs = cstmt.executeQuery();
```

5. 检索结果

数据库执行传送到的 SQL 语句，结果有多种存储位置，这与所执行的语句有关。以查询语句 select 为例，其结果需返回到程序中的一个结果集对象，即前面语句例子中的 ResultSet 对象 rs。rs 可看作是一个表子集，有若干行和若干列，行列的具体数量与查询条件及满足查询条件的记录数有关。要浏览该表内容可以借助 ResultSet 类的相关方法完成。例如行指针移动方法 rs.next()和取列内容的方法 rs.getXXX()等。若是执行数据更新语句 update，则返回的是成功进行更新的数据库记录行数，所以，检索结果操作要依程序的具体内容而定。

6. 关闭连接

完成对数据库的操作之后，应关闭与常用数据库的连接。关闭连接使用 close()方法。格式如下：

```
con.close();
```

15.1.4　JDBC 常用 API

JDBC API 提供的类和接口是在 java.sql 包中定义的。表 15.1 列出了常用的接口与类。表中所列的部分接口与类的内容，以及更多未列出的类和接口，读者需查阅 JDK 类文档进行深入了解和掌握，这里仅介绍常用类的常用属性和常用方法。

表 15.1　　　　　　　　　　　　　　　java.sql 的常用类和接口

类和接口名称	说　　　明
java.sql.CallableStatement	用于调用存储过程
java.sql.Connection	表示与某个数据库的连接管理
java.sql.Driver	数据库驱动程序类
java.sql.Date	日期处理类
java.sql.DriverManager	管理 JDBC 驱动器设置的基本服务
java.sql.PreparedStatement	编译预处理语句类
java.sql.ResultSet	管理查询结果的表，简称结果集
java.sql.SQLException	管理关于数据库访问错误的信息
java.sql.Statement	用于执行 SQL 语句的类
java.sql.DatabaseMetaData	管理关于数据库的信息，称为元数据

1. DriverManager 类

DriverManager 类的常用方法如下。

（1）static void deregisterDriver(Driver driver)：从 DriverManager 的列表中删除一个驱动程序。

（2）static Connection getConnection(String url)：建立到给定数据库 URL 的连接。

（3）static Connection getConnection(String url, Properties info)：用给定的数据库 URL 和相关信息（用户名、用户密码等属性）来创建一个连接。

（4）static Connection getConnection(String url, String user, String password)：按给定的数据库 URL、用户名和用户密码创建一个连接。

（5）static Driver getDriver(String url)：查找给定 URL 下的驱动程序。

（6）static Enumeration<Driver> getDrivers()：获得当前调用方可以访问的所有已加载 JDBC 驱动程序的 Enumeration。

（7）static int getLoginTimeout()：获得驱动程序连接到某一数据库时可以等待的最长时间，以秒为单位。

（8）static PrintWriter getLogWriter()：检索记录写入器。

（9）static void println(String message) ：将一条消息打印到当前 JDBC 记录流中。

（10）static void registerDriver(Driver driver) ：向 DriverManager 注册给定驱动程序。

2．Connection 类

Connection 类有如下常量。

（1）static int TRANSACTION_NONE：指示不支持事务。

（2）static int TRANSACTION_READ_UNCOMMITTED：说明一个事务在提交前其变化对于其他事务而言是可见的。这样可能发生脏读（dirty read）、不可重复读（unrepeated read）和虚读（phantom read）。

（3）static int TRANSACTION_READ_COMMITTED：说明读取未提交的数据是不允许的。防止发生脏读的情况，但不可重复读和虚读仍有可能发生。

（4）static int TRANSACTION_REPEATABLE_READ：说明事务保证能够再次读取相同的数据而不会失败，但虚读有可能发生。

（5）static int TRANSACTION_SERIALIZABLE：指示防止发生脏读、不可重复读和虚读的常量。

Connection 类的常用方法如下。

（1）void clearWarnings()：清除此 Connection 对象报告的所有警告。

（2）void close()：断开此 Connection 对象和数据库的连接，而不是等待它们被自动释放。

（3）void commit()：使自从上一次提交/回滚以来进行的所有更改成为持久更改，并释放此 Connection 对象当前保存的所有数据库锁定。

（4）Statement createStatement()：创建一个 Statement 对象，用来将 SQL 语句发送到数据库。

（5）Statement createStatement(int resultSetType, int resultSetConcurrency)：创建一个 Statement 对象，该对象将生成具有给定类型和并发性的 ResultSet 对象。

（6）Statement createStatement(int resultSetType, int resultSetConcurrency, int resultSetHoldability)：创建一个 Statement 对象，该对象将生成具有给定类型、并发性和可保存性的 ResultSet 对象。

（7）DatabaseMetaData getMetaData()：获取 DatabaseMetaData 对象，该对象包含关于 Connection 对象连接到的数据库的元数据。

（8）boolean isClosed()：检索此 Connection 对象是否已经被关闭。

（9）CallableStatement prepareCall(String sql)：创建一个 CallableStatement 对象来调用数据库存储过程。

（10）CallableStatement prepareCall(String sql,int resultSetType,int resultSetConcurrency)：创建一个 CallableStatement 对象，该对象将生成具有给定类型和并发性的 ResultSet 对象。

（11）PreparedStatement prepareStatement(String sql)：创建一个编译预处理语句对象来将参数化的 SQL 语句发送到数据库。

（12）void releaseSavepoint(Savepoint savepoint)：从当前事务中释放给定的 Savepoint 对象。

（13）void rollback()：取消在当前事务中进行的所有更改，并释放此 Connection 对象当前保存的所有数据库锁定。

（14）void rollback(Savepoint savepoint)：取消设置给定 Savepoint 对象之后进行的所有更改。

（15）void setAutoCommit(boolean autoCommit)：将此连接的自动提交模式设置为给定状态。

（16）Savepoint setSavepoint(String name)：在当前事务中创建一个具有给定名称的保存点，并返回表示它的新 Savepoint 对象。

（17）void setTransactionIsolation(int level)：将此 Connection 对象的事务隔离级别设定为 level 指定的级别。

3. Statement 类

Statement 类的常用方法如下。

（1）void addBatch(String sql)：将给定的 SQL 命令添加到此 Statement 对象的当前命令列表中。

（2）void clearBatch()：清空此 Statement 对象的当前 SQL 命令列表。

（3）void close()：立即释放此 Statement 对象的数据库和 JDBC 资源，而不是等待该对象自动关闭时发生此操作。

（4）boolean execute(String sql)：执行给定的 SQL 语句，该语句可能返回多个结果。

（5）int[] executeBatch()：将一批命令提交给数据库来执行，如果全部命令执行成功，则返回更新计数组成的数组。

（6）ResultSet executeQuery(String sql)：执行给定的 SQL 语句，该语句返回单个 ResultSet 对象。

（7）int executeUpdate(String sql)：执行给定 SQL 语句，该语句可能为 INSERT、UPDATE 或 DELETE 语句，或者不返回任何内容的 SQL 语句（如 SQL DDL 语句）。

（8）int getFetchDirection()：检索从数据库表获取行的方向，该方向是根据此 Statement 对象生成的结果集合的默认值。

（9）int getFetchSize()：检索结果集合的行数，该数根据此 Statement 对象生成的 ResultSet 对象的默认大小；

（10）int getMaxFieldSize()：检索可以为此 Statement 对象所生成 ResultSet 对象中的字符和二进制列值返回的最大字节数。

（11）int getMaxRows()：检索由此 Statement 对象生成的 ResultSet 对象可以包含的最大行数。

（12）boolean getMoreResults()：移动到此 Statement 对象的下一个结果，如果其为 ResultSet 对象，则返回 true，并隐式关闭利用方法 getResultSet 获取的所有当前结果集对象。

（13）ResultSet getResultSet()：以 ResultSet 对象的形式检索当前结果。

（14）int getUpdateCount()：获取当前结果的更新记录数，如果为 ResultSet 对象或没有更多结果，则返回-1。对于每一个结果只调用一次。

4．PreparedStatement 类

（1）void addBatch()：将一组参数添加到此 PreparedStatement 对象的批处理命令中。

（2）boolean execute()：在此 PreparedStatement 对象中执行 SQL 语句，该语句可以是任何种类的 SQL 语句。

（3）ResultSet executeQuery()：在此 PreparedStatement 对象中执行 SQL 查询，并返回该查询生成的 ResultSet 对象。

（4）int executeUpdate()：在此 PreparedStatement 对象中执行 SQL 语句，该语句必须是一个 SQL INSERT、UPDATE 或 DELETE 语句，或者是一个什么都不返回的 SQL 语句，比如 DDL 语句。

（5）ResultSetMetaData getMetaData()：检索包含有关 ResultSet 对象的列消息的 ResultSetMetaData 对象，ResultSet 对象将在执行此 PreparedStatement 对象时返回。

（6）ParameterMetaData getParameterMetaData()：检索此 PreparedStatement 对象的参数的编号、类型和属性。

（7）void setArray(int i, Array x)：将指定参数设置为给定 Array 对象。

（8）void setDate(int parameterIndex, Date x)：将指定参数设置为给定 java.sql.Date 值。

（9）void setDate(int parameterIndex, Date x, Calendar cal)：使用给定的 Calendar 对象将指定参数设置为给定 java.sql.Date 值。

（10）void setDouble(int parameterIndex, double x)：将指定参数设置为给定 Java double 值。

（11）void setFloat(int parameterIndex, float x)：将指定参数设置为给定 Java float 值。

（12）void setInt(int parameterIndex, int x)：将指定参数设置为给定 Java int 值。

（13）void setLong(int parameterIndex, long x)：将指定参数设置为给定 Java long 值。

（14）void setShort(int parameterIndex, short x)：将指定参数设置为给定 Java short 值。

（15）void setString(int parameterIndex, String x)：将指定参数设置为给定 Java String 值。

5．CallableStatement 类

CallableStatement 类的方法主要有 3 种，设置参数的系列 set 方法、获取参数的系列 get 方法及注册输出参数方法。

（1）boolean getBoolean(int parameterIndex)：以 Java 编程语言中 boolean 值的形式检索指定的 JDBC BIT 参数的值。

（2）boolean getBoolean(String parameterName)：以 Java 编程语言中 boolean 值的形式检索 JDBC BIT 参数的值。

（3）byte getByte（int parameterIndex）：以 Java 编程语言中 byte 的形式检索指定的 JDBC TINYINT 参数的值。

（4）short getShort(int parameterIndex)：以 Java 编程语言中 short 值的形式检索指定的 JDBC SMALLINT 参数的值。

（5）String getString(int parameterIndex)：以 Java 编程语言中 String 的形式检索指定的 JDBC CHAR、VARCHAR 或 LONGVARCHAR 参数的值。

（6）void registerOutParameter(int parameterIndex, int sqlType)：以 parameterIndex 为参数顺序位置将 OUT 参数注册为 JDBC 类型 sqlType。必须在执行存储过程之前调用此方法。由 sqlType 指定的 OUT 参数的 JDBC 类型确定必须用于 get 方法来读取该参数值的 Java 类型。这种 registerOutParameter 应该在参数是 JDBC 类型 NUMERIC 或 DECIMAL 时使用。

（7）void registerOutParameter(int parameterIndex, int sqlType, int scale)：功能同上，按顺序位置 parameterIndex 将参数注册为 JDBC 类型 sqlType。scale 是小数点右边所需的位数，该参数必须大于或等于 0。

（8）void setInt(String parameterName, int x)：将指定参数设置为给定 Java int 值。

（9）void setString(String parameterName, String x)：将指定参数设置为给定 Java String 值。

6. ResultSet 类

该类的 10 个常量的作用如下。

（1）static int CLOSE_CURSORS_AT_COMMIT：该常量指示调用 Connection.commit 方法时应该关闭 ResultSet 对象。

（2）static int CONCUR_READ_ONLY：该常量指示不可以更新的 ResultSet 对象的并发模式。

（3）static int CONCUR_UPDATABLE：该常量指示可以更新的 ResultSet 对象的并发模式。

（4）static int FETCH_FORWARD：该常量指示将按正向（从第一个到最后一个）处理结果集中的行。

（5）static int FETCH_REVERSE：该常量指示将按反向（从最后一个到第一个）处理结果集中的行处理。

（6）static int FETCH_UNKNOWN：该常量指示结果集中的行的处理顺序未知。

（7）static int HOLD_CURSORS_OVER_COMMIT：该常量指示调用 Connection.commit 方法时不应关闭对象。

（8）static int TYPE_FORWARD_ONLY：该常量指示指针只能向前移动的 ResultSet 对象的类型。

（9）static int TYPE_SCROLL_INSENSITIVE：该常量指示可滚动，但通常不受其他的更改影响的 ResultSet 对象的类型。

（10）static int TYPE_SCROLL_SENSITIVE：该常量指示可滚动并且通常受其他的更改影响的 ResultSet 对象的类型。

ResultSet 类的方法数量过百，按其功能可以分为二类，即指针移动方法和数据操作方法。下面说明常用的方法。

（1）boolean absolute(int row)：将指针移动到此 ResultSet 对象的给定行编号。

（2）void afterLast()：将指针移动到此 ResultSet 对象的末尾，正好位于最后一行之后。

（3）void beforeFirst()：将指针移动到此 ResultSet 对象的开头，正好位于第一行之前。

（4）boolean first()：将指针移动到此 ResultSet 对象的第一行。

（5）boolean isAfterLast()：检索指针是否位于此 ResultSet 对象的最后一行之后。

（6）boolean isBeforeFirst()：检索指针是否位于此 ResultSet 对象的第一行之前。

（7）boolean isFirst()：检索指针是否位于此 ResultSet 对象的第一行。

（8）boolean isLast()：检索指针是否位于此 ResultSet 对象的最后一行。

（9）boolean last()：将指针移动到此 ResultSet 对象的最后一行。

（10）void moveToCurrentRow()：将指针移动到记住的指针位置，通常为当前行。

（11）void moveToInsertRow()：将指针移动到插入行。将指针置于插入行上时，当前的指针位置会被记住。插入行是一个与可更新结果集相关联的特殊行。它实际上是一个缓冲区，在将行插入到结果集前可以通过调用更新方法在其中构造新行。当指针位于插入行上时，仅能调用更新方法、获取方法以及 insertRow 方法。每次在调用 insertRow 之前调用此方法时，必须为结果集中的所有列分配值。在对列值调用获取方法之前，必须调用更新方法。

（12）boolean next()：将指针从当前位置下移一行。ResultSet 指针最初位于第一行之前，第一次调用 next 方法使第一行成为当前行，第二次调用使第二行成为当前行，依此类推。如果开启了对当前行的输入流，则调用 next 方法将隐式关闭它。读取新行时，将清除 ResultSet 对象的警告链。如果新的当前行有效，则返回 true，如果不存在下一行，则返回 false。

（13）boolean previous()：将指针移动到此 ResultSet 对象的上一行。

（14）boolean relative(int rows)：按相对行数（或正或负）移动指针。

以上诸方法都是指针移动相关的方法。下面的方法主要与记录行的内容操作有关。

（1）void cancelRowUpdates()：取消对 ResultSet 对象中的当前行所做的更新。

（2）void clearWarnings()：清除在此 ResultSet 对象上报告的所有警告。

（3）void close()：立即释放此 ResultSet 对象的数据库和 JDBC 资源，而不是等待该对象自动关闭时发生此操作。

（4）void deleteRow()：从此 ResultSet 对象和底层数据库中删除当前行。

（5）int findColumn(String columnName)：将给定的 ResultSet 列名称映射到其 ResultSet 列索引。

（6）Array getArray(int i)：以 Java 编程语言中 Array 对象的形式检索此 ResultSet 对象的当前行中指定列的值。

（7）String getString(int columnIndex)：以 Java 编程语言中 String 的形式检索此 ResultSet 对象的当前行中指定列的值。

（8）String getString(String columnName)：以 Java 编程语言中 String 的形式检索此 ResultSet 对象的当前行中指定列的值。

（9）void insertRow()：将插入行的内容插入到此 ResultSet 对象和数据库中。调用此方法时，指针必须位于插入行上。

（10）void refreshRow()：用数据库中的最近值刷新当前行。

（11）boolean rowDeleted()：检索是否已删除某行。如果删除了行，并且检测到删除，则返回 true，否则返回 false。

（12）boolean rowInserted()：检索当前行是否已有插入。如果行已有插入并且检测到插入，则返回 true，否则返回 false。

（13）boolean rowUpdated()：检索是否已更新当前行。

（14）void updateString(int columnIndex, String x)：用 String 值更新指定列。

（15）void updateString(String columnName, String x)：用 String 值更新指定列。

7. Date 类

java.sql.Date 与 java.util.Date 配合使用可以方便地处理应用程序中的日期型数据。下面的代码段可以对此做简要说明。

```
Date d1 = new Date();              //d1 为当前日期，某学生今日在图书馆借阅图书
int maxDays = 60;                  //一本书的规定借阅天数 60 天
//d2 为应还书日期，若要与数据库交互，需借助 java.sql.Date
Date d2 = new Date(d1.getTime()+(60-1)*24*60*60*1000));        //计算应还书日期
rs.moveToInsertRow();              //改变结果集指针到插入行位置
……
```

```
java.sql.Date d3 = new java.sql.Date(d2.getTime());
rs.updateDate("应还日期",d3);    //将所借之书的应还日期写入数据库
……
rs.insertRow();
```

java.sql.Date 类的常用方法如下。

（1）public Date(long date)：构造方法，使用给定毫秒时间值构造一个 Date 对象。如果给定毫秒值包含时间信息，则驱动程序会将时间组件设置为对应于零 GMT 的默认时区（运行应用程序的 Java 虚拟机的时区）中的时间。date 表示的自 1970 年 1 月 1 日 00:00:00 GMT 以来的毫秒数，负数表示在 1970 年 1 月 1 日 00:00:00 GMT 之前的毫秒数。

（2）void setTime(long date)：使用给定毫秒时间值设置现有 Date 对象。使用给定毫秒时间值设置现有 Date 对象。如果给定毫秒值包含时间信息，则驱动程序会将时间组件设置为对应于零 GMT 的默认时区（运行应用程序的 Java 虚拟机的时区）中的时间。

（3）String toString()：格式化日期转义形式 yyyy-mm-dd 的日期。

（4）static Date valueOf(String s)：将 JDBC 日期转义形式的字符串转换成 Date 值。要为 SimpleDateFormat 类指定一个日期格式，可以使用 "yyyy.MM.dd" 格式，而不是使用"yyyy-mm-dd" 格式。在 SimpleDateFormat 的上下文中，"mm" 表示分钟，而不是表示月份。

8．SQLException 类

下面是 SQLException 类的 4 个常用方法。

（1）public String getSQLState()：检索此 SQLException 对象的 SQLState。SQLState 是标识异常的 XOPEN 或 SQL 99 代码。

（2）public int getErrorCode()：检索此 SQLException 对象的特定供应商的异常代码。

（3）public SQLException getNextException()：检索到此 SQLException 对象的异常链接。链接中的 SQLException 对象如果不存在，则返回 null。

（4）public void setNextException(SQLException ex)：将 SQLException 对象添加到链接的末尾。参数 ex 是将添加到 SQLException 链接的末尾的新异常。

9．元数据类

Java 定义的元数据（MetaData）有以下 3 种。

- DatabaseMetadata 用于获得关于数据库和数据表的信息。
- ResultSetMetaData 用于获得关于结果集的信息。
- ParameterMetaData 用于获得关于预处理语句的信息。

这些类在编写通用型的数据库操作程序时是十分有用的。例如输出表格时，可以根据集元数据灵活定义合适的表格宽度。

下面分别介绍 DatabaseMetaData 类和 ResultSetMetaData 类的主要方法及功能。

首先介绍 DatabaseMetaData 类的常用方法如下。

（1）public abstract boolean allProceduresAreCallable()：检查由 getProcedures()返回的方法是否都可被当前用户调用。

（2）public abstract boolean isReadOnly()：检查所访问的数据库是否只读。

（3）public abstract boolean supportsGroupBy()：检查此数据库是否支持 GroupBy 子句的使用。

（4）public abstract boolean supportsMultipleResultSets()：检索此数据库是否支持一次调用 execute 方法获得多个 ResultSet 对象。

（5）public abstract boolean supportsBatchUpdates()：检索此数据库是否支持批量更新。

（6）public abstract boolean supportsOuterJoins()：检索此数据库是否支持某种形式的外连接。

（7）public abstract boolean supportsStorePrecedures()：检索此数据库是否支持使用存储过程转义语法的存储过程调用。

（8）public abstract boolean supportsTransactionIsolationLevel()：检索此数据库是否支持给定事务隔离级别。

（9）public abstract boolean supportTransactions()：检索此数据库是否支持事务。

（10）public abstract String getURL()：检索此 DBMS 的 URL。

（11）public abstract String getUserName()：检索数据库的已知的用户名称。

（12）public abstract String getDatabaseProductName()：检索数据库产品的名称。

（13）public abstract String getDatabaseProductVersion()：检索数据库产品的版本。

（14）public abstract String getDriverName()：检索 JDBC 驱动器的名称。

（15）public abstract String getMaxColumnnameLength()：检索此数据库允许用于列名称的最大字符数。

（16）public abstract int getMaxRowSize()：检索此数据库允许在单行中使用的最大字节数。

（17）public abstract ResultSet getProcedures(String catalog,　String schemaPattern, String procedure NamePattern)：检索可在给定目录中使用的存储过程的描述。

（18）public abstract ResultSet getTableTypes()：返回数据库所支持的数据表类型。

下面是 ResultSetMetaData 类的常用方法。

（1）public abstract int getColumnCount()：返回此 ResultSet 对象中的列数。

（2）public abstract int getColumnDisplaySize(int column)：指示指定列的最大标准宽度，以字符为单位。

（3）public abstract String getColumnName(int column)：获得指定序号的名称。

（4）public abstract int getColumnType(int column)：　返回某列的 SQL Type。

（5）public abstract int getPrecision(int column)：获取指定列的小数位数。

（6）public abstract int getScale(int column)：获取指定列的小数点右边的位数。

（7）public abstract String getTableName(int column)：获取指定列所在表的名称。

15.2　数据库基本操作

访问数据库用 SQL 语句。SQL 语言分为四大类，分别是数据查询语言 DQL、数据操纵语言 DML、数据定义语言 DDL 和数据控制语言 DCL。每类语言包含或多或少的语句，用在不同的应用程序中。在一般的应用程序中使用较多的是对表的创建与管理、视图的操作、索引的操作等，对数据的操作主要有数据插入、删除、更新、查找、过滤、排序等。除此之外，还有获取数据库元数据和结果集元数据等操作。有时用 CRUD 来概指对数据库的常见操作，即表的创建（Create）、数据检索（Retrieve）、数据更新（Update）和删除（Delete）操作。

15.2.1　数据插入操作

Insert 语句格式如下：

```
INSERT INTO <表名>[(字段名[，字段名]…)]] VALUES(常量[，常量]…)
```

在写 INSERT 语句时，表名可为数据表名或视图名；若字段名未显式给出，则按照表的列属性顺序依次填入；"常量"类型需与列属性类型一致。

由于字段的类型不同，在 VALUES 中的值的写法要求也不同。如果是数值型字段，可以直接写数值；如果是字符型字段，其值要加单引号；如果是日期型字段，其值要加单引号，同时还要注意年、月、日的次序。

例如，要向表 member 中插入一行数据的 SQL 语句是：

```
INSERT INTO member (name,age,sex,wage,addr) VALUES
    ('LiMing',40,'男',4500,'北京市')
INSERT INTO emp(empno, hiredate)VALUES
    (8888, to_date('2002-09-08','YYYY-MM-DD'))
```

向表中插入 NULL 值时，其列在表中的定义不能为 NOT NULL，不能为主键或作为另外表的外键，及表的定义里不能有唯一的约束。

事实上，对很多数据库而言，对数据的插入、删除和更新操作都有两种可选的操作模式，一是直接使用 SQL 语句插入（或更新、删除）模式，二是通过可更新的结果集对象间接插入（或更新、删除）。用下面的形式创建语句对象：

```
Statement stmt = con.createStatement(
    ResultSet.TYPE_SCROLL_SENSITIVE,ResultSet.CUNCUR_UPDATABLE);
```

其中，参数 ResultSet.CUNCUR_UPDATABLE 的作用正是为了使该语句生成的结果对象是可更新结果集，它可被用来插入、更新、删除记录内容。这种方式明显比直接使用 SQL 语句的操作更灵活，且更容易与用户界面元素进行交互操作。下面的程序段说明了如何利用可更新结果集进行数据插入。

```
rs.moveToInsertRow();
rs.updateString("name","'LiMing ");
rs.updateInt("age",40);
rs.updateString("sex","男");
rs.updateInt("wage",50000);
rs.updateString("addr","北京市");
rs.insertRow();
```

看看下面的 SQL INSERT 语句，体会一下恼人的拼串过程。

```
String sqlins = "INSERT INTO students values(' " + sno +" ', ' " +
    name + " ', '" + sex + " ', ' " + birthday + " ', ' " +" ', ' " + department + " ') ";
```

15.2.2 数据删除操作

Delete 语句的格式为：

```
DELETE FROM <表名> WHERE <条件表达式>
```

例如：

```
DELETE FROM table1 WHERE No = 7658
```

从表 table1 中删除一条记录，其字段 No 的值为 7658。

使用可更新结果集的删除操作，参见下面的代码段：

```
stmt = con.createStatement(
    ResultSet.TYPE_SCROLL_SENSITIVE,ResultSet.CONCUR_UPDADABLE);
con.setAutoCommit(false);
```

```
String sqlst = "select * from member";
rs = stmt.executeQuery(sqlst);
rs.relative(4);                    //移动到第 4 条记录
rs.deleteRow();                    //从结果集和底层数据库删除该记录
con.commit();
```

一般的删除操作可能与查询数据和浏览数据相关联，可能在浏览之后发现了要删除的行。这样，采用直接 SQL 语句的方法显然不合适，而利用可更新结果集的删除则比较方便易行。

15.2.3　数据更新操作

数据更新语句的命令格式为：

```
UPDATE <table_name> SET colume_name = 'xxx' WHERE <条件表达式>
```

例如语句：

```
UPDATE EMP SET JOB='MANAGER' WHERE NAME='MATIN'
```

对数据表 EMP 中姓名为 MATIN 的职工数据进行了修改，将其工作名称改为 MANAGER。向数据库发送数据更新的 SQL 语句是通过调用方法 executeUpdate()完成的。

```
String ss="update xsda set age=age+1 where name='yang' ";
stmt.executeUpdate(ss);
```

下面的代码说明使用可更新结果集进行更新操作的方法。

```
rs=stmt.executeQuery("select * from member where age=16");
rs.first() ;
rs.updateInt("wage",3000);
rs.updateRow();
rs.next();
rs.updateInt("wage",4000);
rs.updateRow();
rs.next();
rs.updateString("addr","上海市");
rs.updateRow();
```

上面的代码对连续 3 条记录的 wage 字段和 addr 字段值进行了更新操作。

15.2.4　数据查询操作

查询语句的语句格式如下：

```
SELECT [DISTINCT] {column1, column2, …}
    FROM tablename
    WHERE {conditions}
    GROUP BY {conditions}
    HAVING {conditions}
    ORDER BY {conditions}[ASC/DESC];
```

选项 DISTINCT 指明结果不重复，无此选项则有的记录可能重复。例如下面的语句只显示姓名不同的记录：

```
select distinct Name from person;
```

SELECT 语句用于指定检索数据库中的哪些列，若要检索所有列可以不必列出所有列名，只用*表示即可；FROM 子句用于指定从哪一个表或者视图中检索数据；WHERE 子句用于指定查询条件，若 condition 条件表达式的值为 TRUE，则检索相应的行，若条件表达式的值为 FALSE，则不会检索该行数据。WHERE 子句中条件表达式之运算符及含义参见表 15.2。

表 15.2　　　　　　　　　　　　　运算符及其含义

运算符	含义	运算符	含义
=	等于	<	小于
◇、!=	不等于	Between…And…	介于两值之间
>=	大于或等于	In(list)	匹配于列表值
<=	小于或等于	like	匹配于字符样式
>	大于	Is NULL	测试 NULL

　　GROUP BY 指出记录分组的条件，例如进行分组统计；HAVING 则是用于限制分组统计的结果，例如统计 emp 表中不同部门（depno）、不同岗位（job）的平均工资（AVG（sal））大于 3000 的所有记录的语句如下：

```
SELECT depno,job,AVG(sal) FROM emp
    GROUP BY depno,job
    HAVING AVG(sal)>3000;
```

HAVING 子句必须跟在 GROUP BY 子句的后面；ORDER BY 子句指出查询结果排序显示，可为升序（ASC）或降序（DESC）排列。

【例 15.1】无数据源连接数据库方式。

```java
import java.sql.*;
import javax.sql.*;

class Example15_1
{
        static Connection con=null;    //连接对象
        static Statement st = null;
        static ResultSet rs = null;
        public static boolean conn(String url)
        {
                try
                {
                        Class.forName("sun.jdbc.odbc.JdbcOdbcDriver");//加载驱动程序
                        con=DriverManager.getConnection(url);  //连接数据库
                }
                catch(Exception e)
                {
                        e.printStackTrace();
                        return false;
                }
                return true;        //成功
        }
        public static boolean close()
        {
                try
                {
                        con.close();    //关闭数据库
                        con=null;
                }
```

```
catch(SQLException e)
{
    e.printStackTrace();
    return false;
}
return true;
}
public static void main(String args[])  throws Exception
{
    String str=new String();
    //Driver 后面加空格，否则会出现异常
    if(conn("jdbc:odbc:driver={Microsoft Access Driver (*.mdb)};
                        DBQ=d:\\xsgl.mdb"))
    {
        st = con.createStatement();
        rs = st.executeQuery("select * from studentInfo");
        while(rs.next())
        {
            System.out.print(rs.getString(1)+"    ");
            System.out.println(rs.getString(2));
        }
    }
}
}
```

程序运行结果如图 15.8 所示。

【例 15.2】模糊查询的例子。程序运行结果如图 15.9 所示。

图 15.8　例 15.1 运行结果

```
import java.sql.*;
public class Example15_2
{
    public static void main(String args[])
    {
        Connection con;
        Statement sql;
        ResultSet rs;
        try
        {
            Class.forName("sun.jdbc.odbc.JdbcOdbcDriver");
        }
        catch(ClassNotFoundException e)
        {
            System.out.println("  "+e);
        }
        try
        {
            con=DriverManager.getConnection("jdbc:odbc:driver=
                    {Microsoft Access Driver (*.mdb)}; DBQ=d:\\xsgl.mdb");
            sql=con.createStatement();
            rs=sql.executeQuery("select * from studentInfo where name like '刘%'");
            while(rs.next())
            {
                String s1=rs.getString(1);
                String s2 = rs.getString(2);
                String s3 = rs.getString(3);
                System.out.print(s1);
```

```
            System.out.print("   "+s2);
            System.out.println("    "+s3);
        }
        con.close();
    }
    catch(SQLException e)
    {
        System.out.println("  "+e);
    }
}
```

```
D:\jdk1.6\bin>java Example15_2
0002    刘春雨      男
```

图 15.9   例 15.2 运行结果

模糊查询可用的字符%表示零个或多个字符，_表示任一字符，[abc]表示 a、b、c 中任一个字符。

15.2.5   编译预处理

1．编译预处理的概念

PreparedStatement 是与编译预处理有关的类，它是 Statement 的一个子类，与 Statement 类的一个重要区别是用 Statement 定义的语句是一个功能明确而具体的语句，而用 PreparedStatement 类定义的 SQL 语句中则包含有一个或多个问号（"? "）占位符，它们对应于多个 IN 参数。带着占位符的 SQL 语句被编译，而在后续执行过程中，这些占位符需要用 setXXX 方法设置为具体的 IN 参数值，这些语句发送至数据库获得执行。下面给出若干编译预处理语句例子说明 PreparedStatement 的用法。

（1）创建对象

```
 PreparedStatement pstmt = con.prepareStatement("update table1 set x=? where y=?");
```

在对象 pstmt 中包含了语句"update table1 set x=? where y=?"，该语句被发送到 DBMS 进行编译预处理，为执行做准备。

（2）为每个 IN 参数设定参数值，即每个占位符? 对应一个参数值

设定参数值是通过调用 setXXX 方法实现的，其中 XXX 是与参数相对应的类型，加入上面例子中参数类型为 long，则用下面的代码为参数设定值：

```
    pstmt.setLong(1,123456789);
    pstmt.setLong(2,987654321);
```

这里的 1 和 2 是与占位符从左到右的次序相对应的序号，它们不是从 0 开始计数的。

（3）执行语句

```
    Pstmt.executeUpdate();
```

2．编译预处理的目的

使用编译预处理就是为了提高数据存取的效率。

当数据库收到一个 SQL 语句后，数据库引擎会解析这个语句，检查其是否含有语法错误。如果语句被正确解析，数据库会选择执行语句的最佳途径。数据库对所执行的语句，以一个存取方案保存在缓冲区中，如果即将执行的语句可以在缓冲区中找到所需的存取方案并执行，这就是执行该语句的最佳途径，这将是最理想的情形，因为通过存取方案的重用实现了效率的提高。

分析上面程序中的一个代码段。

```
    ps.setString(1,"hei");
    for(int i = 0;i < 10; i++)
    {
        ps.setInt(2,i);
```

```
            int rowCount = ps.executeUpdate();
    }
```

显然，在每次程序循环中，Java 程序向数据库发送的是相同的语句，只是参数 x 不同，这使得数据库能够重用同一语句的存取方案，达到了提高效率的目的。

【例 15.3】说明编译预处理语句使用方法的程序例子。

```
import javax.sql.*;
import javax.naming.*;
import java.util.*;
import java.sql.*;
public class Example15_3
{
    public static void main(String args[])
    {
        Connection con=null;                          //定义连接类对象
        PreparedStatement ps;                         //定义编译预处理类对象 ps
        ResultSet rs=null;                            //定义结果集对象
        try
        {
            Class.forName("sun.jdbc.odbc.JdbcOdbcDriver");       //设置驱动方式 1
            String url="jdbc:odbc:DataSource";        //通过配置 ODBC 数据源连接数据库
            con=DriverManager.getConnection(url,"sa","");
        }
        catch(Exception e){}
        try
        {
            String update = "update FirstTable set name =? where x = ?";
            ps=con.prepareStatement(update);
            ps.setString(1,"hei");                    //设置参数 1
            for(int i = 0;i < 10; i++)
            {
                ps.setInt(2,i);                       //设置参数 2
                int rowCount = ps.executeUpdate(); //执行更新操作
            }
            ps.close();
            con.close();
        }
        catch(Exception e) {}
    }
}
```

本例中对表 FirstTable 执行成批更新操作（Update），采用 PreparedStatement，通过设计该类对象的两个参数 name 和 x，循环执行更新操作。

15.3　事务处理

15.3.1　事务概述

观察一个银行储蓄账户管理的例子。某储户的存折中余额为 1000 元，如果该储户同时使用存折和银行卡取款，系统都提示可取款 1000 元。如果都完成了取款操作，那么银行岂不是亏损了 1000 元？这种情况是不会出现的，而这正是归功于数据库的事务处理。

1. 事务概念

事务是指一系列的数据库操作。这些操作要么全做，要么全不做，是一个不可分割的工作单元，也可以说是数据库应用程序中的一个基本逻辑单元。它可能是一条 SQL 语句、一组 SQL 语句或者一个完整的程序。这体现的是事务的原子性需求，对事务还有其他的需求，如一致性、隔离性、持久性等。

数据库是共享资源，可供多用户使用。多个用户并发地存取数据库时就可能产生多个事务同时存取同一数据的情况，出现不正确存取数据、破坏数据库的一致性的情况。

2. 三类典型的数据出错

（1）脏读（Dirty Read）

脏读是指一个事务修改了某一行数据而未提交时，另一事务读取了该行数据。假如前一事务发生了回退，则后一事务将得到一个无效的值。

（2）不可重复读（Non-Repeatable Read）

不可重复读是指一个事务读取某一数据行时，另一事务同时在修改此数据行，则前一事务在重复读取此行时将得到一个不一致的数据。

（3）错误读（Phantom Read）

错误读也称为幻影读，是指一事务在某一表中查询时，另一事务恰好插入了满足查询条件的数据行，则前一事务在重复读取满足条件的值时，将得到一个或多个额外的"影子"值。

数据库的并发控制机制就是为了避免出现不正确存取数据、破坏数据库一致性的情况。主要的并发控制技术是加锁（Locking）。加锁机制的基本思想是事务 T 在对某个数据对象如表、记录等操作之前，先向系统发出请求，对其加锁。加锁后，事务 T 就对该数据对象有了一定的控制，在事务 T 释放它的锁之前，其他事务不能更新此数据对象。

15.3.2　常用事务处理方法

1. 事务隔离级与隔离级设置

JDBC 事务处理可采用隔离级别控制数据读取操作。JDBC 支持 5 个隔离级别设置，其名称和含义如表 15.3 所示。

表中的 5 个常量是 Connection 中提供的。同样 Connection 提供了方法进行隔离级别设置。

```
setTransactionIsolation(Connection. TRANSACTION_REPEATABLE_READ)
```

表 15.3　　　　　　　　　　　　　　JDBC 支持的隔离级别

类　　型	名　　称	含　　义
static int	TRANSACTION_NONE	不支持事务
static int	TRANSACTION_READ_COMMITED	脏读、不可重复读、错误读取可能出现
static int	TRANSACTION_READ_UNCOMMITED	禁止脏读，不可重复读、错误读取可能出现
static int	TRANSACTION_REPEATABLE_READ	禁止脏读、不可重复读，错误读取可能出现
static int	TRANSACTION_SERIALIZABLE	禁止脏读、不可重复读、错误读取

一个事务也许包含几个任务，只有当每个任务结束后，事务才结束。如果其中的一个任务失败，则事务失败，前面完成的任务也要重新恢复。

Connection 中下面 3 种方法完成基本的事务管理。

（1）setAutoCommit(boolean true/false)：设置自动提交属性 AutoCommit，默认为 true。

（2）rollback()：回滚事务。

（3）commit()：事务提交。

在调用了 commit()方法之后，所有为这个事务创建的结果集对象都被关闭了，除非通过 createStatement()方法传递参数 HOLD_CURSORS_OVER_COMMIT。与 HOLD_CURSORS_OVER_COMMIT 功能相对的另一个参数是 CLOSE_CURSORS_AT_COMMIT，在 commit()方法被调用时关闭 ResultSet 对象。

看下面的程序段，说明事务的操作。

```
String url = "jdbc:odbc:Customer";
String userID = "jim";
String password = "keogh";
Statement st1;
Statement st2;
Connection con;
try
{
    Class.forName("sun.jdbc.odbc.JdbcOdbcDriver");
    con = DriverManager.getConnection(url,userID,password);
}
catch(ClassNotFoundException e1){}
catch(SQLException e2){}
try
{
        con.setAutoCommit(false);
    //JDBC 中默认自动提交，即 true
    String query1 = "UPDATE Customer SET street = '5 main street'"+
        "WHERE firstName = 'Bob'";
    String query2 = "UPDATE Customer SET street = '7 main street'"+
    "WHERE firstName = 'Tom'";
    st1 = con.createStatement();
    st2 = con.createStatement();
    st1.executeUpdate(query1);
    st2.executeUpdate(query2);
        con.commit();
    st1.close();
    st2.close();
    con.close();
}
catch(SQLException e)
{
    System.err.println(e.getMessage());
    if(con!=null)
    {
        try
        {
            System.err.println("transaction rollback");
            con.rollback();
        }
    catch(SQLException e){}
    }
}
```

2. 保存点的概念与操作

事务中若包含多个任务，当事务失败时，也许其中部分任务不需要被回滚，例如处理一个订单要完成 3 个任务，分别是更新消费者账户表，订单插入到待处理的订单表和给消费者发一确认电子邮件。如果上述 3 个任务中完成了前 2 个，只是最后一个因为邮件服务器掉线而未完成，那么不需要对整个事务回滚。

可以使用保存点（Savepoint）来控制回滚的数量。所谓保存点，就是对事务的某些子任务设置符号标识，用以为回滚操作提供位置指示。JDBC3.0 支持保存点的操作。

关于保存点的方法主要有以下 3 个。

（1）setSavepoint("保存点名称")：在某子任务前设置一保存点。

（2）releaseSavepoint("保存点名称")：释放一指定名称的保存点。

（3）rollback("保存点名称")：指示事务回滚到指定的保存点。

参考下面的代码片段，有助于理解保存点的作用和操作方法。

```
String query1;
String query2;
……
try
{
    st1=con.createStatement();
    st2=con.createStatement();
    st1.executeUpdate(query1);
    Savepoint s1 = con.setSavepoint("sp1");
    st2.executeUpdate(query2);
    con.commit();
    st1.close();
    st2.close();
    con.releaseSavepoint("sp1");//del save point
    con.close();
}
catch(SQLException e){
    try
    {
        con.rollback(sp1);//roll back to save point
    }
}
```

也可以将 SQL 语句成批放入一个事务中。

```
String url = "jdbc:odbc:Customer";
String userID = "jim";
String password = "keogh";
Statement st;
Connection con;
try
{
    Class.forName("sun.jdbc.odbc.JdbcOdbcDriver");
    con = DriverManager.getConnection(url,userID,password);
}
catch(ClassNotFoundException e1){}
catch(SQLException e2){}
try
{
    con.setAutoCommit(false);
```

```
        String query1 = "UPDATE Customer SET street = '5 main street'"+
            "WHERE firstName = 'Bob'";
        String query2 = "UPDATE Customer SET street = '7 main street'"+
            "WHERE firstName = 'Tom'";
        st = con.createStatement();
        st.addBatch(query1);
        st.addBatch(query2);
        int []updated=st.executeBatch();
        con.commit();
        st.close();
        con.close();
    }
    catch(BatchUpdateException e)
    {
        System.out.println("batch error.");
        System.out.println("SQL State:"+e.getSQLState());
        System.out.println("message: "+e.getMessage());
        System.out.println("vendor: "+e.getErrorCode());
    }
```

15.4　小　　结

本章首先对 JDBC 的基本概念和组成进行了概要介绍，对其常用的类和接口的具体内容进行了系统阐述。其后对 Java 程序借助 JDBC 技术访问数据库的基本步骤及操作方法进行了详细说明。在此基础上，又将讨论引向深入，研究了提高数据存取效率的初步知识。介绍了编译预处理的理论知识和操作方法。在阐述理论问题的同时，采用具体代码示例加以说明。最后对数据库事务的概念和重要的 Java 方法进行了讲解。

15.5　习　　题

1. 简述 JDBC 驱动程序的分类和各自特点。
2. 说明数据源的作用。
3. 如何建立 ODBC 数据源？
4. ResultSet 类常量有哪些？各有什么意义？
5. 什么是数据库元数据？有什么用途？
6. 如何提高数据库存取效率？有哪些技术？
7. 简述什么是编译预处理。举例说明其使用方法。
8. 什么是保存点？
9. 什么是事务？事务有哪些特点？
10. 项目练习：建一数据库，输入多于 200 条记录。然后编程浏览数据。
要求：（1）用表显示数据。
（2）要求分页显示。每页设置翻页的按钮，使其能翻到上一页、下一页、第一页、最后一页，并显示总页数和当前页页号。

附录 A
ASCII 对照表

美国标准信息交换代码 ASCII（American Standard Code for Information Interchange）是由美国国家标准学会制定的标准的单字节字符编码方案，供不同计算机在相互通信时用作共同遵守的西文字符编码标准，如附录表 A 所示。

附录表 A　　　　　　　　　　　ASCII 与字符对照表

ASCII 值	字符	ASCII 值	字符	ASCII 值	字符	ASCII 值	字符
000	（空）	027	ESC	054	6	081	Q
001	（笑脸）	028	FS	055	7	082	R
002	STX	029	GS	056	8	083	S
003	ETX	030	RS	057	9	084	T
004	EOT	031	US	058	:	085	U
005	ENQ	032	（空格）	059	;	086	V
006	ACK	033	!	060	<	087	W
007	（铃）	034	"	061	=	088	X
008	（退格）	035	#	062	>	089	Y
009	（水平制表）	036	$	063	?	090	Z
010	（换行）	037	%	064	@	091	[
011	（垂直制表）	038	&	065	A	092	\
012	FF	039	'	066	B	093	]
013	（回车）	040	(	067	C	094	^
014	SO	041	)	068	D	095	_
015	SI	042	*	069	E	096	`
016	DLE	043	+	070	F	097	a
017	DC1	044	,	071	G	098	b
018	DC2	045	-	072	H	099	c
019	DC3	046	.	073	I	100	d
020	DC4	047	/	074	J	101	e
021	NAK	048	0	075	K	102	f
022	SYN	049	1	076	L	103	g
023	TB	050	2	077	M	104	h
024	（取消）	051	3	078	N	105	i
025	EM	052	4	079	O	106	j
026	SUB	053	5	080	P	107	k

续表

ASCII 值	字符	ASCII 值	字符	ASCII 值	字符	ASCII 值	字符
108	l	113	q	118	v	123	{
109	m	114	r	119	w	124	|
110	n	115	s	120	x	125	}
111	o	116	t	121	y	126	~
112	p	117	u	122	z	127	（删除）

附录 A 中的 ASCII 值为 0~31 的字符是控制字符，不能显示。

附录 B
数据存储形式及数制转换

计算机内部以二进制的形式存储数据，八个二进制位是一个字节。

表示数据时可以用十进制、二进制、八进制和十六进制等，这些进制数之间可以互相转换。

B.1 数据在计算机内的存储形式

在计算机系统中，数值都用补码来表示和存储。使用补码，可以将符号位和数值统一处理，加法和减法也可以统一处理。

正数和 0 的补码是其本身，负数的补码需要进行转换得到。将一个负数转换成对应的补码需要三步。

- 取负数的绝对值。
- 将取绝对值的负数转换成二进制并按位取反。
- 将取反后的二进制数加 1，即可得到补码。

以 -10 为例说明其补码的转换过程。首先，取 -10 的绝对值得到 10，然后将 10 转换成二进制数并按位取反得到反码，将反码加 1 即可得到 -10 的补码 0b1111_0110。运算过程如下。

0	0	0	0	1	0	1	0	（取绝对值后原码）
1	1	1	1	0	1	0	1	（反码）
							1	+1
1	1	1	1	0	1	1	0	

其中左边位是高位，右边位是低位，低位从 0 开始。

在计算机内部用高位来区分正数和负数，高位为 0 是正数，高位为 1 是负数。

在进行数据的加和减运算中，直接用数据的补码计算即可。例如 -10+15 的运算。

	1	1	1	1	0	1	1	0	（-10 补码）
+	0	0	0	0	1	1	1	1	（15 补码）
	0	0	0	0	0	1	0	1	=5

再执行 -10-（15）计算。

	1	1	1	1	0	1	1	0	（-10 补码）
-	0	0	0	0	1	1	1	1	（15 补码）
	1	1	1	0	0	1	1	1	（相减 补码）
-								1	（转原码-1）
	1	1	1	0	0	1	1	0	（取反）
	0	0	0	1	1	0	0	1	=25

25 加上负号后=-25。

B.2　数制转换

数据处理过程中，经常需要将十进制数与二进制数之间进行转换，八进制和十六进制数与二进制进行转换。

B.2.1　二进制和十进制数之间的转换

1. 十进制转换成二进制

转换时连续被 2 除，直到除的结果为 0 或 1 为止，将相除的结果和每次被 2 除的余数顺序排列即可得到对应的二进制数。例如将 25 转换成二进制数。

除数	被除数	余数
2	25	
2	12	1
2	6	0
2	3	0
	1	1

除数往余数方向排列，则得到 25 的二进制数是 11001。

2. 二进制数转换成十进制数

将一个二进制数转换成十进制数时，将每个二进制位乘本位的权重（2 的幂）的值相加即可得到十进制数。如 $11001=1 \times 2^4+1 \times 2^3+0 \times 2^2+0 \times 2^1+1 \times 2^0=25$。

B.2.2　八进制数、十六进制数和十进制数之间的转换

十进制数用数字 0～9 表示，而二进制数用数字 0 和 1 表示，八进制数用数字 0～7 表示，十六进制数用数字 0～9 和字母 a～f（大写也可以）表示。在 Java 语言中，二进制数用 0b（0B）开头，八进制数用 0 开头，十六进制数用 0x（或 0X）开头。

1. 八进制数、十六进制数转换成二进制数

八进制数转换为二进制数时，每一个八进制数转换为三位二进制数，不足一个字节的倍数时，高位用 0 补；十六进制转换为二进制时，每一个十六进制数转换为四位二进制数，不足一个字节的倍数时，高位用 0 补。例如八进制 0147 转换成二进制数时，每个八进制位分别对应二进制数 001,100,111，用一个字节表示即 0b0110_0111，将十六进制数 0x67 转换成二进制时，每个十六进制分别对应二进制数 0110,0111，即二进制数 0b0110_0111。

2. 二进制数转换成八进制数、十六进制数

二进制数转换为八进制数时，从二进制数的低位往高位方向，每三位二进制转换成一个八进制数，不足三位时用 0 补；二进制数转换为十六进制数时，从二进制数的低位往高位方向，每四位二进制数转换成一个十六进制数，不足四位时用 0 补。例如二进制数 0b0110_0111 转换成八进制数时按三位划分成 001,100,111，可以得到八进制数 0147，将其转换成十六进制数时按四位划分成 0110,0111，可以得到十六进制数 0x67。

［1］Bruce Eckel. Java 编程思想（第 4 版）[M]. 陈昊鹏译. 北京：机械工业出版社，2007.

［2］于波，齐鑫等. Java 程序设计与工程实践[M]. 北京：清华大学出版社，2013.

［3］高晓黎. Java 程序设计（第 2 版）[M]. 北京：清华大学出版社，2015.

［4］冯君. 基于工作任务的 Java 程序设计[M]. 北京：清华大学出版社，2015.

［5］李刚. 疯狂 Java[M]. 北京：人民邮电出版社，2010.

［6］耿祥义，张跃平. Java 2 实用教程（第 4 版）[M]. 北京：清华大学出版社，2012.

［7］叶乃文. Java 语言程序设计教程[M]. 北京：机械工业出版社，2015.

［8］Y.Daniel Liang. Java 语言程序设计：基础篇（原书第 8 版）[M]. 北京：机械工业出版社，2015.

［9］解绍词. Java 面向对象程序设计教程[M]. 北京：中国水利水电出版社，2015.

［10］李亚平. Java 企业项目实战[M]. 北京：清华大学出版社，2015.